Studium der Umweltwissenschaften

Hauptherausgeber: Edmund Brandt

Springer-Verlag Berlin Heidelberg GmbH

Studium der Umweltwissenschaften

Hauptherausgeber: Edmund Brandt

Stefan Schaltegger (Hrsg.)

Wirtschafts- wissenschaften

Mit 36 Abbildungen und 5 Tabellen

Springer

Hauptherausgeber:
Prof. Dr. Edmund Brandt
Universität Lüneburg
Fachbereich Umweltwissenschaften
Institut für Umweltstrategien
Scharnhorststraße 1
21335 Lüneburg
E-mail: *brandt@uni-lueneburg.de*

Bandherausgeber:
Prof. Dr. Stefan Schaltegger
Universität Lüneburg
Lehrstuhl für Betriebswirtschaftslehre
insb. Umweltmanagement
Scharnhorststraße 1
21335 Lüneburg
E-mail: *schaltegger@uni-lueneburg.de*

ISBN 978-3-540-65991-4   ISBN 978-3-642-57070-4 (eBook)
DOI 10.1007/978-3-642-57070-4

Die Deutsche Bibliothek - CIP-Einheitsaufnahme
Studium der Umweltwissenschaften: Wirtschaftswissenschaften / Hrsg.: Edmund Brandt; Stefan
Schaltegger. - Berlin; Heidelberg; New York; Barcelona; Hongkong; London; Mailand;Paris; Singapur;
Tokio: Springer 2000

Vorwort

Das Thema Umwelt wird mehr und mehr auch zum Gegenstand von Studiengängen an Universitäten. Für diejenigen, die ein solches Studium beginnen, sei es als Grund- oder als Weiterbildungsstudium, stellt sich allerdings sofort ein großes Problem: Es gibt kaum geeignete Literatur, mit deren Hilfe die erforderlichen Basisinformationen und darauf aufbauend die erforderliche Handlungskompetenz erlangt werden kann, die es ermöglicht, auf wissenschaftlicher Grundlage qualifiziert an die Analyse und Bewältigung von Umweltproblemen heranzugehen.

Geeignete Literatur zur Verfügung zu stellen, bereitet auch in der Tat erhebliche Schwierigkeiten:

- Zunächst kann noch nicht zuverlässig gesagt werden, was genau zum Themenfeld Umweltwissenschaften dazugehört, wo die unabdingbaren Kernbereiche liegen, wo demzufolge zwingend die Gegenstände beherrscht werden müssen und wo demgegenüber Bereiche einer Zusatzqualifizierung bzw. Spezialisierung vorbehalten werden können.
- Die wissenschaftliche Durchdringung der einzelnen Teilbereiche ist unterschiedlich weit gediehen. Dies hängt mit der Beachtung zusammen, die einzelnen Problemfeldern geschenkt worden ist, aber auch mit dem Stellenwert, den die einzelnen Wissenschaftsdisziplinen Umweltproblemen haben zukommen lassen. Dementsprechend ist das, was an gesicherten Basisinformationen und Erkenntnissen weitergegeben werden kann, nicht einheitlich.
- Schließlich ist zu bedenken, daß ertragreiche Beschäftigungen mit Umweltfragen nur interdisziplinär stattfinden können. Die heute arbeitenden Wissenschaftlerinnen/Wissenschaftler sind aber durchweg disziplinär ausgebildet und geprägt. Von daher fällt es ihnen schwer, über den Tellerrand der eigenen Disziplin hinauszuschauen, Befunde aus anderen Disziplinen angemessen zu verarbeiten und schließlich auch in verständlicher Form weiterzugeben.

Dies ist der Hintergrund, vor dem die Schriftenreihe „Studium der Umweltwissenschaften" konzipiert ist: Sie soll denjenigen Studierenden, die einen ersten, aber zugleich fundierten Einstieg in die Kernmaterien der Umweltwissenschaften erreichen wollen, als Basislektüre dienen können. Die einzelnen Bereiche wurden dabei so gewählt, daß sie zumindest in einer weitgehenden Annäherung das erfassen, was sich in den Curricula umweltwissenschaftlicher Studiengänge mehr und mehr herauskristallisiert hat. Es handelt sich nicht um populär-, sondern durchaus um fachwissenschaftliche Darstellungen. Diese sind aber so angelegt, daß sie ohne spezifische Voraussetzungen angegangen werden können. Zielgruppen sind also eher Studierende im Grund- als im Hauptstudium, was selbstverständlich nicht ausschließt, daß die Bände nicht auch gute Dienste zur raschen Wiederholung vor Prüfungen leisten können.

Als Autorinnen/Autoren konnten ausgewiesene Experten gewonnen werden, die zugleich über langjährige Lehrerfahrung in interdisziplinär angelegten Studiengängen verfügen. Damit ist sichergestellt, daß hinsichtlich der verwendeten Terminologie und der Art der Darstellung ein Zuschnitt erreicht worden ist, der einen Zugang auch zu komplizierten Fragestellungen ermöglicht.

Die Arbeit mit den einzelnen Bänden soll ferner dadurch erleichtert werden, daß die Grundstruktur jeweils weitgehend gleich ist, durch Übersichten, Abbildungen und Beispiele Wiedererkennungseffekte erzielt und Voraussetzungen dafür geschaffen werden, daß sich Sachverhalte und Zusammenhänge viel leichter einprägen, als dies durch eine lediglich an die jeweilige Fachsystematik orientierte Darstellung der Fall wäre.

Ganz großer Wert wird darauf gelegt, daß die einzelnen Beiträge nicht beziehungslos nebeneinander stehen. Vielmehr werden immerzu Querverbindungen hergestellt und Verweisungen vorgenommen, mit deren Hilfe die disziplinären Schranken, wenn sie schon nicht ganz verschwinden, jedenfalls deutlich niedriger werden.

An dieser Stelle möchte ich Frau *Heike Wagner*, Studentin der Umwelt- und Wirtschaftswissenschaften, und Herrn *Andreas Thewes*, Student der Umwelt- und Sozialwissenschaften, beide Studierende an den Universitäten Lüneburg und Hagen, für ihre wertvolle und sorgfältige Arbeit bei der Koordination der Beiträge und bei der druckfertigen Gestaltung der Manuskripte sehr herzlich danken. Ganz wesentlich ist es auf ihr beharrliches Bemühen zurückzuführen, daß auch in der Detailausformung die großen Linien erhalten blieben und die Materialfülle gebändigt werden konnte. Mein Dank gilt weiterhin auch den Teilherausgebern und Autorinnen/Autoren, die sich bereitwillig auf ein Experiment eingelassen haben, das in vielfältiger Hinsicht durchaus neuartige Anforderungen stellt.

Bei einem publizistischen Unternehmen wie dem, mit dem wir es hier zu tun haben, sind die Autorinnen und Autoren, die Teilherausgeber und bin ich als Gesamtherausgeber der Reihe in besonderem Maße auf Rückmeldungen und Hinweise durch die Leserinnen und Leser angewiesen. Nur über einen intensiven kommunikativen Prozeß, der sowohl die Inhalte als auch Gestaltungsaspekte einbezieht, lassen sich weitere Verbesserungen erreichen. Dazu, an diesem Prozeß aktiv mitzuwirken, lade ich alle Leserinnen und Leser der einzelnen Bände ausdrücklich ein.

Lüneburg, Januar 2000   Edmund Brandt

Inhaltsverzeichnis

Autorenverzeichnis

Figge, F., Dr. rer. pol., Wiss. Mitarb.
Institut für Umweltstrategien und Institut für Betriebswirtschaftslehre,
Universität Lüneburg, Scharnhorststraße 1, 21335 Lüneburg

Gschwendtner, H., Univ.-Prof. Dr. rer. pol.
Institut für Volkswirtschaftslehre und Institut für Umweltstrategien,
Universität Lüneburg, Scharnhorststraße 1, 21335 Lüneburg

Petersen, H., Dipl.-Ök., Wiss. Mitarb.
Institut für Umweltstrategien und Institut für Betriebswirtschaftslehre,
Universität Lüneburg, Scharnhorststraße 1, 21335 Lüneburg

Schaltegger, S., Univ.-Prof. Dr. rer. pol.
Institut für Umweltstrategien und Institut für Betriebswirtschaftslehre,
Universität Lüneburg, Scharnhorststraße 1, 21335 Lüneburg

Wruk, H.-P., Dr., Lehrbeauftragter an der Universität Lüneburg
Unternehmensberatung Umweltschutz,
Im Stook 12, 25421 Pinneberg b. Hamburg

Abkürzungsverzeichnis

a_i	Anteil des Gutes i an der Gesamtproduktion
B	Umweltbelastung
b	Spezifische Umweltbelastung
b_i	Güterspezifische Umweltbelastung
B^S	Sättigungsgrenze für Umweltbelastungen
DAU	Deutsche Akkreditierungs- und Zulassungsgesellschaft für Umweltgutachter mbH
EAC	European Accreditation Comittee
EK	Eigenkapital
EMAS	Environmental Management and Audit Scheme
EN	Europäische Norm
F	Menge an gesamtwirtschaftlichen Produktionsfaktoren (Arbeit und Sachkapital)
f	Menge der bei Unternehmen eingesetzten Produktionsfaktoren
FCF	Freier Cash-Flow
FK	Fremdkapital
G	Gewinn
i	Diskontsatz
ISO	International Organization for Standardization
K	Kosten
K	Kapital
K_N	Naturkapital bzw. ökologisches Kapital (Ressourcen, Aufnahmekapazitäten, Biodiversität usw.)
$K_Ö$	Ökonomisches Kapital (Finanz- und Sachwerte)
K_S	Sozialkapital (Kultur, Sozialer Zusammenhalt usw.)
M	Bevölkerungszahl
N	Nutzen
n	Periode
NACE	Nomenclature générale des Activités économiques dans les Communautés Européennes
p	Marktpreis
Q	Umweltqualität
SHV	Shareholder Value
t	Zeitperiode
T	Tragekapazität der Umwelt
TGA	Trägergemeinschaft für Akkreditierung GmbH

U	Umweltmerkmal
UAG	Umweltauditgesetz
u. dgl.	und dergleichen
x	Produzierte Menge
Y	Sozialprodukt
y	Pro-Kopf-Einkommen

Abbildungsverzeichnis

1 Einleitung

Die Wirtschaftswissenschaften bieten zentrale Lösungskonzepte zur Bewältigung von Umweltproblemen und zur Gestaltung des gesellschaftlichen Wandels im Sinne einer nachhaltigen Entwicklung. Dieser Einführungband in die ökologieorientierten Wirtschaftswissenschaften gibt eine Übersicht ausgewählter volks- und betriebswirtschaftlicher Perspektiven.

Im ersten Teil, volkswirtschaftliche Perspektiven, diskutiert Helmut Gschwendtner Konzepte der Umweltökonomie (Kapitel 2) und der volkswirtschaftlichen Umweltpolitik (Kapitel 3) in einer interdisziplinären Verbindung mit der Ökologie. Während im umweltökonomischen Kapitel die Analyse von wirtschaftlichen und gesellschaftlichen Ursachen, Umweltproblemen und Wirkungszusammenhängen im Vordergrund stehen, werden in Kapitel 3 Möglichkeiten der Umweltpolitik zur Steuerung umweltrelevanten Verhaltens auf der Ebene des Staates diskutiert. Diesbezüglich erfolgt auch eine vergleichende Analyse umweltpolitischer Instrumente.

Der zweite Teil begibt sich auf die betriebswirtschaftliche Ebene und befaßt sich mit Perspektiven des betrieblichen Umweltmanagements. In Kapitel 4 legt Stefan Schaltegger Grundzüge eines normativ ausgerichteten Umweltmanagements mit den Pfeilern des Stakeholder-Ansatzes und dem sozio-ökonomischen Rationalitätskonzept dar. Demnach erfordert erfolgreiches Umweltmanagement ein erfolgreiches Agieren in unterschiedlichen Kontexten und Umfeldern der Unternehmung. Kapitel 5 befaßt sich mit dem normenorientierten Umweltmanagement. Hans-Peter Wruk gibt eine vergleichende Übersicht des EMAS- und des ISO 14001-Standards für Umweltmanagementsysteme. In Kapitel 6 werden durch Stefan Schaltegger und Frank Figge die Anforderungen und die Ausgestaltung eines finanzmarktorientierten Umweltmanagements dargelegt. Kapitel 7 wechselt die Perspektive zum Gütermarkt, wo Holger Petersen und Stefan Schaltegger die Grundzüge des Öko-Marketings darstellen. In Kapitel 8, der letzten betriebswirtschaftlich diskutierten Perspektive, beleuchten Stefan Schaltegger und Holger Petersen Umweltmanagement aus einer interessenpolitischen Perspektive.

Schon wegen der Breite der behandelten Fachgebiete kann der vorliegende Einführungsband weder umfassend noch abschließend sein. Um die interdisziplinäre Zusammenarbeit zu fördern, schließt das Buch mit einem Ausblick, in dem mögliche Integrationsfelder der Analyse der ökologieorientierten Wirtschaftswissenschaften skizziert werden.

I Volkswirtschaftliche Perspektiven

2 Umweltökonomie

H. Gschwendtner
Institut für Volkswirtschaftslehre und Institut für Umweltstrategien,
Universität Lüneburg

2.1
Einführung

2.1.1
Was bedeutet „Umweltökonomie"?

Wissenschaften leiten ihre Bezeichnung für gewöhnlich von ihren hauptsächlichen Untersuchungsgegenständen ab. An der Umweltökonomie fällt auf, daß diese Bezeichnung auf *zwei* Gegenstände – Umwelt und Ökonomie – verweist, die in den Augen vieler eher Gegensätze denn Gemeinsamkeiten verkörpern. So steht „die Wirtschaft" – eine andere Bezeichnung ist „Ökonomie" – nicht zu Unrecht im Verdacht, ein Hauptverursacher von Umweltschäden zu sein.

Die Doppelbezeichnung läßt sich rasch erklären, wenn man sich ihre Entstehungsgeschichte vergegenwärtigt. Die Umweltökonomie ist ein Abkömmling der Ökonomie, wobei „Ökonomie" nunmehr als Bezeichnung für eine *Wissenschaft* steht. Genauer ist damit die *Volkswirtschaftslehre* (weniger die Betriebswirtschaftslehre) gemeint.

Die Volkswirtschaftslehre befaßt sich mit Zusammenhängen in gesamtwirtschaftlichen Systemen. In erster Linie werden nationale Wirtschaftssysteme (Volkswirtschaften) betrachtet. Um die Vorgänge auf der gesamtwirtschaftlichen Ebene (Makroebene) zu erklären, müssen auch die wirtschaftlichen Vorgänge auf der Ebene der einzelnen privaten Haushalte und Unternehmen (Mikroebene) untersucht werden. Bezüglich der Unternehmen ergeben sich dabei Überschneidungen mit der Betriebswirtschaftslehre.

Die allgemeine Volkswirtschaftslehre richtet ihr Augenmerk so gut wie ausschließlich auf *ökonomische* Beziehungen. Vernachlässigt wird dabei die Tatsache, daß alle physischen ökonomischen Vorgänge (insbesondere die Produktion und der Konsum von Gütern) sich zwangsläufig innerhalb der Biosphäre der Erde abspielen und damit auch Auswirkungen auf dieselbe haben.

Diese Biosphäre ist der Lebensraum für Tiere, Pflanzen und auch Menschen. Man kann den Sachverhalt in Anlehnung an die Biologie auch so formulieren: Die Biosphäre bildet in den jeweils relevanten Ausschnitten die natürliche *Umwelt* der betreffenden Lebewesen. Dies trifft auch auf Menschen zu. Da Menschen gewohnt sind, die Dinge aus *ihrer* (anthropozentrischen) Sicht zu betrachten, spricht man schlicht von *der* natürlichen Umwelt oder – noch einfacher – *der Umwelt*, womit die den Menschen umgebende Biosphäre gemeint ist.

Die Vernachlässigung von Umweltaspekten in der allgemeinen Volkswirtschaftslehre wurde zunächst nur vereinzelt durchbrochen (so durch Kapp 1950). Im Laufe der 70er Jahren wuchs das allgemeine Bewußtsein für Umweltprobleme.

Besonders angeregt wurde es durch eine im Auftrag des „Club of Rome" erstellte Studie, die den Titel „Die Grenzen des Wachstums" (Meadows et al. 1972) trug und die großes öffentliches Aufsehen erregte. Mit Hilfe von Computer-Simulationen stellten die Autoren dar, daß die Wirtschaft und die Gesellschaft noch vor dem Ende des 21. Jahrhunderts einem Zusammenbruch entgegen strebten, der durch die Erschöpfung nichtregenerierbarer Rohstoffe und/oder eine wachsende Umweltverschmutzung herbeigeführt würde. Die Thematik wurde öffentlich diskutiert, und es entstand eine Fülle einschlägiger Literatur (Beispiel: Guhl 1975).

Auch Ökonomen beschäftigten sich vermehrt mit Umweltproblemen. Innerhalb der Volkswirtschaftslehre entstand eine neue Teildisziplin, welche die Bezeichnung „Umweltökonomie" erhielt. Manche Autoren bevorzugen den Ausdruck „Umweltökonom*ik*", der den Wissenschaftscharakter hervorhebt.

Kennzeichnend für die Umweltökonomie bzw. Umweltökonomik war zunächst das Bestreben, die ökonomische Betrachtungsweise auf Umweltprobleme auszudehnen. Später kamen interdisziplinäre Ansätze hinzu, wie sie vor allem von der Ökologischen Ökonomie verfolgt werden. Einzelheiten enthalten die folgenden Abschnitte.

Eine Kurzdarstellung der Entwicklungsgeschichte der Umweltökonomie bieten Junkernheinrich u. a. 1995. Ausführlichere Darstellungen finden sich u. a. bei Common (1992) und Jaeger (1994).

2.1.2
Lohnt sich die Beschäftigung mit Umweltökonomie?

In den letzten Jahrzehnten wurden viele Menschen in zunehmendem Maße sensibilisiert für Umweltprobleme, die von vielen Seiten – von wissenschaftlichen Publikationen bis zu Berichten in Massenmedien – an sie herangetragen werden. In Stichwörtern lassen sich (ohne Anspruch auf Vollständigkeit) folgende Umweltprobleme aufzählen: Verunreinigung von Boden, Luft, und Wasser mit Schadstoffen; Waldsterben; Artensterben; weltweite Zunahme der CO_2-Konzentration in der Atmosphäre; globale Erwärmung und Klimaänderungen im Zusammenhang mit dem Treibhauseffekt; Ausdünnung der stratosphärischen Ozonschicht („Ozonloch"); usw.

Nach der Überzeugung vieler Menschen sollte die Umwelt geschützt werden. Insbesondere sollte etwas gegen die genannten Umweltprobleme unternommen werden. Umweltschutz erscheint ihnen aus den Gründen der Selbsterhaltung und mit Rücksicht auf künftige Generationen in hohem Maße vernünftig und ethisch geboten.

Einig ist man sich darüber, daß die genannten Umweltprobleme hauptsächlich durch *menschliche* Aktivitäten verursacht werden. Also komme es darauf an, daß die Menschen ihre Verhaltensweisen gegenüber der natürlichen Umwelt änderten. Dies werden sie – so eine verbreitete Vorstellung – auch tun, wenn man ihnen nur begreiflich macht, was sie durch ihr umweltschädigendes Verhalten anrichten. Ferner kann man an ihr Gewissen appellieren. Letztlich läuft die Lösung der Umweltprobleme aus dieser Sicht darauf hinaus, das *Umweltbewußtsein* durch *Aufklä-*

rung und *Erziehung* zu fördern. Wie sich im Verlauf des vorliegenden Beitrags noch herausstellen wird, ist dies zwar eine *notwendige*, aber keine *hinreichende* Voraussetzung für die Lösung von Umweltproblemen.

Bei genauerem Hinsehen läßt sich feststellen, daß so gut wie alle menschlichen Handlungen, welche die natürliche Umwelt beeinflussen, mit *ökonomischen* Vorgängen und Entscheidungen zusammenhängen. Sie folgen damit Gesetzmäßigkeiten, deren wissenschaftliche Erforschung und Darstellung sich die Volkswirtschaftslehre und speziell auch die Umweltökonomie zur Aufgabe gesetzt haben. Wenn man also wissen möchte, *warum* Menschen in einer bestimmten Weise mit ihrer Umwelt umgehen, ist es unumgänglich, die dahinter stehenden *ökonomischen* Gesetzmäßigkeiten zu studieren.

Im Hinblick auf das Umweltverhalten ist vor allem ein fundamentaler Sachverhalt zu erwähnen, der von der oben dargestellten idealistischen Sichtweise übergangen wird: Wir leben, wie es ein Ökonom ausgedrückt hat, „unter dem kalten Stern der Knappheit". Gemeint ist, daß man nicht beliebig viel von allem haben kann. Will man beispielsweise die Umweltqualität verbessern (etwa durch eine Verringerung von Emissionen), so erfordert dies womöglich Abstriche in anderen Bereichen. Ökonomen sind von ihrem Fach her prädestiniert, solche Zielkonflikte darzustellen und bestmögliche Lösungen aufzuzeigen.

Noch etwas ist zu bedenken. Da die menschlichen Verhaltensweisen bestimmten ökonomischen Gesetzmäßigkeiten unterliegen, läßt sich das Umweltverhalten nur *im Rahmen der ökonomischen Gesetzmäßigkeiten* beeinflussen. Will man also das Umweltverhalten beeinflussen, so ist die Kenntnis dieser Gesetzmäßigkeiten eine unabdingbare *Voraussetzung*; denn nur so läßt sich abschätzen, an welchen „Hebeln" angesetzt werden kann.

Hier wird eine weitere Funktion der Umweltökonomie sichtbar: Sie trifft Aussagen darüber, mit welchen Instrumenten das Umweltverhalten beeinflußt werden kann und wie diese wirken. Damit bildet sie – zusammen mit anderen Disziplinen – die wissenschaftliche Grundlage für die *Umweltpolitik*.

Die umweltpolitische Funktion kann man sich u. a. folgendermaßen verdeutlichen: Umweltschutz wurde über lange Zeit fast ausschließlich über Auflagen (d. h. staatliche Ge- und Verbote) betrieben. In neuerer Zeit werden hierfür auch vermehrt Abgaben („Ökosteuern") und vereinzelt sog. Umweltzertifikate eingesetzt. Um Umweltpolitik in bestmöglicher Weise betreiben zu können, muß bekannt sein, wie diese Instrumente im einzelnen und im gegenseitigen Vergleich wirken. Es kommt dabei zunächst auf die Realisierung der umweltpolitischen Ziele (wie z. B. die Reduzierung von Emissionen usw.) selbst an. Darüber hinaus sind aber auch andere gesellschaftliche Ziele im Auge zu behalten. Mit dem Einsatz der genannten Instrumente sind unterschiedliche ökonomische Effekte verbunden, die wirtschaftspolitische Ziele tangieren. Betroffen sind u. a. die Kosten von Unternehmen, die Güterpreise, die Beschäftigung von Arbeitskräften und das Wirtschaftswachstum. Die Umweltökonomie liefert mit ihren Analysen eine wissenschaftliche Grundlage für die Beurteilung der genannten Effekte.

2.1.3
Aufbau des Folgenden

Im folgenden Abschnitt 2.2 soll in Grundzügen beschrieben werden, in welcher Weise der Mensch mit seiner natürlichen Umwelt verbunden ist und welche Rolle die Wirtschaftstätigkeit dabei spielt. Er dient zur allgemeinen Orientierung und vermittelt auch einen interdisziplinären Überblick über die Ursachen von Umweltproblemen sowohl aus ökologischer wie auch ökonomischer Sicht.

In den Abschnitten 2.3-2.6 werden die Entstehungsursachen dieser Umweltprobleme näher analysiert, und es werden die prinzipiellen Möglichkeiten zu ihrer Bewältigung aufgezeigt. Behandelt werden die Probleme aus unterschiedlichen Perspektiven, die sich innerhalb der Umweltökonomie herausgebildet haben. Besonderer Wert wird dabei auf eine Verbindung von ökonomischer und ökologischer Betrachtungsweise gelegt. Die Darstellungen bilden die Ausgangsbasis für Kapitel 3, das sich mit den Grundlagen der Umweltpolitik befaßt.

2.2
Mensch, Wirtschaft und natürliche Umwelt

2.2.1
Bedeutung wirtschaftlicher Aktivitäten

Als erstes soll in grundlegender Weise verdeutlicht werden, welche Bedeutung *wirtschaftliche Aktivitäten* einerseits für den Menschen und andererseits für seine Umwelt haben. Um sie zu ermessen, ist ein Rückblick auf die Frühzeit der menschlichen Evolution nützlich, in der diese Aktivitäten minimal waren.

Der Mensch begann sein Dasein bekanntlich als Jäger und Sammler. Als solcher war er vollständig integriert in die natürlichen Kreisläufe. Er entnahm der Natur *unmittelbar*, was er zum Leben brauchte, insbesondere pflanzliche Nahrung, Wild und Feuerholz. Die Reste dieser Aktivitäten waren biologisch ohne weiteres in die herkömmlichen natürlichen Stoffkreisläufe integrierbar. Die anthropogenen Eingriffe in die Natur waren geringfügig. Die Ökosysteme wurden durch den Menschen nicht wesentlich verändert – dies zum einen wegen der geringen Bevölkerungsdichte, zum andern wegen der Art der Naturnutzung. Der Mensch stand in ökologischer Hinsicht auf einer Stufe mit einer Vielzahl von Spezies, die neben ihm in der Biosphäre lebten. Es ist anzunehmen, daß der Mensch auch den biologischen Regulierungsmechanismen unterlag. Sie verhindern, daß eine Art überhandnimmt, weil sie sich damit selbst die Nahrungsgrundlage entzieht.

Der Mensch lernte im Laufe der Evolutionsgeschichte, die Natur in immer intensiverer Weise zu nutzen. Dies begann mit der Einführung von Ackerbau und Viehhaltung. Spätestens auf dieser Stufe kann man davon sprechen, daß der Mensch anfing zu *wirtschaften*.

Ein wesentliches Merkmal dafür ist, daß *Produktionsumwege* eingeschlagen wurden. Statt etwa Getreide wild zu ernten und aufzuessen, wurden Felder angelegt und Getreide wurde als Saatgut verwendet, um neues Getreide zu erzeugen. Ferner wurden die Naturprodukte in immer komplizierterer Weise zu den für den menschlichen Gebrauch bestimmten Endprodukten verarbeitet. Es entstanden *neuartige*, in der Natur nicht vorkommende *Produkte* wie z. B. Brot, Boote oder Wohnhäuser.

Eine im Hinblick auf das Folgende wichtige Begleiterscheinung war die *Umgestaltung der Natur* für die menschliche Nutzung. So wurden beispielsweise Wälder gerodet, um Acker- und Weideland zu gewinnen. Das Land wurde auch intensiver genutzt. Von einem gegebenen Stück Land konnte nun mehr Nahrung gewonnen werden als früher. Diese *Produktivitätssteigerung* führte wiederum dazu, daß die *Bevölkerung wuchs*.

Die aufgezeigte Entwicklung läßt sich bis in die Gegenwart fortführen. Mit fortschreitender geistiger und wissenschaftlicher Entwicklung erweiterten sich die technologischen und wirtschaftlichen Möglichkeiten. Die Produktionsprozesse wurden immer komplizierter. Sie liefen über Zwischenstufen, insbesondere über die Herstellung von Investitionsgütern; die Arbeitsteilung vertiefte sich, und es entstand eine immer größere Vielfalt von Gütern. Während die Menschen in der Frühzeit sich ausschließlich durch *Naturgüter* (d. h. direkt aus der Natur entnommene Güter) versorgten, geschieht dies heute zum weitaus überwiegenden Teil durch *Wirtschaftsgüter*, die auf immer kompliziertere Weise durch das Wirtschaftssystem erzeugt werden.

Die Wirtschaftsgüter durchlaufen einen *Wirtschaftsprozeß*, der im folgenden noch genauer dargestellt wird. Er reicht von der Entnahme von Naturgütern über deren mehrstufige Verarbeitung bis hin zu ihrem Verbrauch. Der gesamte Prozeß (einschließlich des Verbrauchs) wird im folgenden zusammengefaßt unter dem Begriff *„wirtschaftliche Aktivitäten"*.

Der materielle Lebensstandard der Menschen ist durch die wirtschaftlichen Aktivitäten und die damit verbundene Verfügbarkeit von Wirtschaftsgütern zumindest in den Industrieländern gewaltig gestiegen. Zugleich wurde der moderne Mensch in seiner Lebenshaltung völlig abhängig von Wirtschaftsgütern. Die direkte Versorgung aus der Natur ist die Ausnahme geworden.

Man erkennt dies u. a. daran, daß elementare Bedürfnisse wie Nahrungsaufnahme nur noch in Ausnahmefällen direkt aus der Natur befriedigt werden (z. B. durch Gemüseanbau im eigenen Garten). Üblich ist, daß der Nahrungsbedarf durch Produkte gedeckt wird, die durch die Landwirtschaft und die Nahrungsmittelindustrie *produziert* werden und die damit den oben erwähnten Wirtschaftsprozeß durchlaufen.

2.2.2
Menschliche Lebensgrundlagen

Da die menschliche Lebensführung sich weitgehend auf *Wirtschaftsgüter* stützt, kann man sagen, daß sie eine *Lebensgrundlage* des Menschen bilden. Die Natur spielt hinsichtlich dieser Lebensgrundlage auf *indirekte* Weise mit, indem sie – wie im folgenden noch genauer auszuführen ist – die Produktion der Wirtschaftsgüter ermöglicht.

Die Natur hat aber nach wie vor eine *direkte* Bedeutung für den Menschen. Selbstverständlich, aber vielfach nicht bewußt ist, daß der Mensch ein Teil der Ökosysteme ist, in denen er lebt. Er ist eingebunden in die Biosphäre und unterscheidet sich in dieser Hinsicht nicht prinzipiell von anderen Spezies. Er benötigt und nutzt die Biosphäre in elementarer Weise als Lebensraum. Sein Leben, seine Gesundheit und sein Wohlbefinden hängen unmittelbar vom Zustand der natürlichen Umwelt ab.

Offensichtlich ist, daß die menschliche Gesundheit vom Zustand der Umweltmedien Boden, Luft und Wasser abhängt; sie sollen frei von schädlichen Stoffen sein. Darüber hinaus wird das Wohlbefinden auch durch andere natürliche Umstände wie etwa das Erscheinungsbild der Landschaft bestimmt. Von Bedeutung sind insbesondere die Möglichkeiten der Erholung in der Natur.

Aus den vorangehenden Ausführungen läßt sich als *Zwischenergebnis* festhalten, daß die Existenz des modernen Menschen sich offensichtlich auf zwei Säulen stützt, die seine *Lebensgrundlagen* bilden:

- die natürliche Umwelt als Lebensraum und
- die für den Lebensunterhalt benötigten Wirtschaftsgüter.

Die beiden Lebensgrundlagen sind miteinander verbunden. Dieser Sachverhalt ist in Abbildung 2.1 verdeutlicht, die auch für die folgende Argumentation verwendet wird. Der äußere Kreis symbolisiert die Biosphäre, in die der Mensch in elementarer Weise eingebunden ist. Im inneren Kreis erscheinen die noch näher zu erörternden wirtschaftlichen Aktivitäten. Für die menschliche Lebensführung sind die am oberen Ende des Wirtschaftsprozesses stehenden *Konsumgüter* entscheidend.

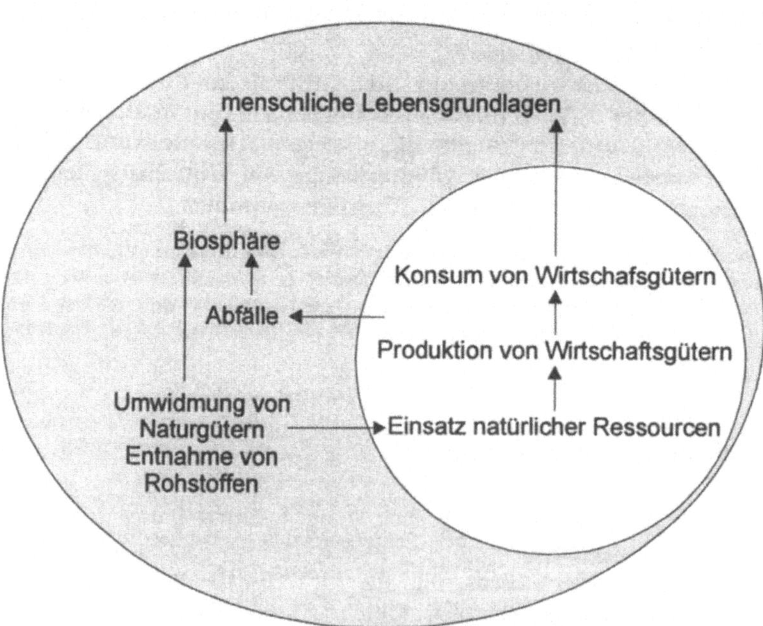

Abb. 2.1. Beziehungen zwischen Mensch, Wirtschaft und Natur

Obwohl die natürliche Umwelt (als Biosphäre) eine existenziell notwendige Lebensgrundlage des Menschen bildet, pflegt er zu ihr ein recht merkwürdiges Verhältnis: Er ist dabei, sie entgegen seinen eigenen Interessen zu schädigen und nach und nach zu zerstören. Warum dies so ist, muß im folgenden näher erörtert werden. Erahnen läßt sich schon, daß dies mit den wirtschaftlichen Aktivitäten zusammenhängt.

2.2.3
Wirtschaftliche Aktivitäten und Umwelt

Die wirtschaftlichen Aktivitäten spielen sich selbstverständlich innerhalb der Biosphäre ab, was in Abbildung 2.1 durch den inneren Kreis ausgedrückt wird. Die Pfeile symbolisieren Verbindungen zwischen dem Sub- und dem Gesamtsystem, die im folgenden beschrieben werden.

Im Zentrum der wirtschaftlichen Aktivitäten steht die *Produktion* der Wirtschaftsgüter. Dafür werden *Produktionsfaktoren* benötigt. Weil es für das Folgende vor allem auf die Beziehungen zur Natur ankommt, sollen die üblicherweise von Ökonomen betrachteten Produktionsfaktoren – Arbeit und Sachkapital – vorerst außer acht bleiben. Hervorzuheben ist statt dessen, daß für die Produktion auch *Naturgüter* erforderlich sind. Zwei Arten von Naturgütern lassen sich in diesem Zusammenhang unterscheiden:

- *Dauerhaft nutzbare Naturgüter*: Sie können fortwährend eingesetzt werden und bleiben dabei in ihrem Bestand im wesentlichen erhalten.
- *Natürliche Rohstoffe*: Sie werden der Natur entnommen und gehen mit ihrer Verarbeitung physisch in den Wirtschaftsgütern auf.

Beispiele für dauerhaft nutzbare Naturgüter sind Land, Wasserkraft, Sonnenenergie usw. Bei den Rohstoffen kann unterschieden werden zwischen *regenerierbaren* Rohstoffen (wie Holz) und *nichtregenerierbaren* (wie Mineralien, Erze, Kohle, Erdöl). Letztere erschöpfen sich zwangsläufig mit dem fortwährenden Abbau.

Aus produktionstheoretischer Sicht stellen dauerhaft nutzbare Naturgüter und Rohstoffe *natürliche Ressourcen* dar, die als Produktionsfaktoren in die Produktionsprozesse eingehen (vgl. Abbildung 2.1). Der Produktionsprozeß verläuft über Zwischenstufen (insbesondere die Bildung von Sachkapital), die im vorliegenden Zusammenhang übergangen werden können. Am Ende stehen die bereits erwähnten Konsumgüter. Sie werden im Zuge der menschlichen Lebenshaltung konsumiert, d. h. verbraucht.

Noch zu erörtern ist, welche Wirkungen auf den verschiedenen Stufen der wirtschaftlichen Aktivitäten bezüglich der Biosphäre auftreten.

- Sowohl bei der Produktion als auch beim Konsum der Wirtschaftsgüter entstehen Abfälle.
- Am Ende ihrer Nutzungsdauer werden die Wirtschaftsgüter selbst zu Abfällen.

Der Begriff *Abfall* ist hier und im folgenden in einem weiten Sinne zu verstehen. Gemeint sind sowohl Abfälle in fester Form (Produktionsabfälle, Hausmüll) als auch *Emissionen* in allen möglichen Formen (wie Abgase, Abwässer, Wärme, radioaktive Strahlung).

Die Abfallentstehung läßt sich am Beispiel eines Kühlschranks erläutern. Bei der Produktion entstehen Abfälle u. a. in Form von Blech-, Kunststoff- oder Farbresten. Ferner wird Energie verbraucht. Beim Konsumenten wird der Kühlschrank in Kombination mit einem anderen Wirtschaftsgut eingesetzt: dem im Elektrizitätswerk produzierten Strom. Letzterer kann dort zu Emissionen führen; beim Konsumenten entsteht Wärmeabstrahlung. Am Ende der Lebensdauer wird der Kühlschrank mit seinen verschiedenen Bestandteilen zu Müll.

Die globale Biosphäre kann – abgesehen von Wechselwirkungen mit dem Weltraum (Strahlung) – im wesentlichen als geschlossenes System aufgefaßt werden, in dem nichts verloren geht. Dies gilt insbesondere für Rohstoffe (einschließlich der daraus gewonnenen Energie). Sie werden zum Teil während, zum Teil am Ende des Wirtschaftsprozesses vollständig in Abfälle verwandelt. Man kann die wirtschaftlichen Aktivitäten in diesem Sinne als einen *Prozeß der stofflichen Umwandlung* von Naturgütern in Abfälle auffassen, die zwangsläufig in der Biosphäre verbleiben.

2.2.4
Anthropogene Umweltveränderungen

Aus den vorangehenden Abschnitten läßt sich nunmehr Bilanz ziehen, durch welche Aktivitäten der Mensch die Biosphäre und damit seine eigene Umwelt verändert.

Der weitaus überwiegende Teil der anthropogenen Einwirkungen auf die natürliche Umwelt hängt mit den *wirtschaftlichen Aktivitäten* zusammen. Grob geordnet ergeben sich daraus die folgenden *Veränderungen der Biosphäre* (vgl. Abbildung 2.1):

1. *Entnahmeeffekte:* Bei nichtregenerierbaren Rohstoffen werden die natürlichen Vorräte durch die fortlaufende Entnahme zwangsläufig reduziert. Bei regenerierbaren Rohstoffen kann es zu Übernutzungen der betreffenden Rohstoffquellen kommen (Beispiele: Abholzung von Wäldern, Überfischung der Weltmeere).
2. *Umwidmungseffekte:* Durch die Umwidmung dauerhafter Naturgüter für wirtschaftliche Zwecke verändern sich die Bestandteile, das Erscheinungsbild und die Funktionsabläufe der betreffenden natürlichen Systeme. Es kann zu irreversiblen Veränderungen (wie das Aussterben von Arten) kommen.
3. *Entstehung von Abfällen:* Die notwendigerweise mit der Produktion und dem Konsum von Wirtschaftsgütern entstehenden Abfälle werden zwangsläufig in den natürlichen Systemen deponiert. Sie können deren Funktionsabläufe verändern. Insbesondere können die Lebensfunktionen von Mensch, Tier- und Pflanzenwelt durch Schadstoffe beeinträchtigt werden.

Die genannten Wirkungen überlagern sich vielfach, und es kann zu Synergieeffekten kommen. Wegen der allgemeinen Vernetzung der Ökosysteme bleiben die Wirkungen häufig nicht lokal beschränkt; nicht selten entstehen aus den einzelnen Einwirkungen *globale* Umweltveränderungen (wie CO_2-Belastung, Treibhauseffekt, Klimaänderungen, Ozonloch). Für die Beschreibung solcher Zusammenhänge ist vor allem die *Ökologie* zuständig.

Bisher wurden die mit *wirtschaftlichen* Aktivitäten verbundenen Umweltveränderungen angeführt. Die Biosphäre wird nach dem Vorangehenden aber auch noch als unmittelbare Lebensgrundlage genutzt. Zu überlegen ist, welche Veränderungen damit verbunden sind. Da alle wirtschaftlich bedingten Veränderungen bereits angeführt wurden, verbleiben nur die restlichen – also nicht wirtschaftlich bedingten – Veränderungen.

Zu denken ist in erster Linie an die Luft zum Atmen, ferner an Erholung in der Natur (etwa durch Anblick der Landschaft, einen Waldspaziergang oder ein Bad im See). Nicht zur unmittelbaren Naturnutzung zu rechnen sind z. B. Fahrten mit dem (Konsumgut) Auto. Hierbei wird u. a. das Wirtschaftsgut „Straßennetz" genutzt und das Wirtschaftsgut „Benzin" in Abfälle (Emissionen) umgewandelt.

Die unmittelbare Naturnutzung ist zwar (wie schon in Abschnitt 2.2.2 dargelegt wurde) von existenzieller Bedeutung für Leben, Gesundheit und Wohlergehen des Menschen. Jedoch sind die damit verbundenen Einwirkungen auf die Biosphäre weitaus geringer als bei den wirtschaftlichen Aktivitäten. Es ist deshalb gerechtfertigt, sie im folgenden zu vernachlässigen und sich auf die Natureinwirkungen durch *wirtschaftliche Aktivitäten* zu konzentrieren.

2.2.5
Interessenkonflikte

Entsprechend der vorangehenden Darstellung der Lebensgrundlagen haben Menschen ein zweifaches Interesse:

- Sie bevorzugen eine natürliche Umwelt, die ihnen ein möglichst hohes Maß an Lebensqualität sichert.
- Gleichzeitig streben sie im allgemeinen nach materiellem Wohlstand in Gestalt einer möglichst umfangreichen Versorgung mit Wirtschaftsgütern.

Bei Diskussionen über Umweltprobleme wird häufig nur die Umweltqualität beachtet und der Wohlstandsaspekt ausgeblendet. Es ist dann vergleichsweise leicht, ein hohes Maß an Übereinstimmung zu erzielen, wie die natürliche Umwelt beschaffen sein soll und welche Regeln im Umgang mit ihr zu beachten sind. Auf gesellschaftlicher Ebene schlagen sich die Wünsche nach Umweltqualität nieder in umweltpolitischen Zielvorstellungen wie:

- Hohe Konzentrationen von Schadstoffen in den Umweltmedien (Boden, Luft, Wasser) sollen vermieden werden, da sie die menschliche Gesundheit bedrohen.
- Eine weitere Reduzierung der Artenvielfalt soll unterbleiben.
- Bestimmte Vorgänge wie die Erosion von Böden oder das Waldsterben sollen gestoppt werden.
- Globale Veränderungen wie der Treibhauseffekt, Klimaänderungen oder das Ozonloch werden als bedrohlich empfunden und sollen unterbleiben.

Obwohl ein hohes Maß an Übereinstimmung besteht, daß solche Umweltziele erstrebenswert sind, ist es außerordentlich schwierig, sie in der Praxis durchzusetzen. Dies hängt hauptsächlich damit zusammen, daß Umweltveränderungen (wie im vorangehenden verdeutlicht wurde) in aller Regel in Kombination mit *wirtschaftlichen* Aktivitäten auftreten. Dabei kann es zu *Zielkonflikten* kommen: Wirtschaftliche Vorteile gehen (wie im folgenden noch darzustellen ist) einher mit Verschlechterungen der Umweltqualität.

Ein Beispiel dafür bildet der geplante Bau einer Autobahn. Naturschützer argumentieren, daß dadurch ökologisch wertvolle Biotope zerstört würden und der Bau auf jeden Fall unterbleiben solle. Dagegen stehen Argumente wie: Die Autobahn sei zur wirtschaftlichen Erschließung der Region, zur Schaffung von Arbeitsplätzen usw. unbedingt erforderlich.

Zusammenfassend ergibt sich damit folgende Situation: In dem Bestreben, die eine Lebensgrundlage – bestehend aus Konsumgütern – über die wirtschaftlichen Aktivitäten zu sichern, verändert der Mensch seine andere Lebensgrundlage – die natürliche Umwelt. Er ist dabei, sie in irreversibler Weise zu schädigen und läuft Gefahr, sich selbst eine seiner Lebensgrundlagen zu entziehen.

Eine solche Entwicklung ist jedoch nicht zwangsläufig. Wie die maßgeblichen Wirkungszusammenhänge beschaffen sind, was gegen Umweltschädigungen unternommen werden kann und wie ein Ausgleich zwischen Umwelt- und wirtschaftlichen Interessen gefunden werden kann, wird im weiteren Verlauf dieses Kapitels und in Kapitel 3 darzulegen sein.

2.3
Betrachtungsweisen der Umweltökonomie

Im vorangehenden Abschnitt wurde ein interdisziplinärer Rahmen für die Darstellung von Umweltproblemen entwickelt, der sowohl ökologische als auch ökonomische Tatbestände umfaßt. Die traditionelle (an die neoklassische Wirtschaftstheorie anknüpfende) Umweltökonomie sieht die Umweltprobleme akzentuierter und enger; zudem haben sich verschiedene Richtungen entwickelt, die jeweils ihre eigene Betrachtungsweise pflegen. Der allgemeine Rahmen soll helfen, die Ausführungen der Umweltökonomie einzuordnen und – wo nötig – auch kritisch zu beleuchten.

Vor dem Einstieg in Einzelheiten der Umweltökonomie ist ein allgemeiner Überblick über ihre Methoden und Richtungen zweckmäßig.

2.3.1
Methoden und Zielvorstellungen

Die Umweltökonomie befaßt sich mit wirtschaftlichen Aktivitäten und deren Wirkungen auf die natürliche Umwelt. Sie hat dabei die ökonomischen Verhaltensweisen von Menschen zu analysieren. Diese sind nicht ohne weiteres durchschaubar, zumal sie sich in einem höchst komplexen Geflecht von Wechselwirkungen innerhalb einer Volkswirtschaft vollziehen. Für einen Durchblick wird die bereits angesprochene (Volks-)Wirtschaftstheorie benötigt. Sie versucht, die maßgeblichen Zusammenhänge systematisch (über den Einzelfall hinausgehend) zu ordnen und darzustellen. Vereinfachungen sind dabei unumgänglich. Es ist aber sorgfältig zu prüfen, ob damit nicht entscheidende Aspekte der zu untersuchenden Probleme verlorengehen.

Die für wichtig erachteten Zusammenhänge lassen sich in verbaler Weise häufig nur umständlich und ungenau beschreiben. Bei komplexeren Wechselbeziehungen geht bei rein verbaler Darstellung auch die Übersicht verloren. Um diesen Problemen zu begegnen, werden als darstellerisches Mittel häufig sog. *Modelle* benutzt, in denen die für wichtig erachteten Beziehungen in mathematischer oder auch graphischer Darstellung präsentiert werden.

Obwohl die Methode der Modelldarstellung Vorteile aufweist, stößt sie bei denen, die nicht damit vertraut sind, häufig auf innere Widerstände. Für eine fundierte Erörterung der Zusammenhänge läßt sie sich aber nicht gänzlich vermeiden. Sie wird im folgenden aber auf ein Minimum beschränkt. Wer mit den einfachen Formeln oder graphische Darstellungen Probleme hat, dem wird empfohlen, sie einfach als Kurzdarstellungen der begleitenden verbalen Texte aufzufassen.

Bei den umweltökonomischen Darstellungen sind allgemein zwei Aspekte zu unterscheiden: Es kann sich um *positive* oder um *normative Aussagen* handeln. Mit ersteren werden Zusammenhänge beschrieben, wie sie in der Realität existieren. Dargestellt wird, *was ist*. Der Umweltökonom nimmt hierbei – ähnlich einem naturwissenschaftlichen Beobachter – im Idealfall eine neutrale und objektive Stellung ein, registriert Zusammenhänge oder bildet (wo sie nicht sofort erkennbar sind) Hypothesen darüber. Mit normativen Aussagen wird dagegen ausgedrückt, *was sein soll*. In der Umweltökonomie geht es dabei um Vorstellungen, wie mit der Umwelt verfahren werden soll oder wie sie idealerweise beschaffen sein soll. Möglich ist hierbei eine Orientierung an Kriterien, wie sie insbesondere durch die Umweltethik entwickelt wurden. Die Umweltökonomie orientiert sich (wie im folgenden noch dargestellt wird) in der Regel aber entweder an einem eigenen Wertesystem; oder sie übernimmt schlicht Ziele aus der umweltpolitischen Praxis.

Positive und normative Überlegungen müssen miteinander verbunden werden, wenn es um Strategien für die *Umweltpolitik* geht. Erforderlich ist dazu zweierlei: Es müssen – als normatives Problem – *Ziele* festgelegt werden, an denen sich die Umweltpolitik orientiert. Ferner muß mit Hilfe der positiven Theorie geklärt werden, welche *Wege* zur Erreichung der angestrebten Ziele eingeschlagen werden können. Die Entwicklung von umweltpolitischen Strategien wird aber dadurch kompliziert, daß innerhalb der Umweltökonomie unterschiedliche Vorstellungen darüber existieren, welche Ziele verfolgt werden sollen.

2.3.2
Richtungen der Umweltökonomie

Die Umweltökonomie ist, wie schon angeführt wurde, aus der Volkswirtschaftslehre heraus entstanden. Letztere wird dominiert durch die neoklassische Wirtschaftstheorie. Nicht verwunderlich ist, daß deren wesentliche Elemente in die Umweltökonomie übernommen wurden. Man kann die so entstandene – traditionelle – Umweltökonomie deshalb als *neoklassische Umweltökonomie* bezeichnen. Sie beherrscht die meisten Lehrbücher und prägt wohl in hohem Maße das Denken vieler Ökonomen in Sachen Umwelt.

Zweige der Umweltökonomie		Grundlagen der positiven Theorie	normative Ausrichtung
traditionelle (neoklassische) Umwelt-ökonomie	paretianische Umweltökonomie	methodologischer Individualismus; Nutzen- und Gewinn-maximierung	Paretokriterium
	praxisorientierte Umweltökonomie		Zielvorgaben der Umweltpolitik
ökologische Ökonomie		Systembetrachtung ökologisch-ökonomischer Zusammenhänge	Umweltethik; Nachhaltigkeits-prinzip

Abb. 2.2. Grundlagen der Umweltökonomie

In jüngerer Zeit kam ein zweiter Sproß hinzu, der als *Ökologische Ökonomie* (ecological economics) bezeichnet wird. Die Ansätze sind vielfältig und heterogen. Gemeinsam ist ihnen, daß sie – wie der Name schon andeutet – *ökologische* Tatbestände einbeziehen.

Beide Zweige der Umweltökonomie haben ihre Stärken und Schwächen. Auch kommen sie zu teilweise sehr unterschiedlichen Aussagen über die Rolle der Umweltpolitik. Für ein ausgewogenes Bild ist es in jedem Falle notwendig, beide zu behandeln.

Zur Orientierung für die folgenden Abschnitte soll Abbildung 2.2 dienen. Darin sind charakteristische Grundmerkmale der neoklassischen und ökologischen Umweltökonomie enthalten. Wie die Übersicht ausweist, unterscheiden sich die neoklassische und die ökologische Umweltökonomie sowohl in positiver als auch in normativer Hinsicht erheblich. Die neoklassische Umweltökonomie zerfällt zudem – wegen unterschiedlicher Zielsetzungen – in zwei Teile: die paretianische und die praxisorientierte (neoklassische) Umweltökonomie. Die Einzelheiten werden in den betreffenden Abschnitten näher erläutert.

2.3.3
Grundlagen der neoklassischen Umweltökonomie

Sowohl die paretianische als auch die praxisorientierte Umweltökonomie nutzen die neoklassische Wirtschaftstheorie als gemeinsame Grundlage. Es ist zweckmäßig, die prägenden Merkmale dieser neoklassischen Wirtschaftstheorie vorweg zu erörtern, soweit sie im Hinblick auf die Umwelt von Bedeutung sind (vgl. auch

Hampicke 1992, S. 20 ff.). Die Grundlagen der Ökologischen Ökonomie werden in Abschnitt 2.6 behandelt.

2.3.3.1
Methodologischer Individualismus

Die neoklassische Wirtschaftstheorie zielt darauf ab, wirtschaftliche Vorgänge primär aus dem Verhalten einzelner Entscheidungsträger zu erklären, die auch als „Wirtschaftssubjekte" bezeichnet werden. Betrachtet werden in erster Linie die wirtschaftlichen Entscheidungen, die „Individuen" (also einzelne Menschen) in ihren Rollen als Vertreter von Haushalten oder Unternehmen treffen. Diese theoretische Vorgehensweise des Erklärens aus dem Individualverhalten wird als *methodologischer Individualismus* bezeichnet.

Das Bild, das die neoklassische Wirtschaftstheorie von den Individuen entwirft, läßt sich unter dem Begriff des *homo oeconomicus* zusammenfassen. Dieser verhält sich *rational* in dem Sinne, daß er planmäßig vorgeht und unter mehreren Möglichkeiten stets die beste auswählt. Allgemein wird dieses Verhalten durch folgende Annahmen modelliert:

- *Haushalte* trachten danach, ihren individuellen (selbst empfundenen) Nutzen zu maximieren. Dieser Nutzen ergibt sich nach traditioneller Darstellung vor allem aus der Verfügbarkeit von Wirtschaftsgütern.
- *Unternehmen* wollen ihren Gewinn maximieren. Man kann dies auch verstehen als Bemühung der Unternehmer, über das Gewinneinkommen ihren Nutzen zu maximieren.

Da die Individuen bei ihren Maximierungsbestrebungen in erster Linie ihren *eigenen* Nutzen bzw. Gewinn im Auge haben (und nicht etwa das Wohl anderer), kann man ihr Verhalten als *egoistisch* interpretieren.

Das geschilderte Verhalten ist zunächst einmal zu verstehen als *positive* Theorie; unterstellt wird, daß die Wirtschaftssubjekte sich bei ihren Entscheidungen *tatsächlich* (oder zumindest näherungsweise) so verhalten, wie es beschrieben wurde. Darüber hinaus wird dieses Verhalten (in der Regel stillschweigend) noch in einem anderen – *normativ-ethischen* – Sinn interpretiert: Es ist aus der Sicht der neoklassischen Ökonomie völlig in Ordnung, daß die Individuen ihren *eigenen* Interessen folgen. Sie wissen – so wird unterstellt – selbst am besten, was ihnen nutzt und frommt. Also sollen sie auch nach ihrer Fasson glücklich werden. Alles andere wäre eine nicht zu rechtfertigende Bevormundung. Die ethische Grundhaltung, dem Individuum Entscheidungsfreiheit einzuräumen, wird als *Individualprinzip* bezeichnet. Es ist eng verwoben mit dem methodologischen Individualismus.

Manche Leser, die sich in besonderem Maße für Umweltschutz engagieren, mögen die geschilderten Grundposition der neoklassischen Umweltökonomie – Nutzen- und Gewinnmaximierung – innerlich ablehnen. Dies sollte aber nicht dazu verleiten, die darauf aufbauenden Erkenntnisse der Umweltökonomie etwa von vornherein als irrelevant anzusehen. Zu bedenken ist nämlich, daß die *tatsächlichen Verhaltensweisen* vieler Menschen durch eben jene Ziele maßgeblich geprägt werden. Die neoklassische Umweltökonomie kann damit – im Sinne einer positiven

Wissenschaft – erklären, wie und warum es zu bestimmten Umweltveränderungen kommt. Die Kenntnis solcher Wirkungsmechanismen ist wiederum eine Voraussetzung für Entwürfe der Umweltpolitik. Im übrigen wird in den folgenden Abschnitten noch Gelegenheit sein, sich kritisch mit den jeweiligen Inhalten auseinanderzusetzen.

2.3.3.2
Funktionen von Märkten und Preisen

In hohem Maße repräsentativ für die neoklassische Wirtschaftstheorie ist vor allem das Marktmodell der vollständigen Konkurrenz. Seine Inhalte prägen auch die neoklassische Umweltökonomie. Deshalb sollen sie hier kurz skizziert werden. Einzelheiten finden sich in allen gängigen Lehrbüchern der mikroökonomischen Theorie.

Ausgehend von Nutzen- und Gewinnmaximierung werden die Entscheidungen von einzelnen Haushalten und Unternehmen modelliert. Sie betreffen individuelle Angebote und Nachfragen nach einzelnen (Wirtschafts-)Gütern. Diese können aggregiert werden und treffen als Gesamtangebot und -nachfrage auf den betreffenden Gütermärkten aufeinander. Durch Anpassung des jeweiligen Marktpreises werden Gesamtangebot und -nachfrage ins Gleichgewicht gebracht. Da sich die Haushalte und Unternehmen bei ihren Entscheidungen an den Marktpreisen orientieren, sorgt der geschilderte Ausgleichsmechanismus – kurz: Preismechanismus – letztlich für die Koordination der wirtschaftlichen Handlungen. Er wirkt als „unsichtbare Hand" (Adam Smith), die alles zum Besten regelt.

Das Gesamtergebnis dieser preisgesteuerten Anpassungen ist bemerkenswert: Es entsteht ein sogenanntes *Paretooptimum*. Der Begriff wird, da er auch für die paretianische Umweltökonomie grundlegende Bedeutung hat, später näher erläutert. Im vorliegenden Zusammenhang beinhaltet er die Feststellung, daß jedes Individuum unter den gegebenen Ausgangsbedingungen (insbesondere seiner Ausstattung mit Produktionsfaktoren) ein *Maximum* an individuellem Nutzen erreicht. Aus diesem Grunde wird ein Paretooptimum innerhalb der neoklassischen Wohlfahrtstheorie auch als gesellschaftlicher Idealzustand angesehen.

Bemerkenswert ist ferner, daß dieser Idealzustand *trotz* und gerade *wegen* des egoistischen (auf individuelle Nutzen- und Gewinnmaximierung zielenden) Verhaltens erreicht wird. Auch vom gesellschaftlichen Ergebnis her ist es – so die implizite Haltung der neoklassische Wirtschaftstheorie – somit gerechtfertigt, das Individualprinzip walten zu lassen.

2.3.3.3
Freie Güter und externe Effekte

Die eben beschriebene segensreiche Wirkung des Preismechanismus kann sich, wie die neoklassische Wirtschaftstheorie selbst konstatiert, vor allem in zwei Fällen *nicht* entfalten: beim Vorliegen von *öffentlichen Gütern* und beim Auftreten *externer Effekte*. Die Theorie spricht diesbezüglich auch von *Marktversagen*. Beide Fälle sind u. a. im Zusammenhang mit der natürlichen Umwelt relevant.

Öffentliche Güter lassen sich am einfachsten dadurch kennzeichnen, daß bei ihnen das sogenannte Ausschlußprinzip *nicht* angewendet wird. Letztlich soll damit gesagt werden, daß diese Güter vielen oder allen Individuen zugänglich sind, ohne daß dafür ein Preis zu entrichten ist. In diese Kategorie fallen viele Güter, die der Staat bereitstellt (wie z. B. öffentliche Sicherheit), vor allem aber auch *Naturgüter*, deren Nutzung freigestellt ist und unentgeltlich erfolgt. Solche Naturgüter werden auch als *freie Güter* bezeichnet.

Beispiele dafür sind: Luft zum Atmen und für den Betrieb von Verbrennungsmotoren, allgemein zugängliche Teile der Landschaft, freies Fischrecht auf den Weltmeeren, allgemein erlaubte Nutzung von Sonnenenergie, Wind- und Wasserkraft, usw.

Weil diese Güter keinen Preis haben, also „nichts kosten", werden sie bisweilen verschwenderisch genutzt und aus ökologischer Sicht auch *über*nutzt. Einzelheiten werden in Abschnitt 2.5 behandelt.

Externe Effekte (auch *Externalitäten* genannt) bilden den Schlüssel zum Umweltverständnis der neoklassischen und vor allem der paretianischen Umweltökonomie. Ströbele (1991, S. 113) bringt die übliche Vorstellung auf den Punkt: „Die Probleme, die gemeinhin als 'Umweltprobleme' bezeichnet werden, entstehen durch negative externe Effekte."

Solche negativen externen Effekte kommen durch die gemeinsame Nutzung von Umweltmedien zustande. Ein oder mehrere Verursacher erzeugen dabei Nutzen- oder Gewinneinbußen an anderer Stelle, die nicht entschädigungspflichtig sind.

Folgendes Lehrbuchbeispiel verdeutlicht den Zusammenhang: Ein Chemiewerk leitet – was erlaubt sei – seine Abwässer ungeklärt in einen Fluß. Es erzeugt damit u. a. folgende Beeinträchtigungen an anderen Stellen: Ein flußabwärts gelegenes Wasserwerk hat erhöhte Kosten für die Wasseraufbereitung, weil es zusätzliche Filter benötigt. Ferner verbreiten die Chemieabwässer einen unangenehmen Geruch, der Anwohner stört. Außerdem sterben Fische, wodurch der Gewinn eines Fischereibetriebes vermindert wird.

Ein Beispiel für einen gegenteiligen – positiven – externen Effekt ist folgendes: Die Bienen eines Bienenzüchters fliegen in den Obstgarten des Nachbarn und bestäuben dessen Bäume. Der Nachbar erhält dadurch kostenlos einen höheren Obstertrag.

Aus der Sicht des Verursachers ist die Nutzung der betreffenden Umweltmedien *unentgeltlich*. Insoweit herrscht die gleiche Situation wie bei freien Gütern, für deren Nutzung kein Preis zu entrichten ist. Im Falle der externen Effekte kommt aber etwas hinzu: die bei anderen Individuen erzeugten Nutzeneinbußen.

Damit tritt ein neues Problem auf. Die neoklassische Wirtschaftstheorie konstatiert, daß bei Auftreten externer Effekte eine *sub*optimale Situation vorliege. Es sei nämlich möglich, die Nutzen aller Beteiligten zu erhöhen. Wie dies zu bewerkstelligen ist, ist das zentrale Problem der im folgenden zu behandelnden paretianischen Umweltökonomie.

2.4
Paretianische Umweltökonomie

Die paretianische Umweltökonomie bietet die konsequenteste Anwendung der im vorangehenden erörterten Sichtweisen der neoklassischen Wirtschaftstheorie auf die natürliche Umwelt. Sie gilt als Herzstück der neoklassischen Umweltökonomie. Schon deshalb, vor allem aber auch wegen der weitreichenden umweltpolitischen Konsequenzen (die kritisch zu beleuchten sind), soll sie an erster Stelle behandelt werden.

Zu beschreiben ist zunächst ihre Zielvorstellung. Maßgeblich dafür ist das bereits erwähnte Paretokriterium. Sodann ist darzustellen, welche Probleme die paretianische Umweltökonomie hinsichtlich der natürlichen Umwelt sieht und welche Lösungen sie vorschlägt. Abschließend ist eine kritische Auseinandersetzung mit ihren Inhalten notwendig.

2.4.1
Das Paretokriterium als Maxime

Wie bereits erwähnt wurde, sieht die neoklassische Wirtschaftstheorie ein *Paretooptimum* als gesellschaftlichen Idealzustand an. Seine Erreichung setzt aber voraus, daß der Preismechanismus gemäß dem Modell der vollständigen Konkurrenz funktioniert. Im vorangehenden wurde aber ausgeführt, daß der Preismechanismus gemäß der neoklassichen Doktrin in Bezug auf *externe Effekte* versagt – mit der Konsequenz, daß ein paretosuboptimaler Zustand eintritt. Die paretianische Umweltökonomie ist darauf aus, solche Zustände zu verbessern.

Als allgemeiner Richtmaßstab dient dabei das *Paretokriterium*, das ebenfalls der neoklassischen Wohlfahrtstheorie entlehnt ist. Es besagt zweierlei: Eine Verbesserung einer gegebenen Ausgangssituation liegt vor, wenn

– mindestens ein Individuum eine Nutzenerhöhung erfährt und
– kein Individuum nutzenmäßig schlechter gestellt wird.

Zu beachten ist, daß es – getreu dem Individualprinzip – auf die *individuellen* Nutzen ankommt. Ausgeschlossen werden im Rahmen des Paretokriteriums Nutzen*umverteilungen*; niemand soll Nutzenerhöhungen allein dadurch erfahren, daß andere Nutzeneinbußen erleiden. Auch in diesem „Diskriminierungsverbot" kann man eine Respektierung des Individualprinzips sehen.

Das Paretokriterium dient in der paretianischen Umweltökonomie als Maxime, um den optimalen Einsatz von Naturgütern zu ermitteln und – darauf aufbauend – umweltpolitische Empfehlungen auszusprechen. Die Argumentation verläuft in folgenden Stufen, die in den anschließenden Abschnitten näher erörtert werden:

– Durch externe Effekte wird – so die gängige Behauptung – ein paretosuboptimaler Zustand hervorgerufen.
– Dieser suboptimale Zustand kann im Sinne des Paretokriteriums verbessert werden. Auf welche Weise dies geschehen kann, wird im folgenden gezeigt.

– Daraus werden Schlußfolgerungen gezogen, welche Art von Umweltpolitik zweckmäßig ist.

Bei all den Überlegungen geht es darum, die durch externe Effekte bedingte Störung des gesellschaftlichen Idealzustandes zu korrigieren, so daß eine möglichst hohe gesellschaftliche Wohlfahrt erreicht wird.

2.4.2
Suboptimalität externer Effekte

Um zu demonstrieren, daß externe Effekte einhergehen mit Paretosuboptimalität, ist die Situation zwischen Verursachern und Betroffenen von externen Effekten zu betrachten. Zur Veranschaulichung wird das vorangehende Flußbeispiel benutzt; die Beweisführung läßt sich aber verallgemeinern.

Als Verursacher fungiert im Beispiel ein Chemiewerk, das seine Abwässer ungeklärt in einen Fluß leitet. Exemplarisch für die Betroffenen steht ein flußabwärts gelegenes Wasserwerk, dessen Kosten durch die Abwassereinleitung steigen. Betrachtet werden die Gewinne der beiden Unternehmen; sie können zugleich als Indikatoren für die Nutzen der betreffenden Unternehmer angesehen werden.

Für den Gewinn des Chemiewerks (G_c) ist zunächst der Markterlös (Umsatz) maßgeblich, der durch die Produktionsmenge (c) und den Marktpreis der Chemieprodukte (p_c) bestimmt wird. Davon abzuziehen sind die (betriebswirtschaftlichen) Kosten (K_c). Sie hängen nur von der eigenen Produktionsmenge ab; Kosten für Abwassereinleitung entstehen nicht, da der Fluß als freies Gut genutzt wird.

$$G_c = p_c c - K_c(c) \tag{2.1}$$

Der Umsatz des Wasserwerks läßt sich analog durch dessen Produktionsmenge (w) und den am Absatzmarkt erzielten Wasserpreis (p_w) ausdrücken. Differenzierter stellt sich die Kostensituation dar. Neben den sonstigen betriebswirtschaftlichen Kosten entstehen dem Wasserwerk Zusatzkosten für die Reinigung des verschmutzten Flußwassers. Für eine gegebene Produktionsmenge sind die Reinigungskosten um so höher, je stärker das Flußwasser verschmutzt ist. Die Verschmutzung wiederum ist um so höher, je mehr das Chemiewerk produziert und – im Verbund damit – Abwässer einleitet. Die Kosten des Wasserwerks (K_w) sind also letztlich von zwei Einflußgrößen abhängig: der eigenen Produktionsmenge (w) und der Produktionsmenge des Chemiewerks (c). Der Gewinn des Wasserwerks (G_w) läßt sich wie folgt darstellen:

$$G_w = p_w w - K_w(\underset{+}{w}, \underset{+}{c}) \tag{2.2}$$

Die Pluszeichen stehen für die Vorzeichen der ersten partiellen Ableitungen. Im vorliegenden Falle drücken sie aus, daß die Kosten (K_w) sich erhöhen, wenn w oder c erhöht werden.

Gemäß dem Modell der vollständigen Konkurrenz werden die Preise von den Unternehmen als Datum (als vorgegebene Größen) betrachtet. Die beiden Gewinne lassen sich damit als Funktionen der betreffenden Produktionsmengen auffassen. Wie üblich wird angenommen, daß die Unternehmen ihre Gewinne maximieren. Die Zusammenhänge, die für die Suboptimalität externer Effekte bedeutsam sind, werden in Abbildung 2.3 dargestellt.

Die Abbildung ist folgendermaßen konstruiert:

– Teil c) enthält die Gewinnfunktion des Chemiewerks. Aus Gründen, die gleich deutlich werden, zeigt die Gewinnachse nach unten. Der Gewinn ist nur von der eigenen Produktionsmenge (c) abhängig. Die Gewinnfunktion zeigt unter der üblichen Annahmen steigender Grenzkosten einen bogenförmigen Verlauf mit einem Maximum, das in der Abbildung bei der Produktionsmenge c^* liegt.

– Der Gewinn des Wasserwerks wird in Teil a) in Abhängigkeit von der eigenen Produktionsmenge (w) dargestellt. Da auf den Gewinn eine weitere Größe (c) einwirkt, erhält man eine Schar von Gewinnfunktionen, deren Form und Lage durch die jeweilige Produktionsmenge des Chemiewerks mitbestimmt wird. Exemplarisch sind davon zwei Gewinnfunktionen – $G_w(c^*)$ und $G_w(c^+)$ – dargestellt, die für die Mengen c^* bzw. c^+ gelten. Mit sinkender Produktion des Chemiewerks (wie beim Übergang von c^* nach c^+) vermindern sich die Reinigungskosten des Wasserwerks, und dessen Gewinnfunktion verschiebt sich nach oben.

– Für das Wasserwerk ist die Chemieproduktion und die damit verbundene Abwasserbelastung ein Datum. Es maximiert seinen Gewinn entsprechend der geltenden Gewinnfunktion. Im Falle von $G_w(c^*)$ produziert es die Menge w^* und erreicht einen maximalen Gewinn von G_w^*; bei $G_w(c^+)$ wählt es die Menge w^+ mit dem Gewinn G_w^+.

– Die maximalen Gewinne des Wasserwerks werden in Teil b) der Abbildung übertragen und den entsprechenden Produktionsmengen des Chemiewerks (c^* bzw. c^+) zugeordnet. Dadurch sind die Punkte P^* und P^+ bestimmt. Dieses Zuordnungsverfahren läßt sich verallgemeinern für beliebige Produktionsmengen des Chemiewerks. Durch die Verbindung aller Punkte entsteht die im Teil b) eingezeichnete Gewinnfunktion $G_w(c)$, die jeder Produktionsmenge des Chemiewerks den entsprechenden maximalen Gewinn des Wasserwerks zuordnet.

Ausschlaggebend für die Suboptimalität externer Effekte ist der für beide Unternehmen *zusammen* entstehende *Gesamt*gewinn (G). Geometrisch entspricht er dem senkrechten Abstand zwischen den in Teil b) und c) dargestellten Gewinnfunktionen des Wasser- und Chemiewerks, $G_w(c)$ und $G_c(c)$:

$$G = G_w(c) + G_c(c) \tag{2.3}$$

Als *Ausgangssituation* für die Beurteilung externer Effekte wird unterstellt, daß das Chemiewerk seinen Gewinn maximiert – dies ohne Rücksicht auf die beim Wasserwerk anfallenden Reinigungskosten. Das Chemiewerk produziert folglich die Menge c^*. Der Gesamtgewinn für beide Unternehmen entspricht, wie beschrieben wurde, dem senkrechten Abstand der Gewinnfunktionen $G_w(c)$ und $G_c(c)$ bei c^*.

Entscheidend für Suboptimalität ist, ob ein Gesamtgewinn existiert, der *größer* als der eben beschriebene ist. So wie die Gewinnfunktionen in Abbildung 2.3

gezeichnet sind, trifft dies u. a. für eine Produktionsmenge c^+ zu. Daraus wird folgendes geschlossen:

Die Ausgangssituation ist pareto*suboptimal*. Denn es gibt Möglichkeiten, einen *größeren* Gesamtgewinn zu erzielen und (wie gleich zu zeigen ist) beide Beteiligte im Sinne des Paretokriteriums besser zu stellen.

Um die Paretosuboptimalität zu veranschaulichen, kann man sich (in Anlehnung an Weimann 1991, S. 22) vorstellen, daß beide Unternehmen in einer Hand vereinigt werden. Der betreffende Unternehmer maximiert dann den gemäß Gleichung 2.3 bestimmten Gesamtgewinn aus beiden Unternehmen. Angenommen, der maximale Gesamtgewinn liege bei einer Produktion des Chemiewerks in Höhe von c^+. Er wird dann genau diese Menge an Chemieprodukten herstellen und die Produktionsmenge des Wasserwerks auf w^+ festlegen.

Ist mit dem Vorangehenden *bewiesen*, daß externe Effekte unter den marktwirtschaftlichen Ausgangsbedingungen *zwangsläufig* eine paretosuboptimale Situation hervorbringen? Dies ist ja die übliche Behauptung der paretianischen Umweltökonomie.

Die Frage läßt sich sehr einfach durch einen nochmaligen Blick auf Abbildung 2.3 klären. In der Ausgangssituation realisiere das Chemiewerk (wie gehabt) seinen maximalen Gewinn $G_c{}^*$ bei der Produktionsmenge c^*. Bei einer schrittweisen Reduzierung der Produktionsmenge vermindert sich sein Gewinn. Im Gegenzug dazu steigt der Gewinn des Wasserwerks. Entscheidend für eine Erhöhung des *Gesamt*gewinns (G) ist, ob die Gewinnsteigerung beim Wasserwerk ausreicht, um die Gewinneinbuße des Chemiewerks zu übertreffen. Dies kann sein, ist aber *nicht zwangsläufig* so.

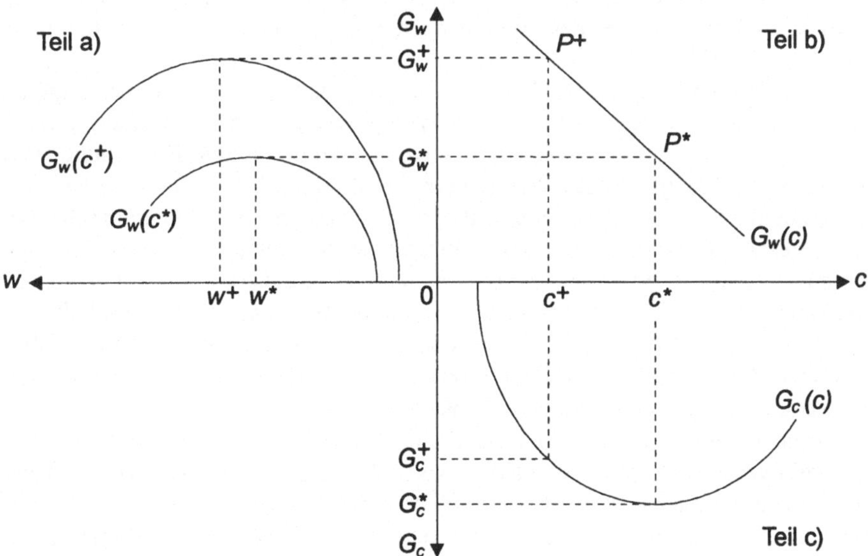

Abb. 2.3. Gewinne bei externen Effekten

In der Graphik werden die Gewinnerhöhungen des Wasserwerks durch Verschiebungen der Gewinnkurve $G_W(c)$ in Teil a) dargestellt. Fallen diese Verschiebungen geringer aus als es in der Abbildung exemplarisch dargestellt wird, so verläuft auch die Kurve $G_W(c)$ in Teil b) flacher, so daß der größtmögliche Gesamtgewinn bei c^* entstehen kann. Eine wesentliche Rolle spielen für die Veränderung des Gesamtgewinns die technischen Produktionsbedingungen und die Größenordnung der Ausgangsgewinne.

Letzteres läßt sich durch folgendes Beispiel verdeutlichen. Betrachtet wird wiederum ein Chemiewerk, das Abwässer einleitet. Um die Schadstoffmenge um jeweils ein Prozent zu reduzieren, entstehen dem Chemiewerk jeweils zusätzliche Kosten in Höhe von 100 000 DM. Geschädigt wird durch die Abwassereinleitung ein Fischereibetrieb, der bei der schrittweisen Reduzierung um ein Prozent jeweils zusätzlich Fische im Werte von 1000 DM fängt. Man erkennt sofort, daß sich die Reduzierung – vom Gesamtgewinn her betrachtet – nicht lohnen würde.

Die übliche Behauptung von *zwangsläufiger* Suboptimalität ist wohl darauf zurückzuführen, daß bei der formalen Ableitung nur die notwendige, nicht aber die hinreichende Bedingung für ein Gewinnmaximum geprüft wird.

Das Vorangehende läßt sich so zusammenfassen: Durch externe Effekte *kann* eine paretosuboptimale Situation entstehen; dies ist aber nicht zwingend. Die paretianische Umweltökonomik unterstellt generell (und unberechtigterweise) Suboptimalität. Um den Anschluß an die Literatur zu halten, wird für das Folgende von dem Fall ausgegangen, daß tatsächlich eine paretosuboptimale Situation vorliegt, wie sie auch in Abbildung 2.3 dargestellt wird.

2.4.3
Angestrebte Internalisierung externer Effekte

Das Leitmotiv der paretianischen Umweltökonomie besteht, wie schon gesagt wurde, in dem Bestreben, paretosuboptimale Situationen im Sinne des Paretokriteriums zu verbessern. Wie dies erreicht werden kann und soll, wird im folgenden erörtert.

Die Problemstellung läßt sich an dem in Abbildung 2.3 dargestellten Flußbeispiel verdeutlichen. Ausgegangen wird von folgender Anfangssituation: Beide Unternehmen maximieren *getrennt* voneinander ihren Gewinn. Das Chemiewerk produziert die Menge c^*, das Wasserwerk die Menge w^*. Die Situation ist – insgesamt betrachtet – insofern paretosuboptimal, als nicht alle Gewinnmöglichkeiten ausgeschöpft werden. Der größtmögliche Gesamtgewinn wird – so sei angenommen – erreicht, wenn die Mengen c^+ und w^+ realisiert werden. Dies ist die Idealsituation, die die paretianische Umweltökonomie für erstrebenswert hält.

Jedoch: Auf welche Weise soll die Idealsituation erreicht werden? Beim Übergang von c^* zu c^+ müßte das Chemiewerk auf einen Teil seines Gewinns verzichten, wozu es nicht ohne weiteres bereit ist.

Abwegig wäre es, etwa an eine staatliche Produktionsplanung zu denken; denn das marktwirtschaftliche System soll – wofür Anhänger der neoklassischen Theorie jederzeit eintreten – so weit wie möglich erhalten bleiben. Auch eine Vereinigung von Unternehmen, wie sie im vorangehenden Abschnitt zur Veranschaulichung der Problematik erörtert wurde, kommt nicht in Frage. Was bleibt also übrig?

Zwei Lösungsansätze werden vorgeschlagen:

1. *Verhandlungslösung*: Die Grundidee dabei ist, daß die an externen Effekten Beteiligten *selbst* eine paretoeffiziente Lösung finden, indem sie in Verhandlungen miteinander eintreten.
2. *Pigousteuer*: Die Lösung geht zurück auf eine Idee von Pigou, der vorschlug, daß der Staat eine Steuer erheben solle, um die paretosuboptimale Situation zu bereinigen.

Man spricht im Zusammenhang mit solchen Lösungen auch von einer *Internalisierung der externen Effekte*. Gemeint ist damit, daß der Verursacher von externen Effekten – im vorliegenden Falle: das Chemiewerk – diese bei seinen Entscheidungen berücksichtigen solle. Eben dies soll mit den genannten Vorschlägen erreicht werden.

Im folgenden soll die Verhandlungslösung ausführlicher dargestellt werden. Sie gibt die Position der paretianischen Umweltökonomie am deutlichsten wieder und wird auch – so sie funktioniert – als Bestlösung angesehen. Die Pigousteuer wird als Ersatzlösung – also als „second best" – in Erwägung gezogen, aber nicht einhellig befürwortet. Sie wird im Anschluß an die Verhandlungslösung kurz erörtert.

2.4.4
Internalisierung externer Effekte durch Verhandlungen

Die Grundidee für Verhandlungslösungen geht zurück auf Coase (1960). Sie läßt sich sehr einfach an dem vorangehenden Flußbeispiel darstellen.

Im Ausgangszustand maximieren beide Unternehmen ihre Gewinne auf eigene Faust. Gemäß Abbildung 2.3 realisieren sie dabei die Produktionsmengen c^* und w^*. Das Gewinnpotenzial ist damit aber nicht voll ausgeschöpft; denn der größtmöglichen Gesamtgewinn wird – so sei angenommen – bei den Produktionsmengen c^+ und w^+ erreicht.

Das von der neoklassischen Wirtschaftstheorie unterstellte Rationalverhalten schließt ein, daß die Unternehmen alle vorhandenen Gewinnchancen nutzen. Sie werden dies – so die grundlegende Annahme – im vorliegenden Falle tun, indem sie in *Verhandlungen* miteinander eintreten. Sie einigen sich dabei idealerweise auf folgendes:

– Das Chemiewerk reduziert seine Produktionsmenge auf c^+. Es erfährt dadurch eine Gewinnminderung. Sie wird jedoch (nach Voraussetzung) überkompensiert durch eine Gewinnerhöhung beim Wasserwerk, das nunmehr die Produktionsmenge w^+ realisiert.
– Das Wasserwerk führt einen Teil seines Zusatzgewinns an das Chemiewerk ab, so daß die produktionsbedingte Gewinnminderung beim Chemiewerk mehr als ausgeglichen wird.

Genauer kann der Kompensationsvorgang so dargestellt werden, daß das Wasserwerk einen bestimmten Preis pro vermiedener Abwassereinheit zahlt. Dieser Preis wird ausgehandelt. Seine Höhe läßt sich aus den Gewinnmaximierungsansätzen ableiten (vgl. Weimann 1991, S. 22).

Die Rationalität solcher Verhandlungslösungen besteht also darin, durch abgestimmtes Verhalten einen größeren Gesamtgewinn zu realisieren und den zusätzlichen Gewinn so untereinander aufzuteilen, daß sich beide Unternehmen dabei besser stellen.

Die Verhandlungslösung ist im geschilderten Idealfall pareto*effizient*, weil damit die *größtmögliche* Gewinnverbesserung erreicht wird. Vorausgesetzt wird dabei, daß die Verhandlungspartner vollständig über die Verhältnisse informiert sind und keine Verhandlungskosten existieren. Sind letztere zu hoch, können Verhandlungen auch scheitern (vgl. Abschnitt 2.4.6).

Von besonderem Interesse ist für die paretianische Umweltökonomie noch eine andere Eigenschaft von paretoeffizienten Verhandlungslösungen. Bisher wurde unterstellt, daß die Einleitung ungeklärter Abwässer in den Fluß *erlaubt* war; das Chemiewerk hatte ein *Recht*, den Fluß für seine Zwecke – Abwassereinleitung – zu nutzen. Denkbar ist aber auch eine andere Rechtslage: Das Wasserwerk hat ein Recht auf sauberes Flußwasser; es kann die Abwassereinleitung – wenn es will – untersagen. Was folgt aus dieser alternativen Rechtslage?

Die Schlußfolgerungen laufen ganz analog zur vorherigen Rechtslage: Die beiden Unternehmen werden in Verhandlungen eintreten. Das Ergebnis ist im Idealfall wiederum paretoeffizient. Es wird – wie im vorangehenden Fall – der maximale Gesamtgewinn realisiert; die Produktionsmengen und die eingeleitete Abwassermenge stimmen mit dem Ausgangsfall überein. Lediglich die *Richtung* der Kompensationszahlung ändert sich: Nunmehr leistet das Chemiewerk eine Kompensationszahlung an das Wasserwerk.

Zusammenfassend läßt sich für die Verhandlungslösungen folgendes festhalten:

- Die an externen Effekten Beteiligten haben einen Anreiz, Verhandlungslösungen zu verwirklichen. Sie realisieren dadurch einen zusätzlichen Gesamtgewinn, den sie per Kompensationszahlung untereinander aufteilen.
- Paretoeffiziente Verhandlungsergebnisse sind in allokativer Hinsicht (bezüglich der Nutzung des Flusses) *unabhängig* von der existierenden Rechtslage. Egal, wie die Nutzungsrechte an Naturgütern geregelt sind: Es werden die nämlichen Produktionsmengen realisiert. Damit stimmen auch die Abwassermengen überein.
- Die Verteilung der Rechte spielt nur insofern eine Rolle, als sie die *Richtung* (nicht die Höhe) der Kompensationszahlung bestimmt. Wer das Nutzungsrecht an Naturgütern hat, tritt dieses teilweise an den Verhandlungspartner ab und erhält dafür ein Entgelt.

Von Interesse ist noch, wie Verhandlungslösungen aus *ökologischer* Sicht zu beurteilen sind. Im ersten Fall, bei dem ein Recht zur Abwassereinleitung bestand, wurde die Abwassermenge durch Verhandlungen reduziert. Im zweiten Fall, bei dem ein Recht auf sauberes Flußwasser galt, führten gerade die Verhandlungen zu einer Abwasserbelastung des Flusses. Es ist also keineswegs so, daß durch Verhandlungen die ökologische Situation generell verbessert würde.

Das Ergebnis von Verhandlungen ist in jedem Falle eine bestimmte Umweltbelastung. Sie ist insofern paretoeffizient, als sie den Nutzen- und Gewinnmaximierungsbestrebungen der Verhandlungspartner in bestmöglicher Weise Rechnung trägt. Nicht gesichert ist dabei, daß die so entstehende Umweltbelastung im *ökologischen Sinne verträglich* ist (vgl. dazu Abschnitt 2.4.6).

2.4.5
Der Property-rights-Ansatz

Die im vorangehenden Abschnitt dargestellte Verhandlungslösung hat aus der Sicht von Vertretern der paretianischen Umweltökonomie nicht nur den Vorzug einer paretoeffizienten Internalisierung externer Effekte. Sie kommt zudem *ohne direkte Einmischung des Staates* zustande.

Letzteres ist ein Vorteil, den vor allem Vertreter strikt marktwirtschaftlicher Positionen hoch schätzen. Nach deren Meinung soll der Staat grundsätzlich die Entscheidungsfreiheit der Individuen wahren, so weit es nur geht. Staatliche Einmischungen werden im Prinzip als ineffizient und (in Anlehnung an das Individualprinzip) als unangemessene Gängelung individueller Freiheiten verstanden.

Vor allem aus dieser Sicht ist auch der sogenannte *Property-rights-Ansatz* zu verstehen. Er geht ebenfalls auf Coase (1960) zurück, der ihn in allgemeiner Weise – als Theorie der Eigentumsrechte – entwickelt hat. Ausführliche Lehrbuchdarstellungen bieten u. a. Bromley (1991) und Siebert (1998).

Der Ausgangsgedanke ist folgender: In einem rechtsfreien Zustand kann nicht ohne weiteres gesagt werden, *wem* die Eigentumsrechte (z. B. an Land) zustehen sollen; es gibt keinen *objektiven* Maßstab für die Zuteilung der Rechte. Dasselbe gilt für die im Zusammenhang mit externen Effekten besonders bedeutsamen Nutzungsrechte. Je nach der Verteilung der Nutzungsrechte entstehen wechselweise externe Effekte, wie schon am Flußbeispiel erläutert wurde.

Vertreter des Property-rights-Ansatzes ziehen aus dem Vorangehenden folgende Schlüsse, wie mit externen Effekte zu verfahren ist:

– Da Verhandlungen zum selben Paretooptimum führen, ist es egal, *wie* die Nutzungsrechte verteilt sind.
– Die alleinige Aufgabe des Staates besteht darin, eine Rechtsordnung zu setzen, die private Rechte in irgendeiner Weise zuteilt.

Die weitreichende und ungewöhnliche Konsequenz dieser Schlußfolgerungen ist, daß damit empfohlen wird, auf eine *Umweltpolitik* im herkömmlichen Sinne *gänzlich zu verzichten*. Sie ist aus der Sicht des Property-rights-Ansatzes überflüssig, weil das Erstrebenswerte – eine paretoeffiziente Internalisierung externer Effekte – angeblich durch Verhandlungslösungen auf privater Basis erreicht wird.

2.4.6
Praktische Relevanz von Verhandlungslösungen

Bei den vorangehenden Lösungsvorschlägen wurde unterstellt, daß externe Effekte im Zuge von *Verhandlungen* zwischen den Beteiligten internalisiert würden. Die Empirie lehrt aber, daß private Verhandlungslösungen allenfalls in Ausnahmefällen zustande kommen. Dies führt auf die Frage, welche Gründe dafür maßgeblich sein könnten.

Die übliche Erklärung der paretianische Umweltökonomie für Fälle des „Versagens" von Verhandlungslösungen besteht in hohen *Transaktionskosten*. Mit letzteren sind ganz allgemein alle mit dem Abschluß von Verträgen zusammenhängenden Kosten, insbesondere die Kosten für die Vorbereitung und Durchführung von Verhandlungen, die Überwachung der geschlossenen Verträge usw. gemeint. Im Zusammenhang mit externen Effekten können die Transaktionskosten vor allem dann beträchtlich sein, wenn der Kreis der Beteiligten groß ist. Die Transaktionskosten können in solchen Fällen die möglichen Gewinne übersteigen. Es ist dann rational, auf Verhandlungen zu verzichten.

Außerhalb der gängigen Theorie bieten sich auch andere Erklärungen an:

- Nach Abschnitt 2.4.2 kann die bestehende Anfangssituation – entgegen der üblichen Unterstellung – bereits paretooptimal sein. Damit existiert auch kein Anreiz für Verhandlungen.
- Bei vielen Umweltbelastungen sind die Verhältnisse sehr viel komplexer, als sie in den einfachen Beispielen dargestellt werden. Mehr dazu wird in Abschnitt 2.4.9 ausgeführt.

Welche Ursachen auch immer für das Scheitern von Verhandlungen verantwortlich sind: Zu fragen ist, was in der weitaus überwiegenden Zahl von Fällen, in denen Verhandlungslösungen *nicht* zustande kommen, zu unternehmen ist.

2.4.7
Sonstige Empfehlungen

Eine naheliegende Idee ist, daß der *Staat* eingreifen solle. Dazu ist zunächst zu sagen, daß Ökonomen unterschiedliche Meinungen über den Sinn von Staatsinterventionen hegen, die teilweise einen ideologischen Hintergrund haben. So lehnen Ökonomen mit einer strikt marktwirtschaftlichen Einstellung Staatsinterventionen grundsätzlich ab, wo sie nicht unbedingt notwendig erscheinen. Dementsprechend fallen auch die Antworten unterschiedlich aus, wie im Falle des Scheiterns von Verhandlungslösungen zu verfahren ist (vgl. auch Weimann 1991, S. 30).

Folgende Empfehlungen werden gegeben:

- *Nichtstun:* Kommen Verhandlungen nicht zustande, soll die bestehende Situation bleiben wie sie ist. Als Rechtfertigung dient der Hinweis, daß das Scheitern von Verhandlungen anzeige, daß Verhandlungen sich aufgrund hoher Transaktionskosten nicht lohnten. Also sei es vernünftig, sie zu unterlassen.
- *Auferlegung einer Pigousteuer:* Der Staat soll mit Hilfe einer besonders konstruierten Steuer für die Internalisierung externer Effekte sorgen.

Das Steuerkonzept geht zurück auf Pigou (1924); für eine moderne Darstellung siehe u. a. Jaeger (1994, S. 29 ff.). Generell kann durch Steuern, welche die Verteuerung eines Produktes bewirken, die Produktion dieses Gutes verringert werden; eine ausführliche Darstellung dieses Zusammenhangs erfolgt in den Abschnitten 2.5.3.6 und 2.5.4.4. Bei der Pigousteuer kommt es zusätzlich darauf an, sie so zu bemessen, daß die paretoeffizienten Produktionsmengen realisiert werden (vgl. u. a. Fees 1997, S. 111 ff.).

Für das Flußbeispiel bedeutet dies, daß eine Steuer auf Chemieprodukte erhoben wird, durch welche die Produktion des Chemiewerks auf die paretoeffiziente Menge c^+ reduziert wird.

Die Pigousteuer birgt zunächst ein theoretisches Problem (vgl. Weimann 1991, S. 111 f.): Im Gegensatz zu Verhandlungslösungen, bei denen die Beteiligten den Zusatzgewinn unter sich aufteilen, werden durch die Pigousteuer *Zahlungen an den Staat* geleistet. Um – entsprechend dem Paretokriterium – Benachteiligungen zu vermeiden, müßte diese Steuer rückerstattet werden. Wie dies unter Bewahrung der paretoeffizienten Produktionsmengen geschehen kann, wird diskutiert, soll hier aber nicht weiter verfolgt werden.

Darüber hinaus besteht auch das praktische Problem, die Höhe der Pigousteuer zu bestimmen. Dazu wird in der Literatur häufig angeführt, daß die zu ihrer Bemessung notwendigen Informationen über Kosten nicht vorlägen (vgl. u. a. Fürst 1996, S. 36 ff.). Als Ausweg wird der sog. *Preis-Standard-Ansatz* vorgeschlagen, der zur praxisorientierten Umweltökonomie hinführt (vgl. Abschnitt 2.5.3.6).

2.4.8
Kritische Anmerkungen

Die paretianische Umweltökonomie reizt in vieler Hinsicht zu einer kritischen Auseinandersetzung.

Kritik findet sich auch in der Literatur; vgl. u. a. Maier-Rigaud 1991, Gawel 1996. Allerdings wird hier die neoklassische Umweltökonomie *insgesamt* kritisiert. Die geäußerte Kritik kann aber im wesentlichen auf die paretianischen Ansätze bezogen werden. Außer acht bleibt dabei, daß die neoklassische Umweltökonomie auch einen praxisorientierte Zweig aufweist, für den die übliche Kritik kaum zutrifft.

Die Auseinandersetzung läßt sich auf zwei Ebenen führen:

1. Die *normative Grundlage* in Gestalt des Paretokritierums kann kritisch betrachtet werden.
2. Die verwendeten Modelle können auf ihre *Fähigkeit zur Problemerfassung* und auf ihren *Realitätsgehalt* überprüft werden.

Zur normativen Grundlage ist folgendes zu bemerken: Die Ansätze der paretianischen Umweltökonomie zielen darauf ab, die individuellen Nutzen bzw. Gewinne im Sinne des Paretokriteriums zu erhöhen. Dahinter steht letztlich die Vorstellung, daß es – entsprechend dem Individualprinzips – auf die *individuellen* Wertschätzungen ankommt, die in den individuellen Nutzen verkörpert sind. Ihnen soll in bestmöglicher Weise Rechnung getragen werden. Die implizite Botschaft lautet, daß mit der natürlichen Umwelt verfahren werden kann und soll, wie es den Individuen unter dem Gesichtspunkt der Maximierung des *eigenen* Nutzens am besten erscheint. Unausgesprochen bleiben die damit verbundenen *ökologischen* Konsequenzen. Sollte die Nutzenmaximierung nach Ansicht der Beteiligten z. B. darauf hinauslaufen, einen Fluß in einen Abwasserkanal zu verwandeln (und ihn damit im ökologischen Sinne zu ruinieren), so ist dies nach der paretianischen Umweltökonomie völlig in Ordnung.

Hier wird ein Gegensatz zu einer Auffassung sichtbar, die in weiten Kreisen der Gesellschaft inzwischen vertreten wird und die auch Eingang in die umweltpolitische Praxis gefunden hat: daß mit der natürliche Umwelt *nicht* nach Belieben verfahren werden dürfe. Vielmehr sei die Umwelt aus mancherlei Gründen zu schützen (vgl. Abschnitt 3.2.3). Die paretianische Umweltökonomie setzt sich mit ihrem Standpunkt über vorherrschende gesellschaftliche Normvorstellungen hinweg. Sie nimmt auch nicht zur Kenntnis, was die für Fragen des Umgangs mit der Natur besonders kompetente Wissenschaft, die *Umweltethik*, zu sagen hat.

Bezüglich der Fähigkeit zur Problemerfassung fällt auf, daß die paretianische Umweltökonomie in den hauptsächlich gebräuchlichen Ansätzen eine sehr *partielle* Sichtweise pflegt. Mehr dazu wird in Abschnitt 2.4.9 ausgeführt.

An der Realität vorbei geht auch ihre zentrale Vorstellung , daß externe Effekte durch *private Verhandlungen* internalisiert würden. Über die meisten in der Praxis auftretenden Umweltbelastungen werden keine privaten Verhandlungen geführt. Damit kommen für die Praxis im wesentlichen nur noch die in zweiter Linie angeführten Ersatzlösungen in Frage: Nichtstun oder Erhebung einer Pigousteuer.

Nichtstun bedeutet, daß man der in der Empirie fortlaufend stattfindenden Umweltzerstörung freien Lauf läßt. Dagegen stehen die oben erwähnten allgemeinen Vorstellungen, die auf Umweltschutz gerichtet sind. Auf längere Sicht sprechen dagegen auch ökonomische Gesichtspunkte (vgl. Abschnitt 3.3.2). Auf die Schwierigkeiten der Erhebung einer Pigousteuer wurde schon hingewiesen.

2.4.9
Umweltprobleme aus erweitertem Blickwinkel

Die paretianische Umweltökonomie betrachtet Umweltprobleme – im Gegensatz zur Ökologie – nicht in direkter Weise. Sie interessiert sich für die *Folgen* von Einwirkungen auf die natürliche Umwelt, dies aber nur insoweit, als sie sich in Gestalt externer Effekte bemerkbar machen. Betroffen von externen Effekten sind letztlich Individuen, die Nutzenverluste erleiden. (Bei Gewinneinbußen von Unternehmen trifft dies auf die Unternehm*er* zu.) Es geht der paretianischen Umweltökonomie darum, für die externen Effekte – und damit indirekt für die Naturnutzung – eine paretoeffiziente Lösung zu finden. Unbeschadet der normativen Kritik soll im folgenden geprüft werden, ob die paretianische Umweltökonomie ihre *eigenes* Programm in befriedigender Weise verfolgt.

Betrachtet werden dazu in erster Instanz die von ihr präferierten Verhandlungslösungen. Das Muster für Verhandlungslösungen liefern Modelle wie das im vorangehenden benutzte Flußbeispiel. Darin werden externe Effekte (und die dahinter stehenden Umweltbelastungen) als eine recht *begrenzte* Angelegenheit dargestellt. Betroffen sind lediglich zwei Unternehmen, die sich vergleichsweise leicht auf eine paretoeffiziente Verhandlungslösung verständigen können.

Sieht man Umweltprobleme aus einer allgemeineren – ökologischen – Perspektive, ergibt sich ein Bild, das sich in zweifacher Hinsicht grundlegend von der üblichen paretianischen Modelldarstellung unterscheidet:

– Zunächst ist festzustellen, daß Umweltprobleme in der Regel durch ein Zusammenspiel *vieler* einzelner Einwirkungen auf das betreffende Ökosystem entstehen. Oft ist nicht mehr genau feststellbar, wer in welchem Umfang zu Umweltschäden beiträgt. Man kann hier von einem *Diffusionseffekt* der Umweltbelastungen sprechen. Oft sind nicht nur lokale Ökosysteme betroffen; es kann auch zu globalen Auswirkungen kommen.
– Von den entstehenden Umweltschäden ist eine Vielzahl von Personen betroffen. Es handelt sich hierbei zunächst um die zum Zeitpunkt der Umweltschädigungen *lebenden* Personen. Da die natürliche Umwelt aber in ihrem jeweiligen Zustand zwischen den Generationen vererbt wird, sind auch *künftige Generationen* betroffen.

Die in den einfachen Modellen der paretianischen Umweltökonomie als ideal angesehene Verhandlungslösung sorgt für eine Nutzenerhöhung *weniger* Akteure, nämlich der Teilnehmer an den Verhandlungen. Ausgeschlossen bleibt ein sehr viel größerer Kreis von Personen, der Angehörige der gegenwärtigen Generation und auch zukünftiger Generationen umfaßt. Diese Personen können Nutzenverluste durch diverse Umweltschäden erleiden, die mit dem (ohne Rücksicht auf Dritte) erzielten Verhandlungsergebnis verbunden sein können.

Mit solchen *begrenzen* Verhandlungslösungen, die Dritte schädigen, gerät die paretianische Umweltökonomie in einen Widerspruch zu ihrer eigenen Maxime, dem Paretokriterium. Dieses ist nach gängiger Auffassung nicht anwendbar auf Situationen, in denen Nutzen*verluste* im Spiel sind.

Was kann unternommen werden, um den Widerspruch auszuräumen? Konsequenterweise müßten *alle* Personen, die Umweltschäden verursachen oder davon betroffen werden, in einen Verhandlungsprozeß einbezogen werden. Dies scheitert zum einen am Fehlen der künftigen Generationen als Verhandlungspartner, zum andern an der Komplexität der Umweltprobleme und den Kollektivguteigenschaften von Umweltmedien (vgl. Abschnitt 2.6.3.2).

Als Beispiele für komplexere Umweltprobleme lassen sich u. a. anführen: saurer Regen, Waldsterben, CO_2-Belastung, Treibhauseffekt. Hier besteht nicht nur das Problem, daß es viele Beteiligte (Verursacher und Betroffene) gibt, die zum Teil weltweit miteinander verhandeln müßten, was technisch nicht durchführbar ist. Unklar ist auch, wer in welchem Umfang an der Entstehung beteiligt ist und wer wie stark davon betroffen wird. Wer wäre bereit, Kompensationszahlungen zu leisten, wofür und in welcher Höhe? An wen sollten sie fließen – und für welche Gegenleistung? Unter solchen Umständen erscheint es von vornherein ausgeschlossen, daß sich *private* Verhandlungen anbahnen. Dies liegt weniger an den Transaktionskosten; vielmehr sind die bestehenden Probleme *technisch* nicht lösbar.

Da umfassende Verhandlungslösungen zwangsläufig scheitern, ist über mögliche Ersatzlösungen nachzudenken. In Frage kommen staatliche Aktivitäten. Welche Lösungen könnte der Staat für komplexere Umweltprobleme finden?

Im Hinblick auf das Paretokriterium müßte er darauf achten, daß niemand Nutzen*verluste* erleidet. Er gerät damit aber in ein Dilemma, das sich am einfachsten am Generationenkonflikt darstellen läßt: Faktisch besteht nämlich die Möglichkeit, daß die gegenwärtige Generation ihre Nutzen auf Kosten künftiger Generationen erhöht, indem sie Umweltschäden verursacht.

Birnbacher (1989, S. 102) führt dazu aus: „Die Zukünftigen sind in besonderer Weise ausbeutbar. Sie sind intergenerationellen Schädigungen, insbesondere irreversiblen Schädigungen, die sie auch mit hohem Kostenaufwand nicht sanieren können, in besonders hilfloser Weise ausgesetzt."
Der Nutzen künftiger Generationen hängt davon ab, welche Umwelt die gegenwärtige Generation hinterläßt. Aus ihrer Sicht läßt sich fordern, daß die gegenwärtige Generation möglichst schonend mit der Umwelt umgehen und sogar Umweltverbesserungen vornehmen solle. Eben dadurch werden die Möglichkeiten der Nutzenschöpfung für die gegenwärtigen Generation eingeschränkt.

Es besteht offenbar ein intergenerationelles *Verteilungs*problem von Nutzen. Verteilungsprobleme lassen sich nach üblicher Auffassung aber *nicht* mit dem *Paretokriterium* lösen. Im vorliegenden Falle versagt es, weil Nutzenerhöhungen einer Generation durch Nutzenverluste der anderen erkauft werden können.

Aus dem Vorangehenden läßt sich folgendes Fazit ziehen:

– Eine Internalisierung externer Effekte, wie sie die paretianische Umweltökonomie anstrebt, kommt nach der eigenen Norm (dem Paretokriterium) nur in Frage, wenn die externen Effekte *tatsächlich* auf den betrachteten begrenzten Personenkreis beschränkt sind; es dürfen keine negativen Auswirkungen auf die Gesellschaft insgesamt oder auf künftige Generationen entstehen.
– Für die meisten Umweltprobleme sind diese Voraussetzungen aber *nicht* erfüllt. Damit verliert die paretianische Umweltökonomie nach ihrem *eigenen* Maßstab den Anspruch, allgemeine Regeln für den Umgang mit der Natur und auch für die Umweltpolitik aufzustellen. Notwendigerweise muß man sich anderweitig umsehen.

Allgemeine Maximen für den Umgang mit der Natur bietet vor allem die *Umweltethik* an (vgl. Abschnitt 3.2.3.1). Für die Praxis kann man sich an die Ziele halten, welche die staatliche Umweltpolitik im Namen der Gesellschaft formuliert.

2.5
Praxisorientierte neoklassische Umweltökonomie

2.5.1
Allgemeiner Überblick

Mehrfach wurde darauf hingewiesen, daß die Umweltökonomie ihre Ursprünge vor allem in der neoklassischen Wirtschaftstheorie hat. Die im vorangehenden behandelte paretianische Umweltökonomie stellt die konsequenteste Weiterführung dieser Ursprünge dar. Sie verfolgt mit der Anwendung des Paretokriteriums ihre eigene – der ökonomischen Wohlfahrtstheorie entnommene – Zielsetzung der individuellen Nutzenmaximierung, entfernt sich damit aber zugleich von dem, was in der umweltpolitischen *Praxis* an Zielsetzungen vorherrscht.

Als oberste und eher abstrakte Leitlinie wird in der Umweltpolitik mehr und mehr das *Nachhaltigkeitsprinzip* anerkannt (vgl. dazu Abschnitt 3.2.3). Um es zu verwirklichen, sind umweltpolitische Einzelziele zu formulieren und umzusetzen. Auch wenn eine konsequente Verwirklichung des Nachhaltigkeitsprinzips in weiter Ferne steht, so orientiert sich die praktische Umweltpolitik seit eh und je an solchen Einzelzielen.

Beispiele für solche Ziele wurden in Abschnitt 2.2.5 genannt. In aller Regel geht es dabei darum, Umweltbelastungen im ökologischen Sinne zu reduzieren. Aus der umweltpolitischen Praxis anzuführen sind vor allem Bestrebungen zur Luftreinhaltung, zur Verbesserung der Wasserqualität, zur Reduzierung von Müll usw.

Umweltpolitische Ziele können zum einen so formuliert werden, daß bestimmte *Qualitätsstandards* für die Umwelt vorgegeben werden. Zum andern können *Reduzierungsziele* für laufend entstehende (zu hohe) Umweltbelastungen spezifiziert werden. Sie können als Vorstufe zur Realisierung von Qualitätsstandards dienen.

Als Beispiel seien Bemühungen zur Luftreinhaltung angeführt. Qualitätsstandards bedeuten, daß die in der Luft vorhandenen Schadstoffe (Immissionen) bestimmte Grenzwerte einhalten sollen. Sind sie überschritten, müssen die laufend entstehenden Belastungen (Emissionen) reduziert werden. Mehr dazu wird in Abschnitt 2.6.4 ausgeführt.

Der nunmehr zu behandelnde Zweig der neoklassischen Umweltökonomie geht von *Reduzierungszielen* aus. Unterstellt wird in der Regel folgendes: Anfänglich existiert eine bestimmte (laufend entstehende) Umweltbelastung, die *mengenmäßig* erfaßbar ist (Beispiel: SO_2-Emissionen in Tonnen pro Jahr). Diese Umweltbelastung soll um einem bestimmten Betrag oder Prozentsatz reduziert werden. Umweltökonomen drücken diesen Sachverhalt kurz so aus, daß *Mengenziele* realisiert werden sollen.

Solche Mengenziele können durch die staatliche Umweltpolitik vorgegeben werden. Indem sich die neoklassische Umweltökonomie damit befaßt, trägt sie der umweltpolitischen Praxis Rechnung. Sie entfernt sich damit zugleich von der paretianischen Umweltökonomie, indem das Paretokriterium fallen gelassen und durch Mengenziele ersetzt wird.

Die Verfolgung von Mengenziele wird in theorieorientierten Darstellungen gerne als *nachrangig* behandelt und als Second-best- oder Ersatzlösung in Erwägung gezogen, wenn sich die bevorzugten Lösungen der paretianischen Umweltökonomie aus praktischen Gründen nicht realisieren lassen (vgl. z. B. Weimann 1991, S. 103). Bei genauerem Hinsehen besteht aber kein Anlaß, Mengenziele theoretisch zu diskriminieren – im Gegenteil. Wie in den Abschnitten 2.6.4 und 3.2.3 noch verdeutlicht wird, läuft eine wohlbegründete Umweltpolitik gerade auf die Realisierung von Mengenzielen hinaus. Es ist deshalb eigentlich geboten, sich *vorrangig* mit ihnen zu beschäftigen. In praxisorientierten Darstellungen der Umweltökonomie wird dem auch Rechnung getragen.

Im Grunde stellt die Verfolgung von Mengenzielen einen *Paradigmenwechsel* gegenüber der paretianischen Umweltökonomie dar. Um diesen Zweig abzugrenzen und gebührend herauszustellen, wird im folgenden die Bezeichnung „praxisorientierte neoklassische Umweltökonomie" verwendet. Die Beifügung „neoklassisch" ist insofern gerechtfertigt, als in den üblichen Darstellungen weiterhin die Modellansätze und analytischen Methoden der neoklassischen Wirtschaftstheorie (mit Ausnahme des Paretokriteriums) verwendet werden.

2.5.2
Problemstellungen

Es geht bei der praxisorientierten Umweltökonomie also darum, *vorgegebene* Mengenziele zu realisieren. Man könnte meinen, dies sei vor allem ein *technisches* Problem. Was hat die Umweltökonomie damit zu tun?

Umweltbelastungen entstehen, wie in Abschnitt 2.2 ausführlich beschrieben wurde, im Zusammenhang mit *ökonomischen* Aktivitäten. Diese müssen, wenn die Reduzierung von Umweltbelastungen verwirklicht werden soll, in entsprechende Bahnen *gelenkt* werden. Die praxisorientierte Umweltökonomie zeigt auf, welche Möglichkeiten dafür bestehen. Insbesondere stellt sie dar, welche *Instrumente* eingesetzt werden können und wie sie wirken. Die Wirkungsanalyse umfaßt nicht nur die Umweltbelastungen, sondern auch die mit dem Einsatz der einzelnen Instrumente verbundenen ökonomischen Folgen, insbesondere die entstehenden betriebs- und volkswirtschaftlichen Kosten. Es ist ein Gebot der Rationalität, die umweltpolitischen Maßnahmen so zu treffen, daß die angestrebten Mengenziele auf *effiziente Weise* (d. h. mit dem geringstmöglichen Aufwand) erreicht werden. Die praxisorientierte Umweltökonomie liefert dafür die Grundlagen.

Das Interesse der praxisorientierte Umweltökonomie ist, wie gesagt, vor allem auf die Reduzierung von Emissionen gerichtet. Als Verursacher von Emissionen wird dabei hauptsächlich an *Unternehmen* gedacht. Die herkömmliche Analyse verläuft in folgenden Bahnen (vgl. z. B. Wicke 1993, S. 200 ff.):

Die Unternehmen emittieren im Ausgangszustand eine bestimmte Menge an Schadstoffen. Diese Emissionen sollen aufgrund von staatlichen Auflagen um einen bestimmten Prozentsatz reduziert werden. Die technische Reduzierung verursacht bei den betroffenen Unternehmen zusätzliche Kosten, deren Höhe nur vom Ausmaß der geforderten Reduzierung abhängt. Neben staatlichen Auflagen werden auch die Wirkungen von Umweltabgaben und -zertifikaten untersucht und mit denen von Auflagen verglichen. Festgestellt werden soll vor allem, wie wirksam die Instrumente im Hinblick auf die Erreichung der Mengenziele sind und welche Kosten dabei jeweils anfallen.

Die geschilderte Standardanalyse ist in mehrfacher Hinsicht nicht ganz befriedigend. So ist die Darstellung der Reduzierungskosten rudimentär; es fehlt eine (in der neoklassischen Theorie ansonsten übliche) produktionstheoretische Fundierung. Darunter leidet vor allem die für Umweltprobleme gebotene längerfristige Betrachtung. Es kommt zu Unklarheiten und Fehlschlüssen. Die Probleme lassen sich mit der im folgenden gewählten Darstellungsweise ohne großen Mehraufwand im wesentlichen beheben.

Neben den Unternehmen sind nach Abschnitt 2.2 auch die *Konsumenten* an Umweltbelastungen beteiligt. Man kann sogar argumentieren, daß sie – als Endverbraucher der im Wirtschaftsprozeß erzeugten Güter – letztendlich für Umweltbelastungen verantwortlich sind. Deshalb wird im folgenden zweistufig vorgegangen: Zunächst wird das Umweltverhalten von Unternehmen analysiert. Darauf aufbauend befaßt sich ein weiterer Abschnitt mit dem Konsumentenverhalten.

Die Darstellungen erfolgen mit den üblichen Methoden der neoklassischen Wirtschaftstheorie. Entsprechend dem methodologischen Individualismus wird – stellvertretend für alle anderen – jeweils das Verhalten von typischen – „repräsentativen" – Unternehmern bzw. Konsumenten modelliert. Das Ziel der folgenden Analysen ist, daraus nähere Aufschlüsse über die Bestimmungsgründe des Umweltverhaltens und der Umweltbelastungen zu gewinnen. Dabei wird auch deutlich werden, welche Instrumente grundsätzlich eingesetzt werden können, um Mengenziele zu verwirklichen, und welche betriebs- und volkswirtschaftlichen Kosten entstehen.

2.5.3
Umweltverhalten von Unternehmen

2.5.3.1
Produktionstechnische Grundlagen

Ausgehend von Abschnitt 2.2.3 kann man sich die Tätigkeit von Unternehmen als einen Umwandlungsprozeß vorstellen: Mit Hilfe von Naturgütern sowie (menschlicher) Arbeit und Sachkapital werden Wirtschaftsgüter produziert. Dabei entstehen *Umweltbelastungen* als Nebeneffekte. Im Überblick läßt sich der in einem Unternehmen stattfindende Produktionsprozeß entsprechend Abbildung 2.4 darstellen.

Aus produktionstechnischer Sicht sind die auf der linken Seite des Umwandlungsprozesses stehenden Güter *Produktionsfaktoren*. Dies gilt auch für Naturgüter, die bei der Produktion genutzt werden. Es ist dabei zunächst unerheblich, ob dafür Entgelte zu entrichten sind (wie etwa für Rohstoffe) oder ob sie unentgeltlich genutzt werden (wie z. B. Luft und in vielen Fällen Wasser).

Im Hinblick auf die natürliche Umwelt interessieren in besonderem Maße die *Umweltbelastungen*. Gemeint sind damit im Prinzip alle Einwirkungen auf die Biosphäre, die aus ökologischer Sicht oder im Hinblick auf die menschlichen Lebensgrundlagen negativ zu bewerten sind. Der Begriff ist weiter gefaßt als der in der neoklassischen Umweltökonomie meist verwendete Begriff „Umweltschäden".

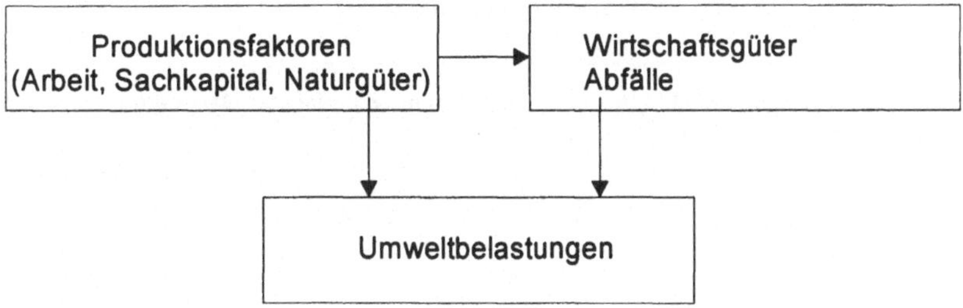

Abb. 2.4. Produktionsprozeß und Umweltbelastungen

Die Einwirkungen auf die Biosphäre können (wie in Abschnitt 2.2.3 genauer dargelegt wurde) sowohl auf der Input- als auch auf der Outputseite des Produktionsprozesses entstehen. Unterscheiden lassen sich ferner:

Unmittelbare Einwirkungen: Hierbei beeinflußt das Unternehmen in direkter Weise die natürliche Umwelt. Auf der Outputseite des Produktionsprozesses sind dies vor allem verschiedene Arten von Abfällen (wie Abgase, Abwässer, Produktionsreste usw.). Auf der Inputseite ist zu denken an die verschiedenen Umwidmungsvorgänge (wie Versiegelung von Böden, Monokulturen) sowie an den umweltbelastenden Einsatz von Produktionsfaktoren (z. B. von Pestiziden).

Diffusions- und Fernwirkungen: Sie spielen sich in einem größeren – bisweilen globalen – Umfeld ab. Das betrachtete Unternehmen ist hier meist nur – zusammen mit vielen anderen Konsumenten und Unternehmen – *beteiligt* an der Entstehung von Umweltbeeinträchtigungen, die zum Teil auf komplexen Wirkungszusammenhängen beruhen. Beispiele sind Phänomene wie Waldsterben, Treibhauseffekt, Artensterben (vgl. auch Abschnitt 2.2.4).

Im folgenden geht es nicht um eine detaillierte Darstellung maßgeblicher ökologischer Zusammenhänge. Vielmehr soll in *allgemeiner* Weise herausgearbeitet werden, welche Faktoren auf Unternehmensebene die Umweltbelastungen bestimmen und in welcher Weise die staatliche Umweltpolitik darauf einwirken kann. Um diese Aufgabe zu bewältigen und die maßgeblichen Zusammenhänge um so stärker hervortreten zu lassen, werden folgende Vereinfachungen der technologischen und ökologischen Zusammenhänge vorgenommen:

- Die Produktionsfaktoren Arbeit und Sachkapital (auf deren Einsatzverhältnis es für das Folgende nicht ankommt) werden *gebündelt* betrachtet.
- Einzelne Arten von Umweltbelastungen werden nicht unterschieden. Vielmehr wird die vom Unternehmen ausgehende Umweltbelastung pauschal betrachtet.
- Die Nutzung von Naturgütern als Produktionsfaktoren wird nicht explizit behandelt. Ihr Beitrag zur Produktion wird indirekt – über die Umweltbelastungen – erfaßt.

Das obige Pfeilschema läßt sich nunmehr vereinfachen. Die beigefügten Symbole stehen für die jeweiligen Mengen.

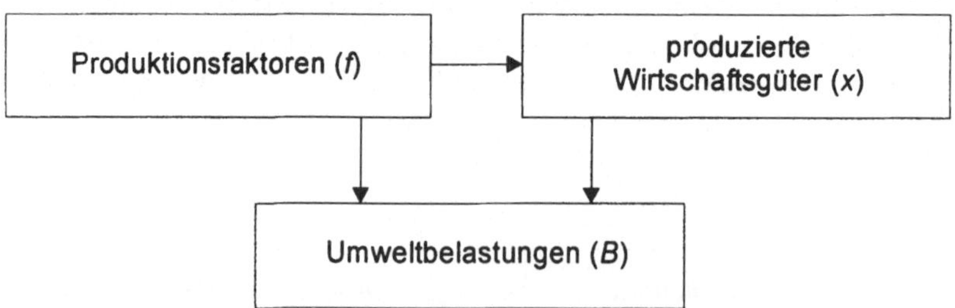

Abb. 2.5. Produktionsprozeß und Umweltbelastungen in vereinfachter Darstellung

Zu den Vereinfachungen läßt sich folgendes anmerken:

– Die Zusammenfassung von Arbeit und Sachkapital wird in der Wirtschaftstheorie bisweilen
   vorgenommen. Da Arbeit als Einsatz von „Humankapital" betrachtet werden kann, bezeichnet
   man die Kombination mit Sachkapital auch als „erweitertes Kapital".
– Bezüglich der Umweltbelastungen kann man sich zur Veranschaulichung vorstellen, daß das
   Unternehmen nur *eine* Art von unmittelbarer Umweltbelastung (z. B. SO_2-Emissionen) produziert, oder daß verschiedene Arten von Umweltbelastungen in einem Index zusammengefaßt
   werden.
– Die Subsumierung der Naturgüter läßt sich durch folgende Überlegung unterstützen: Umweltbelastungen entstehen meist in Kombination mit der Nutzung der Umweltmedien Boden, Luft,
   Wasser, also bei Nutzung von Naturgütern. Für die Umweltbetrachtung kommt es weniger auf
   die Tatsache der Nutzung, sondern deren Art und Intensität an. So entstehen beispielsweise
   Umweltbelastungen durch die Landwirtschaft weniger durch die Nutzung von Boden, sondern
   durch Monokulturen, Verwendung von Pestiziden usw. Zur Umweltbelastung von Gewässern
   kommt es weniger durch die bloße Verwendung des Wassers, sondern durch dessen Verschmutzung.

2.5.3.2
Produktionsfunktion und Anpassungsmöglichkeiten

Die in Abbildung 2.5 durch Pfeile angedeuteten Beziehungen sollen im folgenden
genauer beschrieben werden. Allgemein unterstellt wird dabei ein gegebener
Stand von Wissenschaft und Technik. Es existiert eine Reihe von unterschiedlichen Technologien, mit denen die Unternehmen produzieren können. Technischer
Fortschritt wird vorerst ausgeklammert und später behandelt.

Betrachtet wird mit Hilfe von Abbildung 2.6 ein repräsentatives Unternehmen.
Für den Anfang wird unterstellt, daß es eine bestimmte Menge an Wirtschaftsgütern (x') produziert. Dafür setzt es – so wird im ersten analytischen Schritt angenommen – eine bestimmte Menge an Produktionsfaktoren (f_0) ein. Ferner entstehen Umweltbelastungen in Höhe von B_0. Die beschriebene Situation wird in der
Abbildung durch den Punkt P_0 repräsentiert, der die geschilderte Kombination von
Faktoreinsatzmenge (f_0) und Umweltbelastung (B_0) verkörpert. Diesem Punkt ist
auch die genannte Produktionsmenge (x') zuzuordnen.

Als nächstes interessiert, ob sich die gleiche Produktionsmenge auch mit einer
geringeren Umweltbelastung erstellen läßt. Technisch ist dies in der Regel möglich.

Als Beispiel wird angenommen, daß das Unternehmen seine Abwassereinleitung um eine bestimmte Anzahl Belastungseinheiten reduzieren soll. Es wird dann möglicherweise eine Kläranlage errichten. Darüber hinaus verfügt es über weitere technische Möglichkeiten wie Umstellung
der Produktionsverfahren, Wiederverwendung des Wassers in geschlossenen Kreisläufen, Einsatz von weniger belastenden Rohstoffen usw.

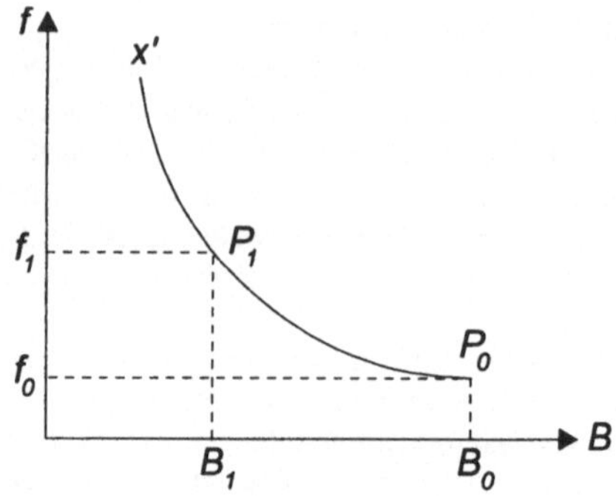

Abb. 2.6. Produktionsbedingungen für eine gegebene Produktionsmenge

Allen technischen Reduzierungsmöglichkeiten ist gemeinsam, daß sie gegenüber dem ursprünglichen Produktionsprozeß normalerweise einen zusätzlichen Aufwand erfordern. Er kann – wenn technischer Fortschritt vorerst ausgeklammert wird – nur im Einsatz *zusätzlicher* Produktionsfaktoren bestehen. In Abbildung 2.6 wird dies exemplarisch durch den Punkt P_1 dargestellt: Die Reduzierung der Umweltbelastung von B_0 auf B_1 erfordert eine Erhöhung des Faktoreinsatzes von f_0 auf f_1.

Durch die Erhöhung des Faktoreinsatzes wird also die Umweltbelastung vermindert. Vorgänge dieser Art werden in der Wirtschaftstheorie als *Substitution* bezeichnet.

Das Substitutionsbeispiel läßt sich verallgemeinern. Alle Kombinationen (f, B), welche die gleiche Produktionsmenge x' ermöglichen, liegen auf einer Kurve, die in der Produktionstheorie als *Isoquante* bezeichnet wird. Sie weist im relevanten Wertebereich normalerweise eine negative Steigung auf, weil eine Verminderung der Umweltbelastung in der Regel einen erhöhten Faktoreinsatz erfordert.

Die obige Darstellung ist theoretisch in zweifacher Hinsicht vereinfacht:
- Unterstellt wird, daß eine *stufenlose* Substitution möglich ist.
- Ferner werden nur *effiziente* Kombinationen betrachtet. Damit ist gemeint, daß das Unternehmen (was nicht selbstverständlich ist) Umweltbelastungen vermeidet, die auch aus seiner Sicht unnötig sind. Dies bedeutet: Unter mehreren Produktionsverfahren, die den *gleichen* Faktoreinsatz beinhalten, wählt das Unternehmen dasjenige aus, das die geringste Umweltbelastung mit sich bringt.

Die für eine gegebene Produktionsmenge x' angestellten Überlegungen lassen sich auf beliebige andere Produktionsmengen übertragen. In Abbildung 2.7 sind exemplarisch drei Isoquanten für unterschiedliche Produktionsmengen $x' < x'' < x'''$ dargestellt. Allgemein gilt, daß sich die Isoquanten mit steigender Produktionsmenge nach rechts oben verschieben.

Dies läßt sich am einfachsten erklären, indem Bewegungen auf der Senkrechten über B_1 betrachtet werden. Offensichtlich ist, daß für die Produktion einer größeren Produktmenge – bei gleicher Umweltbelastung – eine höhere Faktoreinsatzmenge erforderlich ist.

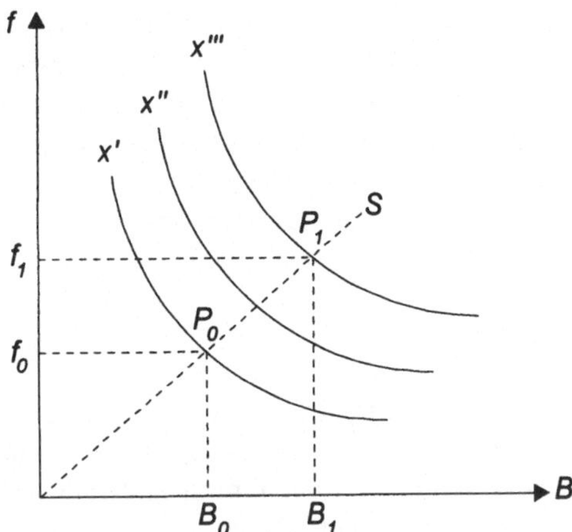

Abb. 2.7. Produktionsbedingungen für unterschiedliche Produktionsmengen

Eine andere Vorstellungshilfe bietet folgendes Beispiel: Neben einer bestehenden Produktionsanlage wird eine weitere mit identischer Technologie errichtet. Dadurch verdoppeln sich die Faktoreinsatzmenge, die Umweltbelastung und die Produktionsmenge. Verallgemeinernd können solche *proportionalen* Veränderungen von f und B durch Bewegungen auf einem vom Nullpunkt ausgehenden Strahl (beispielsweise S) veranschaulicht werden.

Die im vorangehenden skizzierten technischen Bedingungen lassen sich in allgemeiner Weise darstellen durch eine *Produktionsfunktion*:

$$x = x(\underset{+}{f}, \underset{+}{B}) \tag{2.4}$$

Die Pluszeichen unter den Variablen stehen wiederum für die Vorzeichen der ersten partiellen Ableitung ($\delta x/\delta f$ bzw. $\delta x/\delta B$). Sie sagen aus, daß die Produktionsmenge (x) ansteigt, wenn f oder B erhöht wird.

Aus der formalen Darstellung wird besonders deutlich, daß – neben den üblichen Produktionsfaktoren (hier: Arbeit kombiniert mit Sachkapital) – auch Umweltbelastungen zur Produktion beitragen. Die natürliche Umwelt fungiert, indem sie die Belastungen aufnimmt, als Produktionsfaktor im weiteren Sinne. Wenn im folgenden aber von „Produktionsfaktoren" gesprochen wird, sind damit die Produktionsfaktoren im engeren Sinne – also Arbeit und Sachkapital – gemeint.

Den Beitrag der Umweltbelastung zur Produktion kann man sich so verdeutlichen: Je weniger Rücksicht ein Unternehmen auf die Umwelt nimmt und je mehr es folglich die Umwelt belastet, um so weniger Arbeit und Sachkapital benötigt es bei gegebener Produktionshöhe. Oder – anders herum formuliert: Mit einem gegebenen Faktoreinsatz (f) kann um so mehr produziert werden, je weniger Rücksicht dabei auf die Umwelt genommen wird.

Die obige Darstellung der Produktionsbedingungen beruht auf einer *statischen* Betrachtungsweise. Ausgeklammert wird dabei neben dem technischen Fortschritt (der später einbezogen wird) auch der Zeitbedarf, der für die Anpassung der Faktormengen notwendig ist.

Längere Zeit kann vor allem die Planung und Durchführung von Investitionen in Anspruch nehmen, durch die der Sachkapitalbestand verändert wird. Problematisch könnten in diesem Zusammenhang staatliche Maßnahmen werden, durch welche die Unternehmen *kurzfristig* zu Investitionen (z. B. den Bau von Kläranlagen) gezwungen werden. Dieses Zeitproblem wird aber in aller Regel dadurch entschärft, daß Übergangsfristen eingeräumt werden.

2.5.3.3
Aufgliederung der Probleme

Bisher wurden nur technische *Möglichkeiten* der Güterproduktion dargestellt. Offen blieb, für welche dieser Möglichkeiten sich das repräsentative Unternehmen entscheidet und wie sich damit die vom ihm ausgehende Umweltbelastung bestimmt. Wie also verhält sich das Unternehmen?

Als allgemeine Triebfeder der unternehmerischen Betätigung ist in erster Linie das Streben nach *Gewinn* anzuführen. Dahinter steht zum einen der Wunsch der Unternehmer nach Erzielung von Einkommen. Zum andern können Unternehmen auf Dauer nicht bestehen, wenn sie keine Gewinne erwirtschaften. Die neoklassische Wirtschaftstheorie geht davon aus, daß das repräsentative Unternehmen stets den *größtmöglichen* Gewinn anstrebt – kurz: Gewinn*maximierung* betreibt.

Der Gewinn (G) läßt sich darstellen durch den Markterlös (Umsatz: px; p = Marktpreis, x = Menge des produzierten Gutes) abzüglich der entsprechenden Kosten ($K(x)$):

$$G = px - K(x) \tag{2.5}$$

In Anlehnung an das Modell der vollständigen Konkurrenz wird davon ausgegangen, daß der Marktpreis (p) für das Unternehmen ein Datum (eine vorgegebene Größe) ist. Das Unternehmen hat bezüglich der Gewinnmaximierung dann zwei Probleme zu lösen:

– Es muß seine Produktionsmenge festlegen.
– Ferner muß es danach streben, die dafür anfallenden Kosten zu minimieren.

Unter den hier vorgegebenen Produktionsbedingungen kann davon ausgegangen werden, daß die Produktionsmenge durch die *Nachfrage* am Absatzmarkt bestimmt wird.

Zum Gewinnmaximierungsproblem ist folgendes anzumerken:
In den mikroökonomischen Lehrbüchern wird zur Bestimmung der Produktionsmenge eine (kurzfristige) Angebotskurve abgeleitet, die auf steigenden Grenzkosten der Produktion beruht. Im Zusammenhang mit der Produktionsfunktion 2.4 ist aber anzunehmen, daß die Durchschnitts- und Grenzkosten mit zunehmender Produktion *nicht* ansteigen; vgl. dazu Bewegungen entlang des Strahles S in Abbildung 2.7.

Das Gewinnmaximum wird unter diesen Bedingungen erreicht, indem das Unternehmen genau diejenige Menge anbietet, die es beim herrschenden Marktpreis absetzen kann. Parallel dazu sind die Produktionskosten für diese Menge zu minimieren.

Das vorliegende Gewinnmaximierungsproblem wird in mikroökonomischen Lehrbüchern gewöhnlich unter dem Aspekt einer „längerfristigen" Anpassung erörtert. Im Gegensatz zur „kurzfristigen" Analyse sind dabei *alle* Produktionsfaktoren – auch das Sachkapital – flexibel.

Diese Flexibilität wird im Rahmen der Produktionsfunktion 2.4 unterstellt. Die Kennzeichnung als „längerfristige" Anpassung ist aber etwas irreführend, weil Unternehmen in der Praxis *fortlaufend* Investitionen vornehmen und damit ihren Sachkapitalbestand permanent verändern.

Um den analytischen Aufwand zu begrenzen, wird folgendermaßen vorgegangen: Im ersten Schritt wird unterstellt, daß das Unternehmen eine bestimmte Produktmenge $x = x'$ erstellt. Für diese Menge wird untersucht, wie das Kostenminimierungsproblem zu lösen ist. Anschließend können die Ergebnisse auf beliebige Produktionsmengen übertragen und damit verallgemeinert werden.

Mit dieser Vorgehensweise wird auch dem Umstand Rechnung getragen, daß zur Nachfrageseite erst etwas gesagt werden kann, nachdem das Konsumentenverhalten analysiert wurde; vgl. dazu Abschnitt 2.5.4.4.

Die Darstellung des Unternehmensverhaltens ist in mehrere Abschnitte unterteilt, in denen jeweils unterschiedliche umweltpolitische Rahmenbedingungen vorgegeben werden. Durch diese Vorgehensweise werden nicht nur die Bestimmungsgründe der Umweltbelastung deutlich; ersichtlich wird auch, wie das Unternehmen auf verschiedene Maßnahmen der Umweltpolitik reagiert.

2.5.3.4
Umweltverhalten unter Laisser-faire-Bedingungen

Als erstes soll untersucht werden, wie sich das repräsentative Unternehmen im *Laisser-faire-Zustand* verhält. Mit letzterem ist gemeint, daß keinerlei Einschränkungen hinsichtlich der Nutzung der natürlichen Umwelt bestehen. Das Unternehmen kann die Naturgüter nach Belieben nutzen; Umweltbelastungen aller Art sind in beliebigen Mengen erlaubt. Abgaben werden nicht erhoben, und für eventuelle Umweltschäden ist das Unternehmen nicht haftbar.

An Kosten entstehen dem Unternehmen im Laisser-faire-Zustand nur die Aufwendungen für die Produktionsfaktoren. Sie lassen sich aufgrund der vorgenommenen Vereinfachung darstellen durch die bei der Produktion eingesetzte Faktormenge ($f(x)$), multipliziert mit dem Preis pro (kombinierter) Faktoreinheit (p_f). Der Faktorpreis ist nach üblicher Annahme für das Unternehmen eine vorgegebene Größe. Zur Vereinfachung der folgenden Ausführungen wird er (ohne daß damit die Allgemeinheit der Untersuchungen beeinträchtigt wird) als Recheneinheit verwendet; d. h. es wird $p_f = 1$ gesetzt.

Man kann sich die Vorgehensweise so veranschaulichen, daß alle Preise und sonstigen nominellen Größen (wie die Gewinne) in eine andere Währung (z. B. von DM auf Euro) umgerechnet werden. Für die folgenden Ergebnisse spielt es keine Rolle, in welcher Währung gerechnet wird.

Der im Laisser-faire-Zustand entstehende Gewinn kann damit folgendermaßen dargestellt werden:

$$G = px - f(x) \tag{2.6}$$

Betrachtet wird das Gewinnmaximierungsproblem zunächst für eine gegebene Produktionsmenge $x = x'$. Der Produktpreis (p) ist, wie oben angeführt wurde, durch den Absatzmarkt vorgegeben. Damit steht der Umsatz (px') für den ersten analytischen Schritt fest. Aus Gleichung 2.6 ist zu entnehmen, daß der Gewinn unter den gegebenen Bedingungen maximiert wird, wenn die Faktoreinsatzmenge $f(x')$ minimiert wird.

Zur Veranschaulichung dieser Bedingung wird Abbildung 2.6 herangezogen. Die dort eingezeichnete Isoquante zeigt die technischen Möglichkeiten der Produktion von x'. Die niedrigste Faktoreinsatzmenge, mit der x' produziert werden kann, ist f_0. Das Unternehmen minimiert seine Kosten im Punkt P_0, der eine Umweltbelastung in Höhe von B_0 mit sich bringt.

Die im Laisser-faire-Zustand entstehende Umweltbelastung – hier B_0 – kann als *Sättigungsmenge* bezeichnet werden. Damit soll ausgedrückt werden, daß das Unternehmen die Umweltbelastung bis zu der – aus der Sicht des Unternehmens – sinnvollen Grenze ausgedehnt hat.

Die Produktion an der Sättigungsgrenze impliziert, daß das Unternehmen sämtliche Maßnahmen zum Umweltschutz, die zusätzliche Kosten verursachen würden (wie z. B. den Bau und Betrieb einer Kläranlage), unterläßt; denn solche – aus der Sicht des Unternehmens unnötigen – Kosten würden das Gewinnmaximierungsprinzip verletzen.

Die für die Produktionsmenge x' angestellten Überlegungen lassen sich für andere Produktionsmengen (wie z. B. x'' oder x''' in Abbildung 2.7) übertragen. Auch hierfür gilt, daß die Umweltbelastung bis zur Sättigungsmenge ausgedehnt wird. Mit wachsender Produktionsmenge erhöht sich auch die jeweilige Sättigungsmenge, so daß die (ohnehin auf hohem Niveau stehende) Umweltbelastung weiter anwächst.

2.5.3.5
Wirkung von Auflagen

Als nächstes wird unterstellt, daß der Staat den Laisser-faire-Zustand beendet, indem er *Auflagen* erläßt, durch welche die Umweltbelastungen begrenzt werden. Angenommen wird, daß die Auflagen für die Unternehmen *einzeln* erteilt werden und die Menge der zulässigen Umweltbelastungen (B) verbindlich beschränken. Andere Formen werden in den Abschnitten 3.5.2 und 3.6.2 erörtert.

Um die Folgen solcher Auflagen zu analysieren, wird Abbildung 2.8 betrachtet, in der die Produktionsbedingungen des repräsentativen Unternehmens dargestellt sind. Das Unternehmen produziert im anfänglichen Laisser-faire-Zustand eine Produktmenge x' und realisiert dabei die Sättigungsmenge der Umweltbelastung B_0. Die anfängliche Situation wird also durch den Punkt P_0 charakterisiert. Dem Unternehmen wird auferlegt, die von ihm ausgehende Umweltbelastung auf die Höchstmenge B_1 zu begrenzen. Die Auflage gilt unabhängig von der Höhe der Produktion.

Das Unternehmen hat – technisch betrachtet – folgende Möglichkeiten, die Auflage zu erfüllen:

– Es reduziert die Produktionsmenge von x' auf x'' und erreicht damit P_1.
– Die bisherige Menge x' wird weiterhin produziert. Die Auflage wird durch einen Mehreinsatz von Produktionsfaktoren erfüllt, so daß P_2 erreicht wird.

– Möglich sind auch Punkte auf der Senkrechten zwischen P_1 und P_2 (d. h. Kombinationen von Produktionseinschränkungen und Faktormehreinsätzen).

Ein Gewinnvergleich ergibt, daß P_2 normalerweise am günstigsten ist.

Zum Beweis wird zunächst eine Bewegung von P_3 nach P_2 (entlang des Strahls S) betrachtet. Dabei erhöht sich die Produktionsmenge um $\Delta x = x' - x''$; die Faktormenge steigt um $\Delta f = f_2 - f_3$. Das Verhältnis beider Änderungen wird mit α bezeichnet: $\Delta x / \Delta f = \alpha > 0$.
Daraus folgt: $x' - x'' = \alpha\,(f_2 - f_3)$.

Die in den Punkten P_1 und P_2 entstehenden Gewinne sind: $G_1 = px'' - f_1$; $G_2 = px' - f_2$. Für die Gewinndifferenz läßt sich nun folgende Abschätzung vornehmen:
$$G_2 - G_1 = p\,(x' - x'') - (f_2 - f_1) = p\alpha\,(f_2 - f_3) - (f_2 - f_1) > p\alpha\,(f_2 - f_1) - (f_2 - f_1) = (f_2 - f_1)(\alpha\,p - 1)$$
Zu ermitteln ist das Vorzeichen des letzten Ausdrucks. Nach der Abbildung gilt: $(f_2 - f_1) > 0$. In der letzten Klammer steht α für den Output, der sich mit einer Faktoreinheit erzielen läßt; $p\alpha$ ist der entsprechende Markterlös. Damit überhaupt ein Gewinn entsteht, muß dieser Markterlös höher sein als der Preis der zur Herstellung benötigten Faktoreinheit ($p_f = 1$). Dies darf im Normalfall unterstellt werden, so daß gilt: $(\alpha p - 1) > 0$.

Insgesamt wird damit gezeigt, daß die Differenz $G_2 - G_1$ positiv ist und G_2 mithin größer als G_1 ist. Also wird das Unternehmen nicht P_1, sondern P_2 realisieren. Für Punkte zwischen P_1 und P_2 ist die betreffende Isoquante zu betrachten, auf der diese Punkte liegen. Der Beweis läßt sich analog zum vorangehenden führen.

Das Unternehmen wird also die Auflage erfüllen, indem es die ursprüngliche Produktionsmenge beibehält und den Faktoreinsatz erhöht. Damit verbunden ist gegenüber dem Laisser-faire-Zustand eine Erhöhung der Produktionskosten und – da der Markterlös (px') unverändert bleibt – eine Gewinnschmälerung. Die Anpassung durch einen Faktormehreinsatz ist aber aus der Sicht des Unternehmens das geringere Übel gegenüber einer Einschränkung der Produktion. Dieses Ergebnis kann auch für andere Isoquanten abgeleitet und damit verallgemeinert werden.

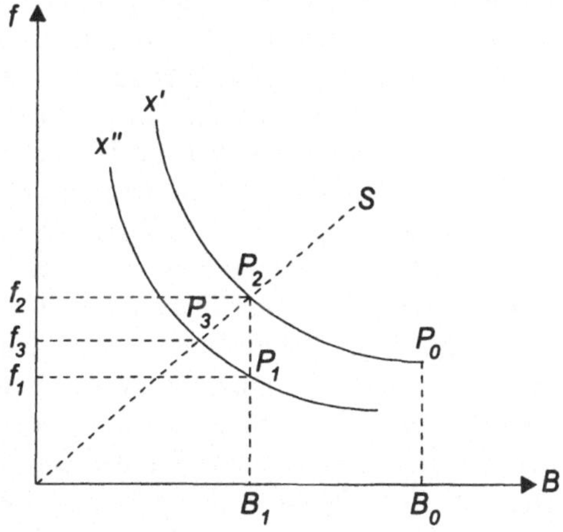

Abb. 2.8. Wirkung einer mengenbegrenzenden Auflage

2.5.3.6
Wirkung von Abgaben und Zertifikaten

Bei der im vorangehenden behandelten Auflage wurde die vom Unternehmen ausgehende Umweltbelastung *auf direktem Wege* – durch eine staatliche Verordnung – beschränkt. Die erlaubte restliche Umweltbelastung B_1 war für das Unternehmen kostenfrei.

Im vorliegenden Abschnitt wird dargelegt, wie die Umweltbelastung unter *Nutzung von Marktmechanismen* gelenkt werden kann. Dafür bestehen grundsätzlich folgende Möglichkeiten:

- *Umweltabgaben:* Der Staat erhebt auf die von den Unternehmen verursachten Umweltbelastungen Abgaben.
- *Umweltzertifikate* (auch *Umweltlizenzen* genannt): Umweltbelastungen sind nur insoweit zulässig, wie die Verursacher im Besitz entsprechender Zertifikate sind.

Der Begriff „Abgaben" wird in unterschiedlicher Bedeutung verwendet. Im juristischen Sinne werden darunter Steuern und (zweckgebundene) Sonderabgaben verstanden. Ökonomen verwenden „Abgaben" als Oberbegriff für Zahlungen, die auf staatlicher Finanzhoheit beruhen, nämlich: Steuern, Gebühren und Beiträge. Für die Wirkungsanalyse im Unternehmensbereich kommt es vor allem darauf an, daß *Zahlungen* für umweltbelastende Aktivitäten anfallen, die betriebswirtschaftliche Kosten darstellen. Aus diesem Grund wird der Abgabenbegriff im weiten – ökonomischen – Sinne verstanden. Darunter fallen u. a. die in der Öffentlichkeit so bezeichneten „Ökosteuern".

Es ist darauf hinzuweisen, daß sich die hier zu behandelnden Abgaben hinsichtlich der Zwecksetzung von der in Abschnitt 2.4.7 erwähnen Pigousteuer unterscheiden. Während durch die Pigousteuer eine *paretoeffiziente* Umweltbelastung erreicht werden soll, geht es nunmehr darum, mit Hilfe von Abgaben ein (durch die Umweltpolitik) festgelegtes *Mengenziel* zu erreichen. Man bezeichnet das vorliegende Problem auch als *„Preis-Standard-Ansatz"* (grundlegend: Baumol u. Oates 1971). Die Abgabe wird hierbei als Preis für Umweltbelastung aufgefaßt, über den ein gewünschter Umweltstandard erreicht werden soll.

Umweltzertifikate – im folgenden kurz: Zertifikate – beinhalten *Rechte auf Umweltbelastungen*, die vom Staat vergeben werden. Gedacht ist diese Art der Rechtevergabe vor allem für den Bereich der *Emissionen*. Ein Emissionszertifikat berechtigt die Inhaber – in der Regel Unternehmen – dazu, eine genau bestimmte Schadstoffmenge (z. B. eine Tonne SO_2 pro Jahr) zu emittieren. Die Zertifikate können vom Staat kostenlos zugeteilt werden oder auch gegen Entgelt verkauft oder versteigert werden. Die Besonderheit dabei ist, daß der Staat – über die ausgegebene Gesamtmenge an Zertifikaten – die zulässige Gesamtbelastung der Umwelt festlegen kann. Einzelheiten werden in Abschnitt 3.5.4 behandelt.

Für die Wirkungsanalyse ist vorerst nur von Bedeutung, daß die Zertifikate und die damit verbundenen Rechte zwischen potenziellen Emittenten ausgetauscht werden können. Sie werden damit zu *handelbaren* Rechten. Damit kommt ein (noch zu beschreibender) Marktmechanismus ins Spiel.

Ein Unternehmen hat bei der Zertifikatpflicht prinzipiell die Wahl, ob es Emissionen durch technische Maßnahmen beseitigt, oder aber weiterhin emittiert und dafür Zertifikate in entsprechendem Umfang hält.

Man kann sich Zertifikate bildlich vorstellen als Erlaubnisscheine, auf denen das Recht verbrieft ist, daß der Inhaber eine bestimmte Menge eines Schadstoffes emittieren darf. Diese Erlaubnisscheine können wie Wertpapiere gehandelt werden. Sie verkörpern insofern einen Wert, als der Inhaber die Kosten für technische Maßnahmen der Schadstoffbeseitigung spart.

Für die Wirkungsanalyse wird im ersten Schritt unterstellt, daß das repräsentative Unternehmen *keine* Zertifikate besitzt. Es existiert aber ein *Markt*, auf dem es Zertifikate zu einem bestimmten Preis kaufen kann.

Zwischen den Wirkungen von Abgaben und Zertifikaten bestehen Analogien. Deshalb sollen sie im folgenden *gemeinsam* analysiert werden. Dies ist möglich, indem die für Umweltbelastungen anfallenden betriebswirtschaftlichen Kosten auf einen gemeinsamen Nenner gebracht werden (was sich auch im Hinblick auf spätere Vergleiche empfiehlt).

Diese Kosten können vereinheitlicht dargestellt werden durch $p_B B$. Hierbei bezeichnet p_B die pro Belastungseinheit anfallenden Kosten; oder – wie man auch sagen kann – den Preis, den das Unternehmen pro Belastungseinheit zu entrichten hat (vgl. den oben erwähnten Preis-Standard-Ansatz). Je nach geltender umweltpolitischer Regelung kann p_B alternativ aufgefaßt werden:

– bei Abgabenpflicht als Abgabensatz, der pro Belastungseinheit anfällt;
– bei Zertifikatpflicht als anteiliger – auf die Belastungseinheit umgerechneter – Zertifikatpreis.

Die (gesamten) betriebswirtschaftlichen Kosten des Unternehmens setzen sich nunmehr zusammen aus den Kosten der eingesetzten Faktormenge ($p_f f$) und den Kosten der Umweltbelastung ($p_B B$). Wie im vorangehenden wird der Faktorpreis als Recheneinheit verwendet ($p_f = 1$). Der Gewinn und die Kosten des repräsentativen Unternehmens stellen sich folgendermaßen dar:

$$G = px - K \tag{2.7}$$

$$K = f - p_B B \tag{2.8}$$

Zu lösen ist zunächst das Kostenminimierungsproblem für eine gegebene Produktionsmenge x'. Dazu wird als erstes Gleichung 2.8 umgeformt zu:

$$f = K - p_B B \tag{2.9}$$

Die Lösung des Kostenminimierungsproblems wird mit Hilfe von Abbildung 2.9 erläutert. In einem solchen Diagramm (mit Achsen für B und f) kann Gleichung 2.9 durch eine Schar von sog. *Isokostenlinien* dargestellt werden, die alle die gleiche Steigung ($-p_B$) aufweisen und die sich nur durch einen Kostenbetrag (K) unterscheiden. Davon ist in der Abbildung nur diejenige Isokostenlinie eingezeichnet, welche die relevante Isoquante x' tangiert. Die kostenminimierende Produktionsweise wird durch den Berührungspunkt P_1 bestimmt.

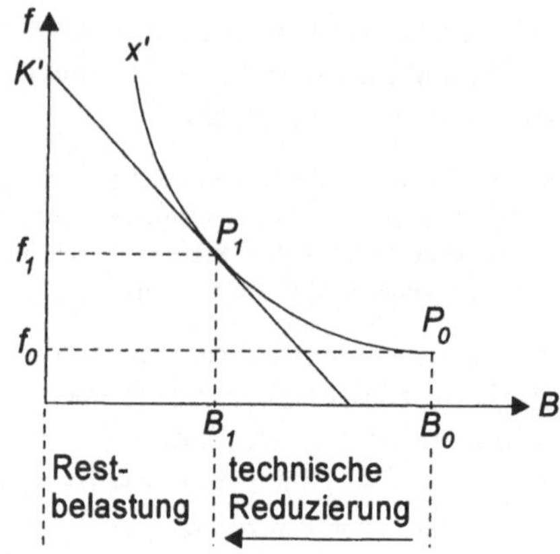

Abb. 2.9. Wirkung von Abgaben und Zertifikaten

Ausgehend von einem Laisser-faire-Zustand impliziert die Lösung des Kostenminimierungsproblems folgende Anpassung:

- Das Unternehmen reduziert die Umweltbelastung durch *technische Maßnahmen* von B_0 auf B_1. Dabei erhöht sich die Faktoreinsatzmenge von f_0 auf f_1.
- Für die verbleibende Restbelastung in Höhe von B_1 entrichtet das Unternehmen die Abgabe bzw. erwirbt Zertifikate.

Zur Erläuterung ist folgendes anzuführen:
- Die Steigung der Isokostenlinie ist nach Gleichung 2.9 gleich dem Preis für die Umweltbelastung (p_B).
- Die Steigung der Isoquante (df/dB) zeigt die jeweiligen Grenzkosten der technischen Reduzierung der Umweltbelastung an.
- Im Bereich $B > B_1$ gilt: $-(df/dB) > -p_B$; umgeformt: $df/dB < p_B$. Dies besagt, daß die Grenzkosten der technischen Vermeidung kleiner sind als der Preis für Umweltbelastung. Also ist es für das Unternehmen vorteilhaft, in diesem Bereich die technischen Maßnahmen durchzuführen. Im Bereich links von B_1 verhält es sich umgekehrt.

Die dem Unternehmen entstehenden *gesamten* Kosten (für Produktionsfaktoren plus Zahlungen für die verbleibende Umweltbelastung) sind durch die Isokostenlinie in Abbildung 2.9 bestimmt. Geometrisch werden sie durch deren Berührungspunkt mit der Ordinate dargestellt (vgl. Gleichung 2.9), der mit K' bezeichnet ist.

Noch zu überlegen ist, wie das Unternehmen handelt, wenn es – im Gegensatz zur bisherigen Vorgabe – Zertifikate nicht am Markt erwerben muß, sondern vom Staat *unentgeltlich zugeteilt* erhält.

Unter der Annahme, daß sich (durch Käufe und Verkäufe der übrigen Unternehmen) ein Zertifikatpreis in Höhe von p_B gebildet hat, ändert sich an der dargestellten Optimallösung nichts. Das Unternehmen wird sich nach wie vor für eine technische Reduzierung der Umweltbelastung auf B_1 entscheiden. Denn es ist für das Unternehmen vorteilhaft, Zertifikate zu verkaufen, soweit sie einen Preis erzielen, der die technischen Vermeidungkosten pro Belastungseinheit übersteigt.

Dies trifft, wie schon erläutert wurde, im Bereich $B > B_I$ zu. Im Bereich $B < B_I$ ist es dagegen kostengünstiger, Zertifikate zu halten. Sofern die zugeteilten Zertifikate nicht ausreichen, ist ein Zukauf vorteilhaft. Auf Feinheiten und Komplikationen der Zertifikatlösung wird in Abschnitt 3.5.4 eingegangen.

Die unentgeltliche Zuteilung von Zertifikaten wirkt sich jedoch auf die Kosten des Unternehmens aus. Gegenüber dem zuerst untersuchen Fall vermindern sie sich um den Kaufpreis der unentgeltlich überlassenen Zertifikate.

Aus den vorangehenden Wirkungsanalysen wird ersichtlich, daß sich eine Reduzierung der Umweltbelastung nicht nur durch Auflagen, sondern auch durch preisliche Steuerung erreichen läßt. Das Ausmaß der Reduzierung hängt von der Höhe des Preises p_B ab: Je höher dieser ist, um so steiler verläuft die Isokostenlinie in der Abbildung; und um so geringer fällt die Umweltbelastung aus.

Die für Produktionsmenge x' erzielten Ergebnisse lassen sich analog für andere Isoquanten und Produktionsmengen ableiten und damit verallgemeinern.

2.5.3.7
Kostenvergleich der Instrumente

Abbildung 2.9 läßt sich auch verwenden, um die betriebswirtschaftlichen Kosten des repräsentativen Unternehmens unter den verschiedenen umweltpolitischen Rahmenbedingungen miteinander zu vergleichen.

Sofort einleuchtend ist, daß die Kosten im Laisser-faire-Zustand am niedrigsten sind. Sie entsprechen in der Abbildung (für $p_f = 1$) der Faktormenge f_0. Bei einer Auflage entstehen durch den notwendigen Mehreinsatz von Produktionsfaktoren notwendigerweise höhere Kosten. Bei dem unterstellten Höchstwert der Umweltbelastung (B_I) betragen sie f_I.

Für vergleichbare Abgaben (die zu einer gleichen Umweltbelastung B_I führen), entstehen Kosten in Höhe von K'. Sie sind, wie sich aus der Abbildung entnehmen läßt, in jedem Falle höher als die Kosten einer Auflage.

Dies ist leicht erklärbar: Bei einer Auflage entstehen nur die technisch bedingten Kosten für den erforderlichen Einsatz von Produktionsfaktoren (f_I). Bei Abgaben entstehen diese Kosten ebenfalls; zusätzlich sind Zahlungen an den Staat zu leisten.

Für Zertifikate, die in vollem Umfang zum Preis p_B gekauft wurden, stimmen die Kosten mit denen der Abgabe überein. Wurden Zertifikate unentgeltlich zugeteilt, vermindern sich die Kosten um den Wert dieser zugeteilten Zertifikate.

Die anhand von Abbildung 2.9 dargestellten Kostenrelationen $f_0 < f_I < K'$ gelten für beliebige Isoquanten und sind daher allgemein gültig. Da sich die Kosten jeweils auf die gleiche Isoquante – und damit die gleiche Produktmenge (x) – beziehen, gilt die Rangfolge auch für die *durchschnittlichen* Kosten oder *Stückkosten* ($k = K/x$). Damit läßt sich der in Abbildung 2.10 dargestellte Größenvergleich festhalten:

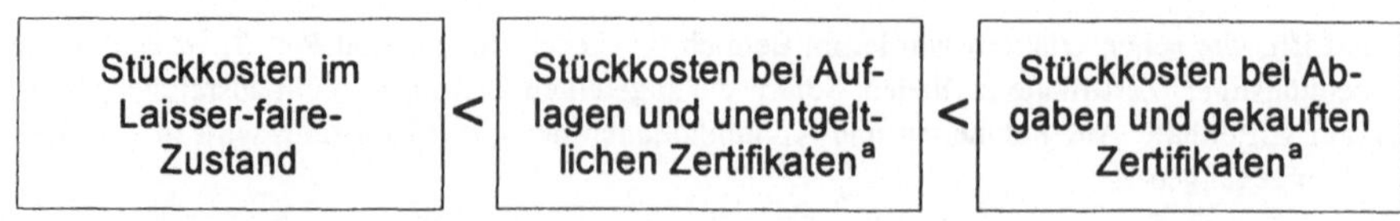

Abb. 2.10. Rangfolge der Stückkosten
a In Höhe der verbleibenden Umweltbelastung

Der Vergleich gilt für die *betriebswirtschaftlichen* Kosten. Weitere Ausführungen, welche die Möglichkeiten der Umweltpolitik zur Minimierung der *gesamtwirtschaftlichen* Kosten betreffen, folgen in Abschnitt 3.6.3.

2.5.3.8
Wirtschaftswachstum und technischer Fortschritt

Bei den vorangehenden Erörterungen wurden produktionstechnische Möglichkeiten entsprechend der Produktionsfunktion 2.4 vorgegeben. Die Betrachtungsweise war insofern *statisch*, als *technischer Fortschritt* ausgeklammert wurde. Auszugehen ist auch davon, daß *Wirtschaftswachstum* stattfindet. Auf gesamtwirtschaftlicher Ebene schlägt sich dieses in der Zunahme des (realen) Sozialprodukts nieder, auf der Mikroebene in der Zunahme der Produktion in den Unternehmen. Für die Entwicklung der Umweltbelastung *auf längere Sicht* kommt es auf beide Effekte an.

Betrachtet wird zunächst der *Wachstumseffekt* auf Unternehmensebene. Unterstellt wird, daß das repräsentative Unternehmen anfänglich eine Produktionsmenge x' erstellt. Die dafür geltenden produktionstechnischen Bedingungen werden in Abbildung 2.11 durch die Isoquante x' repräsentiert.

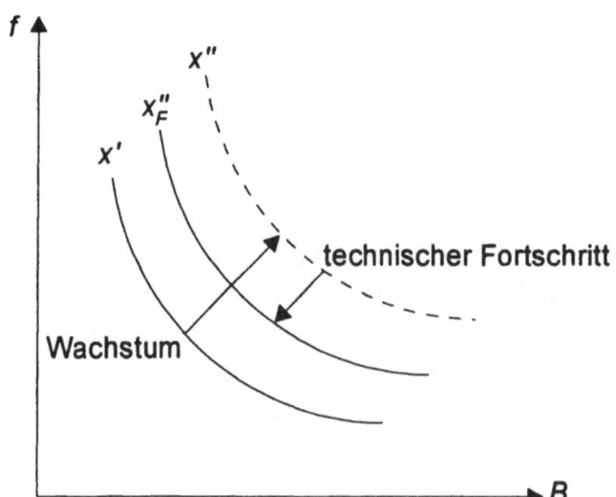

Abb. 2.11. Produktionstechnische Wirkungen von Wirtschaftswachstum und technischem Fortschritt

Im Laufe der Zeit erhöht sich die Produktionsmenge auf x''. Das erhöhte Produktionsniveau läßt sich, wenn technischer Fortschritt vorerst ausgeklammert wird, wie gewohnt darstellen durch eine gegenüber x' nach rechts oben verschobene (gestrichelte) Isoquante x''.

Zu berücksichtigen ist aber noch der *technische Fortschritt*. Seine Wirkung besteht generell darin, daß die Effizienz der Produktionsfaktoren im Laufe der Zeit ansteigt. Die gleiche Produktionsmenge x'' kann infolgedessen mit einem niedrigeren Einsatz an Produktionsfaktoren und/oder geringerer Umweltbelastung erstellt werden.

Dieser Effekt läßt sich in der Abbildung durch eine Linksverschiebung der Isoquante x'' darstellen, beispielsweise auf die Position x_F''. Die so (durch Saldierung der Effekte von Produktionswachstum und technischem Fortschritt) entstandene Isoquante ist nunmehr relevant für die Produktion der Menge x''.

Wie spätere Ausführungen verdeutlichen, kommt dem technischen Fortschritt eine entscheidende Bedeutung im Hinblick auf die Bewältigung von Umweltproblemen zu. Deshalb wird bereits hier darauf hingewiesen, daß sich die Lage von x_F'' im Vergleich zu x' nicht eindeutig bestimmen läßt. Sie hängt von der Höhe des Wirtschaftswachstums sowie der Stärke und auch der Richtung des technischen Fortschritts ab. Letzteres bedeutet, daß sich die Steigung der Isoquante ändern kann. Insgesamt ist es – anders als in Abbildung 2.11 dargestellt – bei rasch wachsendem technischen Fortschritt auch möglich, daß x_F'' links von x' liegt oder aber x' schneidet.

2.5.3.9
Dynamische Wirkungen von Instrumenten

Untersucht werden soll nunmehr, in welcher Weise sich die Umweltbelastung unter verschiedenen umweltpolitischen Bedingungen entwickelt, wenn Wachstum und technischer Fortschritt berücksichtigt werden. Dies ist insofern schwierig zu beurteilen, als nach dem Vorangehenden nicht allgemein gesagt werden kann, wie sich der technische Fortschritt im Verhältnis zum Wirtschaftswachstum entwickelt. Um die Erörterungen kurz zu halten, wird nur der in Abbildung 2.11 dargestellte Fall betrachtet, bei dem der Wachstumseffekt nicht voll durch den technischen Fortschritt kompensiert wird. Unterstellt wird damit eine Entwicklung, wie sie auch in Abbildung 2.12 dargestellt ist: daß im Laufe der Zeit ein Übergang von der ursprünglichen Isoquante x' zu einer weiter außen liegenden Isoquante x_F'' erfolgt. Andere Verläufe von Wachstum und technischem Fortschritt lassen sich durch Abwandlung der Isoquantenverschiebung darstellen.

Betrachtet wird als erstes eine *Laisser-faire-Regelung*. Die in Abschnitt 2.5.3.4 angestellten Überlegungen lassen sich auf beide Isoquanten in Abbildung 2.12 anwenden: Das Unternehmen produziert jeweils zu geringstmöglichen Kosten und erzeugt damit Umweltbelastungen in Höhe der Sättigungsmengen B_S' und B_S''. Die Folge ist, daß die Umweltbelastung von einem hohen Ausgangsniveau aus im Laufe der Zeit weiter ansteigt.

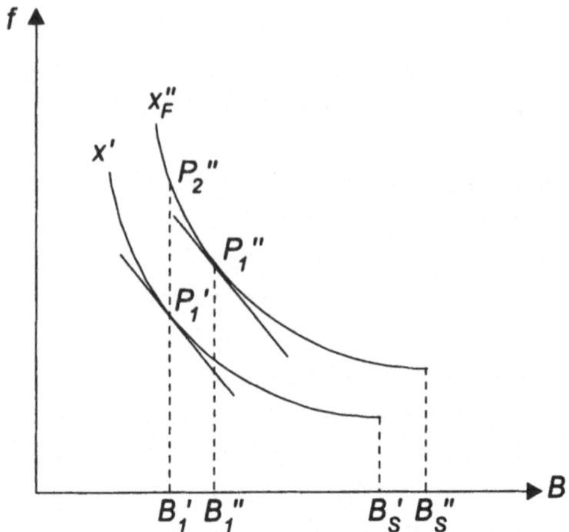

Abb. 2.12. Veränderungen der Umweltbelastung im Zeitablauf

Als Beispiel kann das im vorangehenden wiederholt erwähnte Chemieunternehmen angeführt werden. Im Laisser-faire-Zustand hat es keine Veranlassung, Umweltschutzmaßnahmen zu ergreifen. Bei einer Erhöhung der Produktion treten in der Regel auch erhöhte Abwassermengen auf, die durch den technischen Fortschritt nur teilweise verringert werden.

Als nächstes wird die *preisliche Lenkung* erörtert. Unterstellt wird wie im vorangehenden, daß eine Abgabe erhoben wird oder eine Zertifikatpflicht eingeführt wird, womit für Umweltbelastungen ein Preis p_B pro Einheit anfällt. In Anlehnung an Abschnitt 2.5.3.6 wählt das Unternehmen den Punkt auf der jeweils relevanten Isoquante, an dem eine Isokostenlinie tangiert. In Abbildung 2.12 sind dies die Punkte P_1' und P_1'', die Umweltbelastungen von B_1' und B_1'' mit sich bringen. Auch hier erhöht sich die Umweltbelastung im Laufe der Zeit. Dies gilt für den unterstellten Fall eines *konstanten* Preises p_B. Die Mehrbelastung der Umwelt kann verhindert werden, indem der Preis zwischenzeitlich entsprechend erhöht wird (was zu einer steileren Isokostenlinie führt).

Noch zu erörtern ist die *Auflagenlösung*. Hierbei kommt es darauf an, in welcher Weise die Begrenzung der Umweltnutzung erfolgt.

1. Möglich ist eine *absolute Begrenzung* der Umweltbelastung. In der Abbildung wird diese Begrenzung exemplarisch durch B_1' dargestellt. Ein Beispiel dafür ist die Vorgabe einer entsprechenden, im Zeitablauf unveränderten Höchstmenge für die Einleitung von Abwasser. Die Auflage läßt sich nur dadurch erfüllen, daß das Unternehmen bei Ausdehnung der Produktion von Punkt P_1' auf der Isoquante x' zu Punkt P_2'' auf der Isoquante x_F'' übergeht, wobei die Faktoreinsatzmenge entsprechend ansteigt.

2. Eine andere Form der Auflage beinhaltet eine *relative Begrenzung*. Beispiele dafür sind Begrenzungen des Schadstoff*anteils* in den Emissionen, beispielsweise des SO_2-Anteils in der Abluft. Mit wachsender Produktionsmenge steigt dann die Umweltbelastung in der Regel mit der Produktionshöhe. In der Abbildung entspricht dies beispielsweise einem Übergang von P_1' zu P_1''.

Die mit den geschilderten Situationen jeweils verbundenen Kosten lassen sich – wie in Abschnitt 2.5.3.5 beschrieben wurde – durch die jeweils relevanten Abschnitte der Ordinate bestimmen (hier nicht eingezeichnet). Die Stückkosten (K/x) sinken durch den technischen Fortschritt allgemein. Jedoch bleiben die bezüglich der Kosten*relationen* gezogenen Schlußfolgerungen, die sich auf die jeweils geltende Isoquante beziehen, erhalten. Man kann deshalb allgemein folgern, daß z. B. die Stückkosten bei einer Abgabe (bei gleicher Umweltbelastung) immer höher liegen als die einer Auflage. Am niedrigsten fallen die Stückkosten selbstverständlich für die Laisser-faire-Situation aus.

2.5.4
Umweltverhalten von Konsumenten

2.5.4.1
Ausgangsbedingungen

Im vorliegenden Abschnitt geht es um Umweltbelastungen, die mit dem *Konsum* von Wirtschaftsgütern zusammenhängen. Zu überlegen ist als erstes, wie denn diese Umweltbelastungen abzugrenzen sind. Zwei Möglichkeiten bieten sich an:

- Man rechnet den Konsumenten nur die *unmittelbar* beim Konsum entstehenden Belastungen zu. Dies sind nach Abschnitt 2.2.3 Abfälle im weitesten Sinne.
- Die *gesamten* – bei der Produktion und beim Konsum – entstehenden Umweltbelastungen werden den Konsumenten zugerechnet.

Als Beispiel kann die private Nutzung eines Autos betrachtet werden. Unmittelbar zurechnen lassen sich u. a. die durch Treibstoffverbrauch entstehenden Emissionen, eventuell auch die bei der Verschrottung anfallenden Umweltbelastungen. Offen ist, ob den Konsumenten auch die bei der Produktion des Autos entstandenen Umweltbelastungen anzurechnen sind.

Die vom Konsumenten ausgehenden Wünsche nach Konsumgütern sind letztlich die Ursache dafür, daß die betreffenden Konsumgüter (einschließlich ihrer Vorprodukte) überhaupt produziert werden. Insofern liegt eine gewisse Logik in der Zurechnung der Gesamtbelastung.

Unabhängig von der Zurechnungsproblematik gilt: Die Konsumenten haben es weitgehend in der Hand, durch den Kauf der einzelnen Güter die davon jeweils ausgehende gesamte Umweltbelastung zu bestimmen.

Ein Beispiel dafür ist der Kauf von Lackfarben. Der Konsument kann hier wählen zwischen stark lösungsmittelhaltigen und wasserverdünnbaren Lacken; er kann eventuell auch ganz auf einen Anstrich verzichten.

Die Verantwortlichkeit ist insofern einzuschränken, als sich die Konsumenten vielfach nicht hinreichend über die mit einzelnen Gütern verbundenen Umweltbelastungen informieren können. Dies gilt vor allem hinsichtlich der bei den Unternehmen angewendeten Produktionsverfahren.

Fest steht also, daß die Konsumenten – wissentlich oder unwissentlich – durch ihr Verhalten letztlich die insgesamt entstehende Umweltbelastung bestimmen. Um so mehr interessiert, welche Bestimmungsgründe für das Konsumverhalten maßgeblich sind.

In Anlehnung an die neoklassische Wirtschaftstheorie wird im folgenden davon ausgegangen, daß der repräsentative Konsument aus den Konsumgütern, über die er verfügen kann, *Nutzen* zieht. Aus darstellerischen Gründen werden nur zwei Konsumgüter betrachtet, deren Mengen mit x_1 und x_2 bezeichnet werden. Ferner wird – in Erweiterung des üblichen nutzentheoretischen Ansatzes – unterstellt, daß der Konsument auch Nutzen aus der *natürlichen Umwelt* zieht, die ja seine Lebensgrundlage bildet. Dieser Nutzen ist abhängig von der Umweltqualität. Letztere werde mit Hilfe eines zusammenfassenden Indikators (Q) gemessen, in den z. B. die Luftreinheit eingeht. Die Umweltqualität sei um so höher, je größer Q ist.

Der individuelle Nutzen (N) des repräsentativen Konsumenten wird damit durch die folgende Nutzenfunktion bestimmt.

$$N = N(\underset{+}{x_1}, \underset{+}{x_2}, \underset{+}{Q}) \tag{2.10}$$

Gemäß einer neoklassischen Grundhypothese wird davon ausgegangen, daß der Konsument seinen (selbstempfundenen) Nutzen maximieren will. Dabei hat er – als Nebenbedingung – seine Budgetrestriktion zu beachten. Er hat ein vorgegebenes Einkommen (y) zur Verfügung, das im hier betrachteten einfachsten Fall (keine Ersparnisbildung) voll für den Kauf von Konsumgütern verausgabt wird. Die Preise der Konsumgüter (p_1, p_2) sind für Konsumenten vorgegeben. Darin können, worauf später einzugehen ist, auch Kosten für Umweltschutz im Bereich der Unternehmen enthalten sein. Für den Konsumenten gilt folgende Budgetrestriktion:

$$y = p_1 x_1 + p_2 x_2 \tag{2.11}$$

Darzustellen ist noch die mit dem Konsum verbundene *Umweltbelastung*. Sie besteht, insgesamt gerechnet, aus den in Abschnitt 2.2.4 angeführten Komponenten. Für das Folgende wird angenommen, daß *pro Einheit* der Konsumgüter jeweils eine bestimmte Umweltbelastung (b_1 bzw. b_2) entsteht, die im folgenden als *güterspezifische Umweltbelastung* bezeichnet wird. Die durch den repräsentativen Konsumenten hervorgerufene Umweltbelastung (B) kann dargestellt werden durch:

$$B = b_1 x_1 + b_2 x_2 \tag{2.12}$$

2.5.4.2
Eingeschränkte Nutzenmaximierung

Im vorliegenden Teilabschnitt wird von einem Laisser-faire-Zustand ausgegangen; der Konsument unterliegt also keinerlei Beschränkungen hinsichtlich der Umweltbelastung. Bezüglich der Umweltqualität (Q) wird im ersten Anlauf unterstellt, daß der Konsument sich ihrer Bedeutung nicht bewußt ist und sie bei der Nutzenmaximierung schlicht ignoriert. Gleichermaßen ignoriert er auch die durch seinen Konsum entstehende Umweltbelastung (B).

Das Nutzenmaximierungsproblem reduziert sich damit auf eine degenerierte Nutzenfunktion $N(x_1,x_2)$ und die Budgetrestriktion 2.11 als Nebenbedingung. Letztere kann umgeformt werden zu:

$$x_1 = \frac{y}{p_1} - \frac{p_2}{p_1}x_2 \tag{2.13}$$

Die Lösung des Nutzenmaximierungsproblems erfolgt am einfachsten auf graphische Weise (siehe Abbildung 2.13). Auf den Achsen sind die Konsumgütermengen (x_1 bzw. x_2) abgetragen. Die Budgetrestriktion erscheint darin als Gerade mit negativer Steigung ($-\,p_2\,/p_1$) und dem Ordinatenabschnitt y/p_1. Die degenerierte Nutzenfunktion läßt sich (wie in Lehrbüchern der mikroökonomischen Theorie erläutert wird) durch eine Schar von *Indifferenzkurven* (d. h. Kurven gleichen Nutzens) darstellen.

Die nutzenmaximierende Güterkombination wird durch den Berührungspunkt einer Indifferenzkurve mit der Budgetgeraden (hier: P) bestimmt. Die optimale (nutzenmaximierende) Güterkombination ist (x_1', x_2').

Zu registrieren ist noch, daß damit eine bestimmte Umweltbelastung verbunden ist, die durch Gleichung 2.12 bestimmt wird. Zur Vereinfachung wird b_1 als Recheneinheit für die Umweltbelastung verwendet ($b_1 = 1$). Die Gleichung läßt sich umformen zu:

$$x_1 = B - b_2 x_2; \quad b_1 = 1 \tag{2.14}$$

Die für die optimale Güterkombination entstehende Umweltbelastung läßt sich darstellen durch eine (gestrichelte) Gerade gemäß Gleichung 2.14, die durch den Punkt (x_1', x_2') verläuft. Sie läßt sich unmittelbar auf der Ordinate ablesen und beträgt B'.

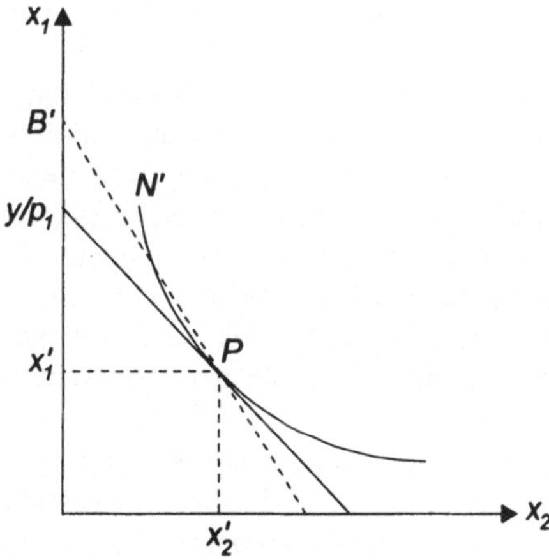

Abb. 2.13. Nutzenmaximierung durch einen Konsumenten

2.5.4.3
Das Umweltdilemma

Im vorangehenden Teilabschnitt wurde vorausgesetzt, daß der repräsentative Konsument die Umweltqualität und auch die von ihm ausgehende Umweltbelastung nicht weiter beachtet. Ein solches Verhalten ist in der Realität nicht eben selten. Der vorangehende Ansatz bietet damit in Verbindung mit Abschnitt 2.2 eine erste Darstellung der ökonomischen Verhaltensweisen, die zur Entstehung von Umweltbelastungen führen.

Die Darstellung läßt sich auf einfache Weise erweitern, indem man unterstellt, daß – im Zuge des allgemeinen wirtschaftlichen Wachstums – das Einkommen (y) des repräsentativen Konsumenten ansteigt. Damit verschiebt sich die Budgetgerade in Abbildung 2.13 nach außen, und auch die Umweltbelastung (B) erhöht sich (unveränderte spezifische Umweltbelastungen b_1, b_2 vorausgesetzt). Damit ist darstellbar, warum sich Umweltbelastungen im Laufe der Zeit erhöhen.

Durch Umweltbelastungen wird, sobald sie ein bestimmtes Ausmaß überschreiten (näheres s. Abschnitt 2.6.4), die Umweltqualität beeinträchtigt. Davon wird der hier betrachtete repräsentative Konsument selbst betroffen, soweit die Qualitätsverschlechterung in seine Lebenszeit fällt. Betroffen sein können auch seine Nachkommen (vgl. dazu insbesondere Abschnitt 3.3).

Selbst wenn man ein egoistisches Verhalten in der Weise unterstellt, daß der repräsentative Konsument sich nur um sein *eigenes* Wohlergehen kümmert, müßte er – streng rational und ganz im neoklassischen Sinne gedacht – zumindest die *ihn* betreffende Qualitätsverschlechterung bei seinen Nutzenmaximierungsbemühungen berücksichtigen. Aus diesem Grunde wurde der vorangehende Abschnitt, in dem das nicht der Fall ist, mit *eingeschränkter* Nutzenmaximierung überschrieben.

Zur Erklärung der eingeschränkten Nutzenmaximierung kann man sich (wie eingangs unterstellt wurde) darauf berufen, daß dem repräsentativen Konsumenten die Zusammenhänge zwischen Umweltbelastung und Verschlechterung der Umweltqualität nicht bekannt sind oder daß er sie verdrängt (was allerdings nicht dem von der neoklassischen Wirtschaftstheorie gezeichneten Bild des stets rational handelnden und wohlinformierten *homo oeconomicus* entspricht). Aber nicht alle Konsumenten sind schlecht informiert. Viele sind sich der Umweltschädlichkeit ihrer Konsumaktivitäten durchaus bewußt; trotzdem verzichten sie nicht darauf. Wie ist dies zu erklären?

Von Bedeutung ist, daß die Umweltqualität in hohem Maße die Eigenschaft eines *Kollektivgutes* hat. Damit ist im vorliegenden Zusammenhang gemeint, daß *alle* Konsumenten die Umwelt *gemeinsam* belasten (dies nach dem Muster des im vorangehenden betrachteten repräsentativen Konsumenten). Der repräsentative Konsument kann aber nur seine *eigene* Umweltbelastung bestimmen, nicht die der übrigen Konsumenten. Die eigene Umweltbelastung ist aber im Vergleich zu der summarischen Umweltbelastung aller übrigen Konsumenten verschwindend gering.

Daraus läßt sich folgern: Die Umweltqualität (Q) kann durch das eigenständige Verhalten des repräsentativen Konsumenten nicht merklich beeinflußt werden. In ökonomischer Ausdrucksweise heißt dies: Sie ist für den Konsumenten ein *Datum* – eine Größe, deren aktueller Wert und dessen zeitliche Entwicklung für ihn *vorgegeben* sind.

Wie wird ein (im Sinne der neoklassischen Wirtschaftstheorie) nutzenmaximierender Konsument angesichts dieses Umstandes vorgehen? Er wird den durch die vollständige Nutzenfunktion 2.10 bestimmten Nutzen zu maximieren trachten. Da Q für ihn ein Datum ist, muß er sich darauf beschränken, seinen Nutzen durch Anpassung seiner Aktionsparameter – der Konsumgütermengen x_1 und x_2 – zu maximieren. Dies führt auf den im vorangehenden Teilabschnitt dargestellten Ansatz.

Das Ergebnis läßt sich mit Hilfe von Abbildung 2.13 veranschaulichen. Würde der repräsentative Konsument – aus Sorge um die Umweltqualität – seinen eigenen Beitrag zur Umweltbelastung (B) reduzieren, wäre dies gleichbedeutend mit einer Linksverschiebung der (gestrichelten) Belastungsgeraden. Notwendigerweise würde sich dadurch der aus den Konsumgütern gezogene Nutzen verringern, weil eine niedrigere Indifferenzkurve erreicht würde (nicht eingezeichnet).

Dies wäre hinnehmbar, wenn der repräsentative Konsument dadurch in den Genuß einer erhöhten Umweltqualität käme – was aber nicht zutrifft. Er kann *nicht* davon ausgehen, daß die übrigen Konsumenten ebenfalls ihre Umweltbelastung vermindern. Dies wäre aber die Voraussetzung für eine Verbesserung der Umweltqualität. Also ist es für ihn – unter diesen Umständen – das Beste, nach dem vorgeführten Muster der eingeschränkten Nutzenmaximierung zu verfahren. Dies mag zwar eine Second-best-Lösung sein; sie ist aber das Beste, was er erreichen kann.

In dieser Lösung offenbart sich ein *Umweltdilemma*: Selbst wenn ein Konsument bereit wäre, zugunsten einer besseren Umweltqualität auf einen Teil seines Konsums zu verzichten, hat dieser Verzicht nicht den gewünschten Effekt. Es ist für ihn daher (im Sinne der neoklassischen Nutzenmaximierung) das Beste, seine Konsummöglichkeiten voll auszuschöpfen. Damit trägt er aber selbst zu dem bei, was er gerne vermeiden möchte: zur Verschlechterung der Umweltqualität. Für eine ausführlichere Darstellung s. Gschwendtner (1993).

Das Umweltdilemma läßt sich durch ein praktisches Beispiel veranschaulichen. Würde jemand den gewohnten Gebrauch seines Autos und damit auch den Verbrauch des besonders umweltbelastenden Konsumgutes „Benzin" mit Rücksicht auf die Umweltqualität einschränken, so hätte er dadurch Nutzeneinbußen (die sich in Mobilitätsverlust, Unbequemlichkeiten u. a. niederschlagen). Dies würde er hinnehmen, wenn dadurch tatsächlich eine bessere Umweltqualität erreicht würde. Solange alle übrigen Autofahrer ihre Gewohnheiten beibehalten, wird die Qualitätsverbesserung aber nicht realisiert. Der betrachtete Autofahrer hätte einen Nutzenverlust, dem kein Nutzengewinn (durch eine verbesserte Umweltqualität) gegenübersteht.

Möglich ist, daß der Autofahrer – aus moralischer Verantwortung für die Umwelt – trotzdem das Autofahren einschränkt und Nutzenverluste durch Mindernutzung hinnimmt. Man kann darüber philosophieren, ob und wie ein solches Verhalten in das neoklassische Nutzenmaximierungsprinzip einzuordnen ist. Entscheidend ist aber letztlich, wie Autofahrer sich mehrheitlich *in der Praxis* verhalten. Hier dürfte ein Verzicht aus moralischen Gründen eher die Ausnahme als die Regel bilden.

Ein merklicher Einfluß auf die insgesamt entstehende – gesellschaftliche – Umweltbelastung läßt sich nur erzielen, wenn die Konsumenten *insgesamt* ihr Umweltverhalten entsprechend ändern. Auf die wirksamste und sicherste Weise können sie dazu durch eine *staatliche Umweltpolitik* veranlaßt werden (vgl. dazu Kapitel 3).

2.5.4.4
Wirkungen von Umweltschutzmaßnahmen

Die vorangehenden Darstellungen des Konsumverhaltens waren auf einen Laisser-faire-Zustand zugeschnitten. Sie sollen nun ergänzt werden durch Einbeziehung staatlicher Umweltschutzmaßnahmen.

Solche Maßnahmen können grundsätzlich bei den Konsumenten selbst oder auf den vorgelagerten Produktionsstufen der Konsumgüter – also bei den Unternehmen – ansetzen. Der in der Praxis weitaus häufigere Fall sind Maßnahmen bei den Unternehmen.

Als Maßnahmen im Produktionsbereich sind alle Arten von Auflagen zu nennen, die Herstellungsverfahren oder die Beschaffenheit von Konsumgütern betreffen. Beispiele für Auflagen beim Konsumenten sind schwer zu finden. Dabei ist daran zu denken, daß die meisten Einschränkungen im Konsumbereich in Vorschriften über technische Beschaffenheit von Konsumgütern (wie Katalysatorpflicht bei Autos, Emissionsbeschränkungen bei Heizanlagen) bestehen, die schon bei der Produktion dieser Konsumgüter – und damit vom Unternehmensbereich – zu realisieren sind.

Auch umweltrelevante Abgaben (wie Ökosteuern, Mineralölsteuer, Energiesteuern) sind in den meisten Fällen so konstruiert, daß sie von den Unternehmen zu entrichten sind. Ausnahmen bilden die bei Haushalten anfallenden Müll- und Abwassergebühren. Zertifikate betreffen (wo sie – wie in den USA – eingeführt sind) bisher ausschließlich Unternehmen.

Läßt man die selten vorkommenden direkten Umweltschutzmaßnahmen bei Konsumenten einmal außer acht, so lassen sich die Wirkungen der Umweltpolitik anhand der Abbildung 2.14 darstellen.

Die hauptsächlichen Instrumente der Umweltpolitik – Auflagen, Abgaben und Zertifikate – setzen, wie gesagt, in erster Linie bei den Unternehmen an. Sie führen, wie gezeigt wurde, zu Kostenerhöhungen. Die Unternehmen sind bemüht, diese Kostenerhöhungen über Preiserhöhungen auf die Konsumenten abzuwälzen.

Die theoretische Erörterung solcher Überwälzungsvorgänge ist eine Angelegenheit der *Preistheorie*. Nach dem üblichen *kurzfristigen* Modell der neoklassischen Preistheorie gelingt die Kostenüberwälzung im Regelfall (mit preiselastischer Nachfragefunktion) nur teilweise.

Die Darstellungen in Abschnitt 2.5.3 entsprechen, da alle Produktionsfaktoren flexibel sind, in der üblichen Terminologie einer *längerfristigen* Betrachtung. Die neoklassische Theorie kommt für diesen Fall zu der Aussage, daß die Güterpreise gleich den durchschnittlichen Kosten der Produktion (Stückkosten) sind. Wie sich die Stückkosten der Instrumente zueinander verhalten, wurde in den Abschnitten 2.5.3.7 (statische Betrachtung) und 2.5.3.9 (dynamische Betrachtung) dargelegt. Die Ergebnisse lassen sich unmittelbar auf die Preisentwicklung übertragen.

Gegenüber einem Laisser-faire-Zustand entstehen durch Umweltschutz Preiserhöhungen, die im Rahmen der mikroökonomischen Betrachtung bei Abgaben und Zertifikaten höher ausfallen als bei Auflagen. Zur Ergänzung vgl. auch Abschnitt 3.6.3.

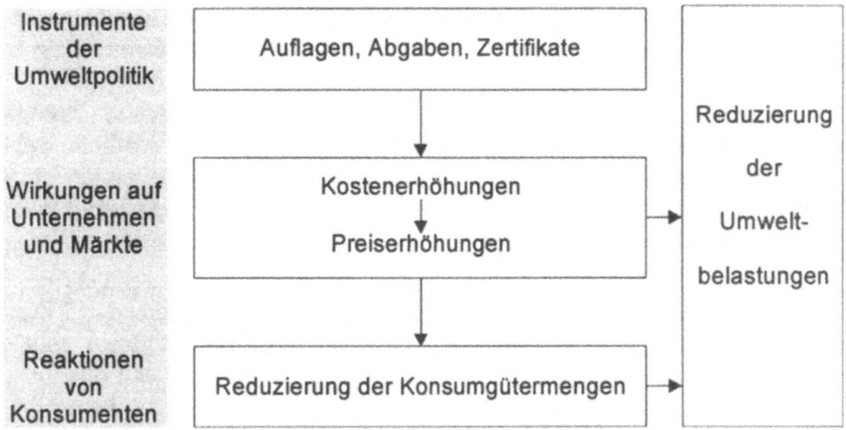

Abb. 2.14. Gesamtwirkungen der Umweltpolitik

Eine andere, mehr an der Praxis orientierte preistheoretische Variante ist die Anwendung des sog. Vollkostenprinzips. Hierbei setzen die Unternehmen die Preise fest, indem sie ihre Stückkosten zugrunde legen und diese mit einem Gewinnaufschlag versehen. Dies führt hinsichtlich der Wirkung der Instrumente im wesentlichen zu gleichen Ergebnissen wie das neoklassische Durchschnittskostenprinzip.

Es ist davon auszugehen, daß die durch Umweltschutzmaßnahmen bedingten Erhöhungen der Durchschnittskosten zu Preiserhöhungen bei den betroffenen Konsumgütern führen. Hierauf reagieren wiederum die Konsumenten.

Die generelle Reaktion läßt sich im Rahmen der mikroökonomischen Theorie so beschreiben, daß die Nachfrage nach den von Preiserhöhungen betroffenen Gütern zurückgeht.

Näher verfolgen läßt sich diese Reaktion anhand von Gleichung 2.13 und Abbildung 2.13. Unterschieden werden können zwei Fälle von Preisänderungen:

1. Umweltschutzmaßnahmen betreffen *beide* Konsumgüter; ihre Preise (p_1 und p_2) erhöhen sich – vereinfachend angenommen – proportional. Dann bleibt das Preisverhältnis unverändert. In der Abbildung führt dies (bei gegebenem Einkommen y) zu einer (nicht eingezeichneten) Parallelverschiebung der Budgetrestriktion in Richtung Nullpunkt. Es ergibt sich über eine entsprechende Nutzenindifferenzkurve ein neues Optimum, das eine Verringerung der Mengen *beider* Konsumgüter (x_1 und x_2) beinhaltet.
2. Umweltschutzmaßnahmen betreffen nur das Gut 1; sein Preis erhöht sich. Dies führt in der Abbildung zu einer Linksverschiebung und zusätzlich zu einer geringeren Steigung der Budgetgeraden. Gegenüber dem Fall 1 tritt zusätzlich ein Substitutionseffekt auf: Der Konsum des teurer gewordenen Gutes 1 wird stärker eingeschränkt.

Die Folge des Nachfragerückgangs ist die Einschränkung der Produktion der betreffenden Güter. Dies gilt allerdings nur bei statischer Betrachtung (innerhalb einer Periode). Bei dynamischer Betrachtung wird das Einkommen (y) im Zuge des allgemeinen Wirtschaftswachstums im gesamtwirtschaftlichen Durchschnitt mit der Zeit ansteigen. Preisänderungen und Produktionsrückgang erfolgen dann *relativ*; gemeint ist: Im Vergleich zur Entwicklung im Laisser-faire-Zustand werden bei Anwendung der umweltpolitischen Instrumente weniger Konsumgüter nachgefragt und produziert. Allerdings sind solche Aussagen mit Vorsicht zu behandeln, da hierbei die Grenzen der mikroökonomischen Analyse erreicht werden.

Zu betrachten ist nun die im Hinblick auf die Umwelt hauptsächlich interessierende *Umweltbelastung*. Die obige schematische Darstellung verdeutlicht, daß die im Bereich der Unternehmen ansetzenden Umweltschutzmaßnahmen auf die *insgesamt* entstehenden Umweltbelastungen einen zweifachen Effekt haben (verglichen mit dem Laisser-faire-Zustand):

1. *Direkte Verringerung*: Sie ist die unmittelbare Folge der Anwendung der Instrumente im Bereich der Unternehmen. Durch Auflagen, Abgaben und Zertifikate werden die bei der Produktion entstehenden Umweltbelastungen reduziert. Dies gilt infolge des Wachstums nicht unbedingt für die absoluten Belastungen (B), wohl aber für die Belastung pro Gütereinheit (spezifische Umweltbelastung).

2. *Indirekte Reduzierung:* Maßgeblich dafür ist der Kosten- und Preiseffekt, der zu einem *relativen* Rückgang von Konsumgüternachfrage und -produktion führt.

Man kann sich beide Effekte – zusammengenommen – anhand von Gleichung 2.12 verdeutlichen. Der direkte Effekt schlägt sich in einer Reduzierung der güterspezifischen Umweltbelastungen b_1 und b_2 nieder, der indirekte Effekt in der Verringerung der Konsumgütermengen x_1 und x_2. Beides zusammen reduziert die vom repräsentativen Konsumenten ausgehende Umweltbelastung B.

Das Gesagte gilt bei *statischer* Betrachtung. Bei *dynamischer* Betrachtung können sich die Gütermengen x_1 und x_2 *trotz* der Umweltschutzmaßnahmen erhöhen. Umweltschutzmaßnahmen wirken nur *relativ*; sie vermindern die Umweltbelastung im Vergleich zu einem Laisser-faire-Zustand. Durch das im Laufe der Zeit stattfindende Wachstum der Realeinkommen kann sich die vom repräsentativen Konsumenten ausgehende Umweltbelastung erhöhen, selbst wenn es der Umweltpolitik gelingt, die güterspezifischen Umweltbelastungen zu verringern.

Hier werden allmählich Probleme sichtbar, welche die herkömmliche – dem statischen Denken verhaftete – praxisorientierte neoklassische Umweltökonomie bisher kaum beachtet. Noch deutlicher werden diese Probleme im folgenden Kapitel.

2.6
Ökologische Ökonomie

2.6.1
Einführung

In den vorangehenden Abschnitten 2.4 und 2.5 wurden Umweltprobleme aus der Perspektive betrachtet, wie *Ökonomen* sie gemäß den Traditionen ihres Faches normalerweise sehen. Kennzeichnend dafür war die Anwendung des Instrumentariums der neoklassischen Wirtschaftstheorie und insbesondere die Orientierung am *Individualprinzip*. Beides zusammen lief darauf hinaus, umweltrelevante Vorgänge aus den Zielen und Handlungsweisen von *Individuen* heraus zu erklären.

Diese Vorgehensweise ist insoweit berechtigt, als es in der Tat die Individuen sind, die – im Zusammenhang mit wirtschaftlichen Vorgängen – Entscheidungen fällen, durch die auch die natürliche Umwelt betroffen wird. Durch die Analyse dieser Entscheidungsvorgänge kann erklärt werden, wie Menschen (in ihrer Eigenschaft als Konsumenten oder Unternehmer) mit der natürlichen Umwelt verfahren und welchen Belastungen letztere ausgesetzt wird. Hieraus erwachsen auch Erkenntnisse, wo und wie die *Umweltpolitik* ansetzen kann (vgl. Kapitel 3).

So wertvoll die traditionelle ökonomische Analyse in dieser Hinsicht ist, so zeigt sie auch Schwächen. Sie liegen vor allem darin, daß Umweltprobleme eine *holistische* (ganzheitliche) Betrachtungsweise erfordern, welche die traditionelle – am Individualprinzip orientierte – Analyse bisher nicht leistet. Besonders deutlich wird dieses Erfordernis aufgrund der Erkenntnisse der *Ökologie*, auf die im folgenden eingegangen wird. Im übrigen stützt sich, wie noch verdeutlicht wird, auch die praktische Umweltpolitik in zunehmendem Maße auf Erkenntnisse der Ökologie.

Auch den Umweltökonomen wird die Notwendigkeit mehr und mehr bewußt, über die im vorangehenden beschriebenen traditionellen Ansätze der neoklassischen Umweltökonomie hinaus zu denken. Soweit sich bisher erkennen läßt, nähert man sich den Problemen aus zwei Richtungen:

– Zum einen werden ökonomische Methoden auch auf physikalische Sachverhalte (wie Stoffkreisläufe, Entropie) ausgedehnt. Dafür könnte sich die Bezeichnung *„Ökonomischen Ökologie"* einbürgern (vgl. z. B. Stephan u. Ahlheim 1996).

– Zum andern hat sich eine Richtung etabliert, die sich *„Ökologischen Ökonomie"* (ecological economics) nennt. Sie baut (wie der Name andeutet) verstärkt auf Erkenntnissen der Ökologie auf. Ihr Programm wird so umrissen (Faber et al. 1996, S. 10): „Ecological economics studies how ecosystems and economic activity interrelate." Darstellungen bieten ferner Costanza et al. (1991), Hampicke (1992) und Costanza (1997).

Im vorliegenden Beitrag wurde dem Grundanliegen der ökologischen Ökonomie durch die Darstellung des Zusammenwirkens von natürlicher Umwelt und Wirtschaftsaktivitäten bereits in Abschnitt 2.2 Rechnung getragen. Es bietet sich an, bei den folgenden Darstellungen darauf aufzubauen.

Ein fest umrissenes Lehrgebäude (wie bei der paretianischen Umweltökonomie) hat sich für die ökologische Ökonomie noch nicht herausgebildet. Insofern bestehen für die Darstellung Freiheiten. Im Gegensatz zu Vertretern der Ökologischen Ökonomie, die der neoklassischen Wirtschaftstheorie eher skeptisch oder ablehnend gegenüberstehen, ist der Verfasser des vorliegenden Beitrags der Meinung, daß sich die ökologische Betrachtungsweise sehr gut damit verbinden läßt. Durch eine solche Verbindung lassen sich auch Lücken schließen. Insbesondere läßt sich die ökologische Betrachtungsweise fortführen bis zum Instrumenteneinsatz in der Umweltpolitik.

Ausgehend von der ökologischen Sichtweise wird im folgenden eine *Synthese* zwischen beiden Wissenschaften – traditioneller Umweltökonomie und ökologischer Ökonomie – angestrebt, die auch einer einheitlichen wissenschaftlichen Fundierung der Umweltpolitik dienen soll.

2.6.2
Die ökologische Sichtweise

Die Ökologie befaßt sich nach üblichen Definitionen (vgl. z. B. Bick 1998, S. 8) mit den wechselseitigen Beziehungen zwischen Organismen und ihrer Umwelt. Der Begriff Organismen umschließt dabei Mikroorganismen, Pflanzen, Tiere und auch Menschen. Unter Umwelt sind alle auf die Organismen einwirkenden Faktoren (wie Bodeneigenschaften, Klima, Luft, Licht, Nahrung, Chemikalien u. a.) zu verstehen. Die funktionellen Einheiten aus Organismen und Umwelt werden als *Ökosysteme* bezeichnet. Sie sind räumlich mehr oder weniger gut abgrenzbar, stehen miteinander in Verbindung und bilden zusammen das globale Ökosystem.

Von den verschiedenen Teilgebieten der Ökologie entfaltet vor allem die ganzheitlich orientierte *system*ökologische Forschung einen starken Einfluß auf die ökologische Ökonomie und auch die praktische Umweltpolitik. Sie schließt Erkenntnisse anderer naturwissenschaftlicher Disziplinen (wie Physik, Chemie, Geowissenschaften, Klimaforschung, Medizin, Agrarwissenschaften usw.) ein. Auf Erkenntnisse der systemökologischen Betrachtungsweise stützen sich auch die folgenden Ausführungen.

In Ökosystemen laufen höchst komplexe dynamische Prozesse ab, die u. a. den Energieaustausch, die Entwicklung der Biomasse, die Artenvielfalt und Populationsdichte, das Erscheinungsbild der Landschaft usw. betreffen. Der Mensch greift durch seine wirtschaftlichen (die Produktion und den Konsum von Gütern umfassenden) Aktivitäten in vielfältiger Weise in die Systemgefüge ein, wie dies in Abschnitt 2.2 ausführlich erörtert wurde: Er entnimmt Rohstoffe, widmet dauerhafte Naturgüter für wirtschaftliche Zwecke um und erzeugt Abfälle im weitesten Sinne. Letztlich kann die Wirtschaftstätigkeit, wie in Abschnitt 2.2.3 ausgeführt wurde, als ein Prozeß der Umnutzung sowie der stofflichen und energetischen Umwandlung von Bestandteilen der Ökosysteme angesehen werden, der gravierende Veränderungen in den Systemgefügen beinhaltet (vgl. auch Schubert (Hrsg.) 1991, S. 488 ff.).

Das für die Umweltdiskussion aus ökologischer Sicht entscheidende Problem ist, welche *Arten* von Anpassungsprozessen durch die wirtschaftlich bedingten

Veränderungen hervorgerufen werden. Wichtig ist insbesondere, inwieweit die davon betroffenen Ökosysteme *beständig* sind. Damit ist gemeint, ob sie unter Beibehaltung ihrer wesentlichen Merkmale *dauerhaft* – über Zeiträume von Jahrhunderten und mehr – in gewohnter Weise funktionieren und insbesondere „den ihnen angehörenden Organismen einen verläßlichen Lebenslauf sichern" (Haber 1993, S. 48). Letzteres ist aus anthropozentrischer Sicht von besonderem Interesse, weil auch der Mensch – als einzelner und als Gattung – ein Bestandteil der Ökosysteme ist. Sie bilden seine Lebensgrundlage. Der Mensch ist ihr „Kostgänger" (Markl 1986, S. 7) und deshalb auf Gedeih und Verderb darauf angewiesen, sie in einem ihm zuträglichen Zustand zu erhalten.

Die Erkenntnisse der Ökosystemforschung weisen allgemein darauf hin, daß die Beständigkeit im obigen Sinne keineswegs gewährleistet ist. Überschreiten die Störungen ein kritisches Ausmaß, so kommt es früher oder später zu gravierenden Veränderungen der Lebensbedingungen, die Veränderungen von Populationen einschließlich des Aussterbens von Arten nach sich ziehen können. Besonders bedenklich ist dabei, daß solche Veränderungen wegen der Komplexität der Wirkungsbeziehungen (die u. a. Synergieeffekte umfassen) häufig in nichtlinearer Weise ablaufen. Beispiele wie das Auftreten von Waldsterben oder die Ausdünnung der Ozonschicht führen vor Augen, daß Veränderungen mit erheblichen Zeitverzögerungen und zunächst fast unmerklich vor sich gehen können, um dann sprunghaft zu eskalieren. Für die Umweltpolitik ist ferner bedeutsam, daß viele Veränderungen, selbst wenn ihre Ursachen nachträglich beseitigt werden, irreversibel sind (z. B. das Aussterben von Arten). Aber auch wenn sie reversibel sind, beträgt der Aufwand für die Sanierung in der Regel ein Vielfaches des wirtschaftlichen Gewinnes aus der Verursachung des Schadens. Beispiele dafür bieten u. a. die Wiederaufforstung von versteppten Gebieten oder die Sanierung verseuchter Böden.

Der Mensch ist nach der systemökologischen Betrachtungsweise einerseits ein Bestandteil der Ökosysteme und als solcher den Systemveränderungen unterworfen. Er nimmt andererseits aber auch eine Sonderstellung ein – und dies in zweifacher Hinsicht: *Erstens* beeinflußt er, wie bereits ausgeführt wurde, durch seine wirtschaftlichen Aktivitäten die Ökosysteme in besonders gravierender Weise und kann dadurch Zerstörungen ursprünglicher Strukturen auf regionaler und auch globaler Ebene hervorrufen. Im Gegensatz zu anderen Lebewesen ist er aber, *zweitens*, aufgrund seines Intellekts in der Lage, die Folgen seiner Aktivitäten zumindest im Prinzip zu erkennen. Er hat dadurch die Möglichkeit, die von ihm verursachten und aus seiner Sicht unerwünschten Entwicklungen vorausschauend zu vermeiden. Was aber sind „unerwünschte" Entwicklungen?

Im Gegensatz zur individualistischen Denkweise der Umweltökonomie, die in den vorangehenden Abschnitten angewendet wurde, richtet die systemökologische Betrachtungsweise ihr Augenmerk auf die Lebensbedingungen von *Arten*. Sie pflegt dabei eine *langfristige* – über die Lebensdauer von Individuen hinausgehende – Betrachtungsweise. Speziell auf den Menschen angewandt bedeutet dies, daß die Lebensbedingungen der *Menschheit* auf *lange Sicht* und auch deren Überleben in Frage stehen.

Zwar ist das Aussterben alter und das Entstehen neuer Arten ein Teil der Evolution, der auch der Mensch seine Existenz verdankt. In der vergleichsweise winzigen Zeitspanne der Industrialisierung hat sich die Artenvernichtung und die Zerstörung überkommener Strukturen von Ökosystemen aber ungeheuer beschleunigt. Die Menschheit läuft Gefahr, früher oder später ihre eigenen Lebensgrundlagen zu untergraben. Damit wird u. a. das *Wirtschaftssystem* gefährdet, so daß auch Ökonomen allen Anlaß haben, ökologische Zusammenhänge in ihre Überlegungen einzubeziehen.

Zwar liefert die Ökologie – als reine Naturwissenschaft betrachtet – selbst keinen Maßstab für die Bewertung solcher Vorgänge (vgl. Sachverständigenrat für Umweltfragen 1994, Ziff. 91). Jedoch verbietet die *Umweltethik*, solche Entwicklungen gleichgültig und untätig hinzunehmen. Welche Konsequenzen hieraus zu ziehen sind, wird in Abschnitt 3.2.3 näher erörtert.

2.6.3
Besonderheiten einer ökologischen Wirtschaftswissenschaft

2.6.3.1
Ganzheitliche Betrachtung

Der in der neoklassischen Umweltökonomie übliche methodologische Individualismus hat, wie ausgeführt wurde, analytisch durchaus seine Berechtigung. Problematisch ist daran, daß bei den auf dem Konzept des repräsentativen Wirtschaftssubjekts aufbauenden umweltökonomischen Analysen in der Regel die systemökologischen *Gesamtzusammenhänge* vernachlässigt werden.

Von entscheidender Bedeutung für das Verständnis von Umweltproblemen ist aber, daß der Mensch – nunmehr nicht als Individuum, sondern als *Gattung* verstanden – durch sein Verhalten nicht nur *einzelne* Naturgüter verändert. Vielmehr greift er damit in *Ökosysteme* ein und verändert ihre Strukturen und die darin ablaufenden Prozesse. Da sie eine seiner Lebensgrundlagen bilden, ist er auf Gedeih und Verderb darauf angewiesen, diese Ökosysteme in einem Zustand zu erhalten, der ihm das Überleben – besser noch: ein angenehmes Leben – ermöglicht.

Um diesen unzweifelhaften Tatbeständen gerecht zu werden, kann man durchaus mit den Methoden der neoklassischen Umweltökonomie beginnen und damit partielle anthropogene Einwirkungen auf die natürliche Umwelt und deren unmittelbare Folgen analysieren, wie dies vor allem in Abschnitt 2.5 geschah. Man darf dabei jedoch nicht übersehen, daß damit nur Teilaspekte von umfassenderen Systemzusammenhängen aufgedeckt werden. Um Umweltproblemen gerecht zu werden, bedarf es einer *ganzheitlichen* Betrachtung, welche die in Abschnitt 2.2 aufgezeigten Wechselbeziehungen zwischen menschlichen Lebensgrundlagen, natürlicher Umwelt und Wirtschaftssystem berücksichtigt.

Es ist kaum möglich, diese Wechselbeziehungen in *allen Details* und *umfassend* darzustellen. Zum einen sind nicht alle Zusammenhänge genau bekannt; zum andern würde das zu ihrer Erfassung notwendige komplexe Modell alle praktisch realisierbaren Dimensionen sprengen. Auch Ökonomen ist dieses Komplexitätsproblem, das auch bei der Darstellung ökonomischer Wechselbeziehungen auftritt, bekannt. Sie lösen es, indem sie gleichartige Mikrobeziehungen *aggregieren* und somit – im Rahmen der makroökonomischen Theorie – zu wesentlich übersichtlicheren Darstellungen von Beziehungen auf gesamtwirtschafticher Ebene kommen. Solche Aggregationsverfahren lassen sich auch auf die Beziehungen zwischen Wirtschaftssystem und natürlicher Umwelt anwenden. Einfache Ansätze dieser Art werden im folgenden verwendet.

2.6.3.2
Kollektivguteigenschaften der Umwelt

Bei einer aggregierten Betrachtungsweise wird eine Gesellschaft insgesamt betrachtet. Dabei kann an politische Einheiten (z. B. die Bundesrepublik Deutschland mit ihren Einwohnern) gedacht werden. Im weitesten Sinne kann auch die Menschheit insgesamt als Gesellschaft angesehen werden.

Zur betrachteten Gesellschaft gehört deren *natürliche Umwelt*, bestehend aus einer Vielzahl miteinander vernetzter natürlicher Systeme, die den Lebensraum der Mitglieder der Gesellschaft bilden. Im Rahmen einer aggregierten Betrachtung kann man diese „gesellschaftliche Umwelt" darstellen durch einen Vektor von Merkmalen, welche die betreffende Umwelt zu einem gegebenen Zeitpunkt charakterisieren:

$$U = \left[U_1, \ldots, U_n \right] \tag{2.15}$$

Manche dieser Merkmale sind unveränderlich (wie z. B. die Landfläche). Andere unterliegen Veränderungen, insbesondere solchen Veränderungen, die im Zusammenhang mit wirtschaftlichen Aktivitäten entstehen.

Beispiele für letzere sind die Belastungen von Boden, Luft und Wasser mit Schadstoffen, Bebauung mit Produktions-, Verkehrs- und Wohnanlagen, Artenvielfalt u. ä.

Auch die so beschriebene Umwelt kann – entsprechend der gewohnten ökonomischen Betrachtungsweise – als ein *Gut* (mit vielfältigen Eigenschaften) angesehen werden. Im Gegensatz zu früheren Darlegungen, in denen *einzelne* Naturgüter aus der Perspektive von *einzelnen* Nutzern betrachtet wurden, ist nun eine ganzheitliche Betrachtung angebracht. Damit ändert sich aber auch die Qualität des Gutes „Umwelt". Es wird zu einem *Kollektivgut* in mehrfacher Hinsicht:

1. *Kollektive Nutzung:* Die natürliche Umwelt dient der Gesellschaft *insgesamt*. Alle Mitglieder nutzen sie (wie in Abschnitt 2.2.2 dargelegt wurde) in zweifacher Weise: a) als gemeinsame natürliche Lebensgrundlage und b) im Zusammenhang mit der Produktion und dem Konsum von Wirtschaftsgütern.
2. *Kollektive Beeinflussung:* Der Zustand der gesellschaftlichen Umwelt wird durch die *Gesamtheit* der Umweltbelastungen bestimmt, die bei der kollektiven Nutzung entstehen.
3. *Vererbung zwischen Generationen:* Die natürliche Umwelt geht im jeweiligen Zustand von einer Generation auf die folgende Generation über. Künftige Generationen sind insofern Mitnutzer der Umwelt. Sie können aber nicht bestim-

men, welche Umwelt sie erben. Sie sind insbesondere durch irreversible Schäden betroffen, aber auch durch andere Schäden, die sich nur mit hohem Kostenaufwand beseitigen lassen.

4. *Keine individuelle Gestaltungsmöglichkeit:* Da der Zustand der Umwelt durch die Gesellschaft *insgesamt* bestimmt wird, hat der *einzelne* Angehörige der lebenden Generation darauf keinen merklichen direkten Einfluß. Dadurch wird das in Abschnitt 2.5.4.3 beschriebene Umweltdilemma begründet.

Gestaltungsmöglichkeiten ihrer Umwelt hat die jeweils lebende Generation in ihrer *Gesamtheit*. Aus der Kollektivguteigenschaft der natürlichen Umwelt begründet sich letztlich auch die Notwendigkeit von *staatlicher* Umweltpolitik. Der Staat fungiert hierbei als Sachwalter der Gesellschaft.

2.6.4
Tragekapazität natürlicher Systeme und Nachhaltigkeit

Eine übliche Vorstellung in der Ökologie ist, daß natürliche Systeme eine bestimmte *Tragekapazität* (carrying capacity) aufweisen. Damit ist gemeint, daß diese Systeme bis zu einem gewissen Grade „belastet" werden können, ohne daß sich ihre Funktionsweise wesentlich verändert. „Belastungen" sind hierbei Einwirkungen von außen. In erster Linie handelt es sich dabei um die im Zusammenhang mit *wirtschaftlichen Aktivitäten* entstehenden Belastungen.

Die Vorstellung einer bestimmten Tragekapazität natürlicher Systeme läßt sich vor allem anwenden auf Emissionen verschiedenster Arten, aber auch andere Einflüsse anthropogenen Ursprungs. Sie setzen die natürlichen Systeme unter „Streß", indem sie darin Anpassungs- und Umwandlungsprozesse auslösen. Bleiben die Streßfaktoren in Grenzen, so können die natürlichen Systeme sich anpassen, ohne daß ihre Bestandteile und die gewohnten Abläufe sich wesentlich verändern. Es kommt dabei aber immer auf die *Gesamtheit* der Streßfaktoren an, die auf ein System einwirken. Überschreiten sie eine kritische Grenze – eben die Tragekapazität –, so verändern sich die Prozeßabläufe und die Bestandteile der Systeme merklich, oft sprunghaft und in dramatischer Weise. Häufig sind diese Veränderungen nachteilig für den Menschen.

Als gewohntes Beispiel kann wiederum die Abwassereinleitungen in einen Fluß angeführt werden. Dabei kann eine begrenzte Abwassermenge biologisch umgewandelt („geklärt") werden, ohne daß die Qualität des Flußwassers und die übrigen Bestandteile des natürlichen Systems merklich verändert werden. Überschreiten die Abwassermengen – eventuell im Verbund mit anderen Einwirkungen – eine bestimmte Grenze, kommt es zu Veränderungen wie Eutrophierung, Verminderung des Sauerstoffgehalts, Artensterben u. ä. Im schlimmsten Falle „kippt der Fluß um".

Die menschliche Gesellschaft geht erhebliche Risiken ein, wenn sie die natürlichen Systeme über ihre Tragekapazitäten hinaus belastet. Dabei ist nicht nur an die gerade lebende Generation zu denken, sondern auch an das Schicksal künftiger Generationen. Es drohen Verschlechterungen der Lebensbedingungen, die u. a. Gesundheitsgefährdungen einschließen. Ein ernst zu nehmendes Problem ist dabei, daß die natürlichen Systeme einen hohen Komplexitätsgrad aufweisen, der sich einer wissenschaftlichen Analyse nur unvollständig erschließt. Allgemein bekannt ist aber (wie bereits ausgeführt wurde), daß in solchen Systemen *nichtlineare* und *sprunghafte* Veränderungen auftreten können. Damit ist nicht auszuschließen, daß die Veränderungen ein dramatisches Ausmaß annehmen können, die bis zur Existenzgefährdung für die Menschheit reichen.

Beispiele für nichtlineare und überraschende Veränderungen bilden das Waldsterben und die Zerstörung der stratosphärischen Ozonschicht (Ozonloch). Nicht genau kalkulierbare Risiken enthält der sog. Treibhauseffekt, der u. a. durch CO_2-Emissionen hervorgerufen wird. Die absehbare Folge sind erhebliche Klimaänderungen, über deren Ausmaß und räumliche Verteilung sich die Klimaforscher trotz der Konstruktion aufwendiger Klimamodelle noch nicht einig sind.

Die Menschheit befindet sich in jedem Falle auf der „sicheren" Seite, wenn sie die Grenzen respektiert, die durch die Tragekapazität der natürlichen Systeme gezogen sind. Dies ist auch ein Gedanke, der dem *Nachhaltigkeitsprinzip* unterliegt.

Mit Begründungen und Einzelheiten dieses Prinzips befaßt sich Abschnitt 3.2.3. Im Zusammenhang mit dem Vorangehenden kann aber schon gesagt werden, daß das Nachhaltigkeitsprinzip eben darauf abstellt, Verschlechterungen der natürlichen Lebensgrundlagen zu vermeiden. Gefordert wird eine Wirtschaftsweise, die auf lange Sicht beibehalten werden kann, ohne daß es zu Funktionsstörungen und nachteiligen Veränderungen in den natürlichen Systemen kommt.

Das Lehrbuchbeispiel für eine nachhaltige Wirtschaftsweise bildet eine Waldbewirtschaftung, die nur soviel Holz entnimmt, wie im gleichen Zeitraum nachwächst, und dabei auch andere ökologische Belange (wie Artenvielfalt) berücksichtigt. Die „Tragekapazität" des natürlichen Systems „Wald" bezieht sich hier auf die Einschlagmenge an Holz. Bei Emissionen ist ohne weiteres klar, daß diese die Tragekapazitäten der natürlichen Systeme nicht überschreiten dürfen, um eine Verschlechterung in Gestalt höherer Immissionen und Schadstoffablagerungen zu vermeiden. Für eine ausführlichere Darstellung vgl. Kopetz (1991).

Wenngleich sich schon aufgrund der Komplexität der Wirkungsbeziehungen in der Regel nicht exakt angeben läßt, wo die Tragekapazität natürlicher Systeme liegt, so ist doch einsichtig, daß solche Grenzen der Belastbarkeit bestehen. Für theoretische Überlegungen läßt sich das Belastungsproblem folgendermaßen darstellen: Die Gesamtbelastung (B) ist eine Funktion von nachteiligen Einzelbelastungen $B_1,...,B_n$. Ebenso läßt sich die Tragekapazität (T) als eine Funktion der auf das System einwirkenden Einzelbelastungen darstellen. Eine nachteilige Veränderung wird vermieden, wenn die Gesamtbelastung innerhalb der Tragekapazität bleibt:

$$B(B_1,...,B_n) \le T(B_1,...,B_n) \tag{2.16}$$

Beide Funktionen beruhen auf ökologischen Zusammenhängen und sind somit auf naturwissenschaftlicher Basis zu bestimmen.

Mit Gleichung 2.16 ist die *Bedingung für eine nachhaltige Entwicklung* formuliert. Wird sie *auf Dauer* eingehalten, so kann die betreffende Wirtschaftsweise über beliebige Zeiträume beibehalten werden, ohne daß die natürlichen Systeme nachteilig verändert werden.

Für die umweltpolitische Praxis läuft die Nachhaltigkeitsbedingung darauf hinaus, bestimmte Höchstwerte (Grenzwerte) für die einzelnen Belastungen (B_i^T)

festzulegen, die im Interesse einer nachhaltigen Entwicklung nicht überschritten werden dürfen:

$$B_i \leq B_i^{T}; i = 1,\ldots,n \tag{2.17}$$

In der Praxis birgt die Festlegung von Grenzwerten zahlreiche Probleme und läuft letztlich auf eine politische Entscheidung hinaus (vgl. Fürst 1996, S. 198 ff.). Für die allgemeinen Betrachtungen ist aber vor allem eines wichtig: Da die Tragekapazität durch die Beschaffenheit der natürlichen Systeme in physikalischer, chemischer und biologischer Hinsicht bestimmt ist, können die Grenzwerte nicht beliebig hoch angesetzt werden; und – was für die *dynamische* Betrachtung entscheidend ist: Sie erhöhen sich *nicht* im Zeitablauf, sondern sind im wesentlichen als *Konstanten* aufzufassen, die für eine nachhaltige Entwicklung *auf Dauer* einzuhalten sind. Daraus entstehen schwerwiegende Probleme, die in Abschnitt 2.6.6 angesprochen werden.

2.6.5
Hauptursachen gesellschaftlicher Umweltbelastungen

Im Rahmen einer aggregierten Betrachtungsweise läßt sich vergleichsweise leicht aufzeigen, welche hauptsächlichen Ursachen letztlich für das Ausmaß der gesellschaftlichen Umweltbelastungen maßgeblich sind. Um die formale Darstellung zu vereinfachen, werden die im vorangehenden Abschnitt verwendeten Einzelbelastungen (B_i) zu einem einzigen Belastungsindikator (B) zusammengefaßt. Bei Bedarf läßt sich die folgende Zerlegung aber analog für die Einzelbelastungen durchführen.

Umweltbelastungen entstehen gemäß den Ausführungen in Abschnitt 2.2 hauptsächlich im Zusammenhang mit der Produktion und dem Konsum von Wirtschaftsgütern. Da der Konsum von Wirtschaftsgütern eng mit deren Produktion verknüpft ist, kann die gesamtwirtschaftliche Produktion – etwas vereinfachend – als gemeinsamer Indikator für die wirtschaftlichen Aktivitäten verwendet werden. Es ist damit sinnvoll, die gesellschaftliche Umweltbelastung (B) in Verbindung mit dem Sozialprodukt (Y) darzustellen. Auf tautologische Weise läßt sich folgende Beziehung aufstellen:

$$B = bY = byM \tag{2.18}$$

Die gesellschaftliche Umweltbelastung wird hierdurch auf drei Komponenten zurückgeführt:

– die spezifische Umweltbelastung ($b = B/Y$),
– das Durchschnittseinkommen der Bevölkerung ($y = Y/M$) und
– die Bevölkerungszahl (M).

Unmittelbar anschaulich ist die letzte Komponente. Durch sie wird deutlich, daß die demographische Entwicklung (die in den meisten Ländern durch *eine wachsende* Bevölkerung gekennzeichnet ist) einen entscheidenden Einfluß auf die gesellschaftliche Umweltbelastung hat. Die beiden anderen Komponenten bedürfen einer Interpretation.

Mit der *spezifischen Umweltbelastung* ist anschaulich diejenige Umweltbelastung gemeint, die pro erzeugtem Wirtschaftsgut im Durchschnitt entsteht. Maßgeblich für ihre Höhe sind zum einen die angewendeten *Produktionstechnologien*. Zum andern hängt sie, soweit es die beim Konsum entstehenden Umweltbelastungen angeht, von den Eigenschaften der Produkte selbst ab.

Als ein Beispiel zur Veranschaulichung seien Kühlschränke angeführt. Für die pro Kühlschrank entstehende (güter-)spezifische Umweltbelastung kommt es zunächst auf die bei seiner Produktion entstehenden Belastungen an, u. a. auf die Emissionen und den Energieverbrauch. In der anschließenden Konsumphase ist vor allem der Energieverbrauch von Bedeutung. Bei der Verschrottung spielt eine Rolle, welche Materialien verwendet wurden (z. B. umweltgefährdende Kunststoffe, ozonschädigende FCKW als Kühlmittel).

Ein weiteres Beispiel sind Kraftfahrzeuge. Sie können mit unterschiedlichen Verfahren produziert werden (z. B. mit geschlossener oder offener Lackieranlage). Bei der konsumtiven Verwendung spielt der (von den Unternehmen technologisch festgelegte) durchschnittliche Kraftstoffverbrauch eine wesentliche Rolle. Bei der Verschrottung kommt es wiederum auf die eingesetzten Materialien an (z. B. auf die Anteile und Wiederverwertbarkeit von Kunststoffen).

Das *Durchschnittseinkommen* drückt aus, welche Menge an Wirtschaftsgütern den Angehörigen der betreffenden Gesellschaft pro Kopf zur Verfügung steht. Es wird gemeinhin als ein Indikator für den *materiellen Wohlstand* angesehen, den die Angehörigen der Gesellschaft im Durchschnitt genießen. Hinter dem in den meisten Ländern zu beobachtenden langfristigen Anstieg der Durchschnittseinkommen steht letztlich das Streben nach immer mehr materiellem Wohlstand.

2.6.6
Möglichkeit einer nachhaltigen Entwicklung

Sicher ist, daß ein permanenter Anstieg der gesellschaftlichen Umweltbelastung früher oder später dazu führt, daß die Tragekapaziät der natürlichen Systeme erreicht und überschritten wird. In Teilbereichen sind, wie erörtert wurde, solche Überschreitungen bereits festzustellen. Läuft die Entwicklung der Umweltbelastungen so weiter, wie dies in der Vergangenheit geschah, so werden sich die natürlichen Lebensbedingungen zunehmend verschlechtern, und Umweltkatastrophen werden sich häufen. Die Menschheit läuft Gefahr, ihre Lebensgrundlagen zu zerstören.

Der einzige Weg, einer solchen Entwicklung auf Dauer zu entgehen, besteht darin, die Umweltbelastungen innerhalb der Tragekapazität zu halten. Dies erfordert, daß die Umweltbelastungen spätestens dann, wenn die Tragekapazität (T) erreicht wird, nicht weiter ansteigen. Analog zu Gleichung 2.17 ist die folgende *Bedingung für eine nachhaltige Entwicklung* einzuhalten:

$$B = bY = byM \leq T = const. \tag{2.19}$$

Daraus ergibt sich die spannende und für das Schicksal der Menschheit auf lange Sicht entscheidende Frage, ob die Einhaltung dieser Bedingung überhaupt *möglich* ist. Um sie schärfer zu formulieren, werden statt der in Gleichung 2.19 enthaltenen absoluten Größen deren *Änderungsraten* („Wachstumsraten") verwendet. Sie werden gekennzeichnet durch einen Akzent (^) über der betreffenden Variablen.

Spätestens dann, wenn die Tragekapazität erreicht ist, darf die Umweltbelastung (*B*) nicht weiter ansteigen. Anders gesagt: Die Wachstumsrate der Umweltbelastung darf die Nullgrenze nicht übersteigen. Durch algebraische Umformung von Gleichung 2.19 läßt die Bedingung für nachhaltiges Wachstum dann folgendermaßen darstellen:

$$\hat{B} \approx \hat{b} + \hat{Y} \approx \hat{b} + \hat{y} + \hat{M} \leq 0 \tag{2.20}$$

Die Wachstumsraten der spezifischen Umweltbelastung, des Durchschnittseinkommens und der Bevölkerung dürfen *zusammengenommen* nicht größer als Null sein. Kann diese Bedingung eingehalten werden?

Eine erste Idee ist, ein Nullwachstum der Bevölkerung und des Durchschnittseinkommens anzustreben. Dies ist in der Praxis kaum durchsetzbar. Die Mehrheit der Bevölkerung würde sich einer solch restriktiven Bevölkerungspolitik widersetzen; und sie ist auch schwerlich bereit, auf einen Zuwachs an materiellem Wohlstand zu verzichten. Eine politische Partei, die eine solche Politik zu ihrem Programm erheben würde, hätte auf absehbare Zeit kaum Chancen, auf demokratische Weise an die politische Macht zu gelangen.

Ausgehend von den bisherigen Entwicklungen erscheint es realistisch, auf absehbare Zeit davon auszugehen, daß zwei der in Gleichung 2.20 enthaltenen Größen – die Wachstumsraten der Bevölkerung und des Durchschnittseinkommens – zusammengenommen einen *positiven* Wert haben werden. Soll unter solchen Bedingungen eine nachhaltige Entwicklung realisiert werden, muß die Wachstumsrate der spezifischen Umweltbelastung zum Ausgleich auf *Dauer negativ* sein.

Damit wird Erhebliches gefordert: Es genügt nämlich nicht, die spezifische Umweltbelastung durch irgendwelche Maßnahmen *einmalig* zu reduzieren; vielmehr ist es erforderlich, sie *permanent* – über die Zeit hinweg – zu verringern. Wie diese Aufgabe zu bewältigen ist und welche Konsequenzen damit verbunden sind, wird im folgenden Kapitel über Umweltpolitik erörtert.

2.7
Reviewfragen

1. Womit beschäftigt sich die Umweltökonomie?
2. Welche Bedeutung haben die natürliche Umwelt und die Wirtschaft für den Menschen? Welche Zusammenhänge bestehen zwischen beiden? Welche Probleme treten dabei auf?
3. Was sind externe Effekte? Worin wird ihre Problematik gesehen? Welche Lösungen werden vorgeschlagen?
4. Wie stellt man sich die Lösung von Umweltproblemen durch *Verhandlungen* vor? Welche umweltpolitischen Konsequenzen werden daraus gezogen? Lassen sich Umweltprobleme damit befriedigend lösen?

5. Wie verhalten sich gewinnmaximierende Unternehmen hinsichtlich der Umweltbelastung? Wie reagieren sie auf folgende Maßnahmen der Umweltpolitik: Umweltauflagen, Umweltabgaben, Zertifikatpflicht? Welche betriebswirtschaftlichen Kosten entstehen jeweils, und wie verhalten sie sich zueinander? Was ändert sich, wenn Wirtschaftswachstum und technischer Fortschritt einbezogen werden?

6. Wie läßt sich das Umweltverhalten von Konsumenten mit ökonomischen Methoden darstellen? Wieso verhalten sich viele Konsumenten umweltschädigend, obwohl sie im Prinzip für Umweltschutz eintreten? Wie reagieren Konsumenten auf Maßnahmen der Umweltpolitik?

7. Welche Charakteristika lassen sich für die ökologische Betrachtungsweise anführen? Was bedeutet „Nachhaltigkeit"? Wo bestehen Unterschiede zwischen den Betrachtungsweisen der Ökologie und der traditionellen Umweltökonomie?

8. Welche hauptsächlichen Faktoren bestimmen die Umweltbelastung auf gesellschaftlicher Ebene? Welche Bedingung muß für eine nachhaltige Entwicklung eingehalten werden?

3 Grundlagen der Umweltpolitik

H. Gschwendtner
Institut für Volkswirtschaftslehre und Institut für Umweltstrategien,
Universität Lüneburg

3.1
Einführung

3.1.1
Betätigungsfeld der Umweltpolitik

Im vorangehenden Kapitel „Umweltökonomie" wurde dargelegt, daß die natürliche Umwelt die Lebensgrundlage des Menschen – verstanden als Einzelwesen oder als Gattung – bildet. Er ist deshalb schon im eigenen Interesse darauf angewiesen, sie in einem Zustand zu erhalten, der ihm das Überleben – besser noch: ein angenehmes Leben – ermöglicht. Zu berücksichtigen ist ferner, daß die natürliche Umwelt in ihrem jeweiligen Zustand an die Nachkommen vererbt wird, denen sie ebenfalls als Lebensgrundlage dient.

Dargestellt wurde ferner, daß tiefgreifende Veränderungen der natürlichen Umwelt, soweit sie anthropogenen Ursprungs sind, hauptsächlich durch *wirtschaftliche* Aktivitäten hervorgerufen werden. Letztere führen in vielen Fällen zu Überbelastungen der natürlichen Systeme, die einhergehen mit Verschlechterungen der natürlichen Lebensgrundlagen.

Im Gegensatz zu anderen Spezies ist der Mensch zumindest im Prinzip in der Lage, solche Verschlechterungen vorausschauend zu erkennen und ihre Ursachen zu ermitteln. Er ist – so er nur will – auch in der Lage, sie durch Änderungen seiner Verhaltensweisen zu vermeiden.

Dabei besteht jedoch ein grundsätzliches Problem: Die natürliche Umwelt hat *Kollektivguteigenschaften* (vgl. insbesondere Abschnitt 2.6.3.2). Dies bedeutet u. a., daß ihr Zustand das Ergebnis des Umweltverhaltens der Gesellschaft *insgesamt* ist; der *einzelne* kann – auf sich gestellt – so gut wie nichts daran ändern. Um die natürliche Umwelt in einer gewünschten Weise zu gestalten, ist eine Anpassung des Umweltverhaltens auf *gesellschaftlicher* Ebene notwendig.

Denkbar wäre, daß die Mitglieder der Gesellschaft sich freiwillig einem Kodex für ein umweltgerechtes Verhalten unterwürfen. Darauf setzen (worauf bereits in Abschnitt 2.1.2 hingewiesen wurde) Idealisten, die Umweltprobleme durch Appelle an die Vernunft oder das Gewissen sowie durch Erziehung und Aufklärung lösen wollen. Leider ist es damit aber nicht getan; zu viele Menschen würden sich nicht daran halten.

Aus der gleichen idealistischen Haltung heraus könnte man z. B. auch zu einem friedfertigen Verhalten aufrufen und erziehen, dies in der – vergeblichen – Hoffnung, damit unnötig werdende Institutionen wie Polizei, Gerichte und Armeen abzuschaffen.

Um das Umweltverhalten des überwiegenden Teils der Bevölkerung in hinreichendem Ausmaß zu beeinflussen, bedarf es – neben der Stärkung des Umweltbewußtseins – *wirksamerer* Mittel. Sie werden durch die *Umweltpolitik* bereitgestellt und eingesetzt. Welche Mittel hierfür in Frage kommen und in welcher Weise sie das Umweltverhalten beeinflussen, wurde in den Grundzügen im Kapitel „Umweltökonomie" dargestellt und wird im folgenden weiter zu erörtern sein.

Da die natürliche Umwelt Kollektivguteigenschaften hat, kommt es – wie gesagt – darauf an, das Verhalten der Individuen in ihrer *Gesamtheit* in umweltverträgliche Bahnen zu lenken. Umweltpolitik ist in diesem Sinne ein *gesellschaftliches* Problem. Als hauptsächlicher *Träger* der gesellschaftlichen Umweltpolitik fungiert der *Staat* – dies aus zwei Gründen:

– Er ist, soweit seine maßgeblichen Institutionen (Parlamente und Regierungen) demokratisch gewählt sind, der Sachwalter der gesellschaftlichen Interessen, so auch des Umweltschutzes.
– Nur er verfügt in Gestalt der Gesetzgebungs- und Vollzugsgewalt über die Machtmittel, um die für Umweltschutz notwendigen Beschränkungen oder Verteuerungen umweltbelastender Aktivitäten auf breiter Basis durchzusetzen.

In der Praxis wird die gesellschaftliche Umweltpolitik hauptsächlich durch die Nationalstaaten betrieben. Einen zunehmenden Einfluß gewinnen internationale und supranationale Organisationen, sei es über staatliche Abkommen oder – wie im Falle der Europäischen Union – über eine eigene Gesetzgebungskompetenz. Weitere Institutionen wie nationale oder internationale Verbände können an der Umweltpolitik mitwirken.

Auch *Unternehmen* können Umweltpolitik betreiben – dies aber mit ihren eigenen Zielen und Perspektiven. Damit befaßt sich Teil II dieses Bandes.

3.1.2
Wissenschaftliche Grundlagen der Umweltpolitik

Für die Umweltpolitik stellen sich in grober Abgrenzung zwei Arten von Problemen, die miteinander verknüpft sind:

– Die Umweltpolitik muß *konzipiert* werden.
– Die konzipierte Umweltpolitik muß in der Praxis *exekutiert* werden.

Um Willkür und Ineffizienzen zu vermeiden, ist für beide Probleme eine wissenschaftliche Unterstützung notwendig, die am besten durch interdisziplinäre Zusammenarbeit geleistet wird.

Für die *Konzeption der Umweltpolitik* ist ein Basiswissen über die Fakten und Zusammenhänge notwendig, die für die natürliche Umwelt von Bedeutung sind. Wie schon aus dem vorangehenden Kapitel „Umweltökonomie" hervorgeht, wird dieses Basiswissen durch Naturwissenschaften – speziell die Ökologie – vermittelt, aber auch durch die Umweltökonomie. Die Ökologie ist am besten in der Lage, Bedrohungen der natürlichen Umwelt zu erkennen, ihre Ursachen im naturwissenschaftlichen Bereich aufzudecken und Empfehlungen auszusprechen, was im naturwissenschaftlich-technischen Sinne zu ihrer Vermeidung getan werden sollte. Die Umweltökonomie kann darlegen, wo und mit welchen Instrumenten in die ökonomischen Vorgänge eingegriffen werden kann und soll, die Auslöser der Umweltveränderungen sind. Insofern ergänzen sich Ökologie und Umweltökonomie bei der Konzeption der Umweltpolitik (ausführlicher: Gschwendtner 1999).

Bei der *praktischen Durchführung* der Umweltpolitik tauchen vielfältige Probleme auf. Sie reichen von der Gewinnung der erforderlichen politischen Mehrheiten über naturwissenschaftlich-technische Probleme (wie z. B. die Festlegung von Grenzwerten und Meßverfahren) bis zur organisatorischen und administrativen Umsetzung der Maßnahmen. Stets zu lösen sind dabei juristische und ökonomische Probleme. Letztere betreffen u. a. die Kosten der Umweltschutzmaßnahmen, ihre Wirksamkeit und eventuelle Nebenwirkungen auf andere gesellschaftliche Ziele. Neben den bereits genannten Naturwissenschaften und der Wirtschaftswissenschaft sind weitere Disziplinen wie Rechtswissenschaften, Politologie und Soziologie involviert.

3.1.3
Weitere Vorgehensweise

Im vorliegenden Band geht es, wie der Titel andeutet, vor allem – aber nicht ausschließlich – um *wirtschaftswissenschaftliche* Aspekte. Ferner wird Umweltpolitik im vorliegenden Kapitel, wie schon gesagt wurde, unter *gesellschaftlichem* Blickwinkel erörtert.

Als Grundlage der folgenden Ausführungen dient das vorangehende Kapitel „Umweltökonomie". Dort wurde verdeutlicht, daß Umweltprobleme hauptsächlich durch *ökonomische* Aktivitäten entstehen. Eine wirksame Umweltpolitik muß darauf abstellen, diese ökonomischen Aktivitäten in Bahnen zu lenken, die den umweltpolitischen Zielen entsprechen. Schon daraus läßt sich die Bedeutung der Wirtschaftswissenschaft und speziell der Umweltökonomie für die Umweltpolitik ermessen.

Im folgenden wird davon ausgegangen, daß das *marktwirtschaftlich* organisierte Wirtschaftssystem grundsätzlich beibehalten werden soll. Die vereinzelt erhobene Forderung nach einer „Ökodiktatur" kommt für die umweltpolitische Praxis nicht ernsthaft in Betracht.

Um die geforderte Lenkung innerhalb des marktwirtschaftlichen Systems auf rationale Weise bewältigen zu können, müssen die für Umweltprobleme maßgeblichen *ökonomischen Wirkungsmechanismen* bedacht und in Rechnung gestellt werden; denn alle umweltpolitischen Maßnahmen unterliegen ihnen und entfalten ihre Wirkung über diese Wirkungsmechanismen. Bei der Konzeption der Umweltpolitik ist insbesondere zu bedenken, an welchen Stellen und mit welchen Instrumenten in diese Wirkungsmechanismen eingegriffen werden kann und soll, um die umweltpolitischen Ziele in bestmöglicher Weise zu realisieren. Hierfür liefert die Umweltökonomie das unentbehrliche Basiswissen.

Im folgenden kann nur ein Teil dieses Basiswissens dargestellt werden. Vermittelt werden sollen vor allem die *konzeptionellen Grundlagen* der Umweltpolitik aus volkswirtschaftlicher Sicht, wobei stets die Brücke zur Ökologie geschlagen wird. Bei passender Gelegenheit wird dabei auch auf die umweltpolitische Praxis eingegangen. Vorgegangen wird in folgenden Schritten:

- Als erstes ist über die *normativen Grundlagen*, insbesondere die Ziele der Umweltpolitik zu sprechen. Hierbei ist eine Abstimmung der ökonomischen Belange mit ökologischen und umweltethischen Gesichtspunkten nötig.
- Davon ausgehend wird erörtert, wie die für Umweltbelastungen maßgeblichen Wirkungszusammenhänge (die in den Grundzügen in Abschnitt 2.2 dargestellt wurden) im Sinne der umweltpolitischen Zielsetzung *beeinflußt* werden können.
- Herausgearbeitet wird sodann, mit welchen *Instrumenten* die Umweltpolitik grundsätzlich in die Wirkungszusammenhänge eingreifen kann, wie die Instrumente beschaffen sind und wie sie funktionieren.
- Es ist ein Gebot der Rationalität, die Ziele nicht irgendwie, sondern – wie oben schon erwähnt – in *bestmöglicher* Weise zu realisieren. Dazu wird abschließend untersucht, wie die hauptsächlich eingesetzten Instrumente in dieser Hinsicht zu bewerten sind.

3.2
Normative Grundlagen der Umweltpolitik

3.2.1
Problemstellungen

In der Praxis der staatlichen Umweltpolitik werden die Ziele und Richtlinien der Umweltpolitik vor allem durch Regierungen und Parlamente festgelegt. Die in Abschnitt 3.1.2 genannten Wissenschaften sind aber gefordert, dabei Hilfe zu leisten.

Leider ist nicht *alleine* aufgrund wissenschaftlich objektiver Überlegungen entscheidbar, welche Maximen und Ziele die „richtigen" sind. Notwendigerweise kommen auch bei ihrer wissenschaftlichen Erörterung *subjektive Wertungen* (Werturteile) – mit ins Spiel. Dennoch können die Wissenschaften Wesentliches zur Zielbestimmung beitragen und sogar die Grundlagen dafür erarbeiten. Sie können dazu zweierlei unternehmen:

- Ausgehend von möglichst allgemein akzeptierten gesellschaftlichen Normen können daraus Maximen und Ziele der Umweltpolitik abgeleitet werden. Diese werden damit auf eine breite Basis gestellt.
- Wissenschaften können die Konsequenzen aufzeigen, die mit der Verfolgung oder Mißachtung bestimmter Ziele verbunden sind. Auch damit erleichtern sie unter Umständen einen gesellschaftlichen Konsens.

Die primäre Kernfrage lautet aus wissenschaftlicher Sicht: Nach welchen Normen und mit welchen Zielen *soll* die Umweltpolitik betrieben werden? In zweiter Linie kann die tatsächlich betriebene Umweltpolitik daran gemessen und kritisch kommentiert werden.

Um die Kernfrage in fundierter Weise zu erörtern, ist es notwendig, die Zusammenhänge zwischen Mensch, Wirtschaft und natürlicher Umwelt zu berücksichtigen, die in Abschnitt 2.2 skizziert wurden. Nur so kann in gewissenhafter Abwägung der wesentlichen Zusammenhänge entschieden werden, welche Art von Umweltpolitik verfolgt werden sollte.

Leider begegnet man hinsichtlich der Zielbestimmung einer aus dem Kapitel „Umweltökonomie" bereits bekannten Diskrepanz zwischen der rein ökonomischen und der ökologisch-umweltethischen Betrachtungsweise, die im Interesse einer einheitlichen Fundierung der Umweltpolitik überwunden werden muß. Begonnen wird in diesem Sinne mit dem üblichen ökonomischen Ansatz.

3.2.2
Neoklassischer Kostenansatz

Ein traditioneller und in vielen Lehrbüchern der Umweltökonomie enthaltener Ansatz beruht auf folgenden Prämissen:

- In einer Volkswirtschaft treten physische Umweltschäden (S) auf. Diese verursachen monetär bewertbare Kosten (K_S) (z. B. für Gesundheitsschäden), die positiv mit den physischen Schäden korreliert sind ($K_S = K_S(S)$; $dK_S/dS > 0$).
- Die physischen Umweltschäden lassen sich reduzieren, wenn dafür Kosten aufgewendet werden. Diese ebenfalls monetär ausgedrückten Vermeidungskosten (K_V) sind um so höher, je kleiner die verbleibenden physischen Umweltschäden sind ($K_V = K_V(S)$; $dK_V/dS < 0$).

Die Frage ist, welches Schadensniveau die Gesellschaft anstreben soll. Sie läßt sich nach üblicher neoklassischer Vorgehensweise so lösen: Die Gesamtkosten (K), bestehend aus Schadens- und Vermeidungskosten, sind zu minimieren:

$$K = K_S(S) + K_V(S) \qquad\qquad (3.1)$$
$$ + -$$

Das Plus- bzw. Minuszeichen steht für das Vorzeichen der ersten Ableitung.

Daraus ergibt sich die Bedingung für Kostenmininimierung: Die Grenzkosten der Schäden müssen gleich sein den Grenzkosten der Schadensvermeidung:

$$\frac{dK_S}{dS} = -\frac{dK_V}{dS} \qquad\qquad (3.2)$$

Folgende *Konsequenz* wird daraus gezogen: Eine vollständige Beseitigung der physischen Umweltschäden (S) ist *nicht* sinnvoll. Vielmehr bestimmt sich aus Gleichung 3.2 ein optimales Schadensniveau, das anzustreben ist.

Zum besseren Verständnis wird nochmals das aus Kapitel 2 bekannte Flußbeispiel verwendet: Ein Chemiewerk leitet Abwässer in einen Fluß und verursacht dadurch physische Schäden (S) wie Verschmutzung des Flußwassers, Eutrophierung, Fischsterben usw. Dadurch entstehen an verschiedenen Stellen Kosten ($K(S)$). Dies können u. a. sein: Zusatzkosten bei der Trinkwassergewinnung, Verluste bei der Fischerei oder – so man sie einbeziehen will – (kalkulatorische) Entschädigungen für die Geruchsbelästigung der Anwohner u. ä. Diese Kosten steigen mit dem Ausmaß der Abwassereinleitung und den dadurch verursachten pyhsischen Schäden (S). Auf der anderen Seite entstehen dem Chemiewerk Kosten für die Schadensvermeidung (K_V), die um so höher ausfallen, je mehr pyhsischen Schäden vermieden werden.

Nach dem obigen Ansatz hängt es vom Verlauf der beiden Kostenfunktionen (genauer: von den Grenzkosten) ab, welches Niveau an physischen Schäden (S) optimal ist.

Wie hoch das „optimale" Schadensniveau – und damit auch die Umweltbelastung – ausfällt, ist letztlich eine reine *Kostenfrage*.

Man begegnet hier einem ähnlichen Ansatz, wie er von der paretianischen Umweltökonomie verwendet wird (vgl. Abschnitt 2.4). Statt individuelle Nutzen oder Gewinne zu maximieren, werden nunmehr gesellschaftliche Kosten minimiert.

Auch hier besteht (ähnlich wie bei der Nutzenmaximierung) ein grundsätzliches Problem: wie *weit* der Kostenbegriff gefaßt wird. Insbesondere geht es darum, ob physische Schäden und Kosten, die *nachfolgende Generationen* erleiden, einbezogen werden. Zumindest in der Theorie ist dies möglich. Aber auch dann bleiben Zweifel, ob aufgrund *technischer* Parameter – der Grenzkosten von Schadens- und Vermeidungskosten – über das Ausmaß der Umweltschäden entschieden werden soll.

Der Kostenansatz kann nämlich dazu führen, daß Umweltbelastungen entstehen welche die *Tragekapazität* der natürlichen Systeme übersteigen. Damit kann es – so lange der Kostenansatz befolgt wird – zu einer fortlaufenden Verschlechterung der Umweltqualität kommen, die schließlich in katastrophale Zustände mündet. Auch aus ökonomischen Gründen erscheint es vernünftig, solche Zustände zu vermeiden. Dann aber bleibt langfristig keine andere Wahl, als das *Nachhaltigkeitsprinzip* zu befolgen.

3.2.3
Zielbestimmung nach Ökologie und Umweltethik

3.2.3.1
Das Nachhaltigkeitskonzept als Leitlinie

Die wissenschaftliche Disziplin, die sich mit Normen für das menschliche Handeln befaßt, ist die *Ethik* (oder Moralphilosphie). Sie hat für die hier anstehenden Fragen den speziellen Zweig der *Umweltethik* ausgebildet. Zu unterscheiden sind bei letzterer zwei Grundrichtungen (vgl. Sachverständigenrat für Umweltfragen 1994, S. 53):

- Die *anthropozentrische Umweltethik*, die den Menschen in den Mittelpunkt ihrer Überlegungen und stellt; und
- die *ökozentrische Umweltethik*. Darunter werden verschiedene ethische Richtungen (wie Biozentrik, Physiozentrik) zusammengefaßt, die alles Lebende bzw. die Natur generell in Betracht ziehen.

Es ist nicht nötig, die Feinheiten der jeweiligen Standpunkte zu erörtern, da beide Richtungen letztlich zur gleichen umweltpolitischen Maxime führen.

Im Rahmen der *anthropozentrischen Umweltethik* trägt der Mensch nicht nur Verantwortung für sich selbst, sondern auch für seinesgleichen. Dies gilt für die

Gruppe und Gesellschaft, in der er selbst lebt, aber auch (wie u. a. Jonas (1988) gemäß dem „Prinzip Verantwortung" anmahnt), für *künftige Generationen*. Die gegenwärtige Generation hat „im Sinne einer guten Haushälterschaft den nach ihnen kommenden Generationen vergleichbare Lebenschancen und Voraussetzungen des Wirtschaftens zu hinterlassen." (Bievert u. Held 1994, S. 18). Zu fordern ist also, daß künftige Generationen hinsichtlich ihrer natürlichen Lebensgrundlagen nicht schlechter gestellt werden als die gegenwärtige Generation. Dies ist genau der Gedanke, der sich im *Nachhaltigkeitsprinzip* ausdrückt.

Die *ökozentrische Umweltethik* gesteht der belebten Natur oder der Natur insgesamt ein „Eigenrecht" (eine Art Bestandsgarantie) unabhängig von menschlichen Nutzenüberlegungen zu. Seit jeher ausgeprägt ist dieser Gedanke im Naturschutz. Auch hier wird im Prinzip darauf abgestellt, daß die natürlichen Systeme durch menschliche Aktivitäten nicht beeinträchtigt werden sollten. Dies läßt sich am besten durch Befolgung des Nachhaltigkeitsprinzips sichern.

Neben den durch die Umweltethik begründeten Rechtfertigungen des Nachhaltigkeitsprinzips lassen sich weitere Begründungen anführen, die auf *ökonomischen* Zusammenhängen beruhen. Grundlegend dafür ist der ansatzweise schon im vorangehenden auftauchende Gedanke, daß die Generation der Lebenden die Umwelt zum eigenen – tatsächlichen oder vermeintlichen – Nutzenvorteil ausbeuten kann, dabei aber Verschlechterungen der Lebensbedingungen für die Zukünftigen herbeiführt, die diese voraussichtlich als Nutzeneinbußen auffassen werden; in ökonomischer Kurzdarstellung: Die Lebenden erhöhen ihren Nutzen, indem sie den Zukünftigen negative externe Effekte in Gestalt von Nutzeneinbußen bescheren. Wie ist diese Situation (die im Zusammenhang mit dem Paretokriterium schon erörtert wurde – vgl. Abschnitt 2.4.9) zu beurteilen? Soll oder darf die Gesellschaft ein solches Verhalten dulden?

Eine Antwort läßt sich finden aus allgemeinen Prinzipien. Anzuführen sind das Recht auf Leben und körperliche Unversehrtheit, ferner der Grundsatz der Gleichberechtigung. Zusammengenommen läßt sich daraus folgern, daß die gegenwärtig und künftig Lebenden ein gleiches Recht auf Leben und Unversehrtheit haben. Also können die Zukünftigen von den Gegenwärtigen gleiche natürliche Lebensbedingungen fordern, was auf die Befolgung des Nachhaltigkeitsprinzips hinausläuft.

3.2.3.2
Umsetzung des Nachhaltigkeitsprinzips

Das im vorangehenden begründete Nachhaltigkeitsprinzip findet in zunehmendem Maße Anerkennung für die umweltpolitische Praxis.

So heißt es im Bundesnaturschutzgesetz von 1987, § 1 Abs. 1, daß die Natur und Landschaft „so zu schützen, zu pflegen und zu entwickeln sind, daß 1. die Leistungsfähigkeit des Naturhaushalts, 2. die Nutzungsfähigkeit der Naturgüter, 3. die Pflanzen- und Tierwelt sowie 4. die Vielfalt, Eigenart und Schönheit von Natur und Landschaft als Lebensgrundlagen des Menschen ... nachhaltig gesichert sind."

In dem im Jahre 1994 in das Grundgesetz eingefügte Artikel 20a heißt es: „Der Staat schützt auch in Verantwortung für die künftigen Generationen die natürlichen Lebensgrundlagen ...".

Auf internationaler Ebene fordert die von den Vereinten Nationen im Jahre 1983 beschlossenen *World Charter for Nature:* „Nature shall be respected and its essential processes shall not be impaired"; ferner: „Ecosystems and organisms, as well as the land, marine and atmospheric resources that are utilized by man, shall be managed to achieve and maintain optimum sustainable productivity, but not in such a way as to endanger the integrity of those ecosystems or species with which they coexist." (Zit. nach Burhenne u. Irwin 1983, S. 10.)

Die im Jahre 1992 auf der Konferenz der Vereinten Nationen für Umwelt und Entwicklung in Rio de Janeiro verabschiedete Agenda 21 soll eine nachhaltige Entwicklung fördern und sieht in ihrem Teil II entsprechende Umweltprogramme vor.

In all den politischen Erklärungen erfüllt das Nachhaltigkeitsprinzip die Funktion eines allgemeinen Leitgedankens; konkrete Handlungsanweisungen für die praktische Umweltpolitik müssen daraus erst abgeleitet werden. Dabei stellt sich das Problem, wie denn „Nachhaltigkeit" für die umweltpolitische Praxis zu interpretieren ist.

In der Literatur werden verschiedene Möglichkeiten erörtert, wie das Nachhaltigkeitsprinzip umzusetzen sei (vgl. u. a. Tisdell 1994, S. 131 ff.; Turner 1995; Hanley et al. 1997, Kap. 14). Vorgeschlagen werden Kriterien wie Sicherung des Überlebens der Menschheit, Erhalt ökologischer und ökonomischer Systeme sowie der Artenvielfalt. Intensiv diskutiert wird der (auch im vorangehenden schon angesprochene) Gedanke, auf die intergenerationellen Wohlfahrt abzustellen, wobei der „natürliche Kapitalstock" konstant bleiben soll (vgl. auch Sachverständigenrat für Umweltfragen 1994, S. 79 f.).

Alle Ansätze bergen Probleme. So ist es kaum möglich, die natürlichen Systeme vollständig zu konservieren und in ihren *überkommenen* Strukturen zu erhalten. Dies ist nur partiell – etwa im Rahmen des Naturschutzes – machbar.

Zu beachten ist u. a. der Druck einer wachsenden Bevölkerung auf die natürliche Umwelt, ferner die technologische Entwicklung, die zu neuartigen Belastungen der Umwelt – beispielsweise durch chemische Produkte oder durch Autoabgase – führt. Wollte man alles beim alten lassen, wären – was praktisch unmöglich erscheint – Bevölkerungswachstum und technologische Entwicklung zu stoppen. Die Konsequenz davon wäre, daß die Menschen etwa nach Grundsätzen der (in den USA beheimateten) Religionsgemeinschaft der Amish leben müßten, die konsequent mit der Technologie des 19. Jahrhunderts auskommen und noch Pferdewagen anstelle von Autos und Traktoren nutzen.

Die natürlichen Systeme werden durch anthropogene Einwirkungen, die sich nicht vollständig stoppen lassen, *zwangsläufig* verändert. So unterliegt etwa auch der – wie auch immer gemessene – natürliche Kapitalstock neben quantitativen auch qualitativen Veränderungen. Der Sachverständigenrat für Umweltfragen formuliert eingedenk solcher Probleme folgende Regeln für den Umgang mit der Natur (1994, S. 47 u. 84):

1. *Ressourcenschonung:* Die Nutzung einer Ressource darf nicht größer sein als ihre Regenerationsrate oder die Rate der Substitution all ihrer Funktionen.
2. *Beachtung der Tragekapazität:* Die Freisetzung von Stoffen darf nicht größer sein als die Aufnahmekapazität der Umweltmedien.
3. *Gefahrenvermeidung:* Gefahren und unvertretbare Risiken für die menschliche Gesundheit durch anthropogene Einwirkungen sind zu vermeiden.

Das Musterbeispiel zu Punkt 1 ist die bereits früher erwähnte nachhaltige Waldbewirtschaftung, die nur die jeweils nachwachsende Menge an Holz entnimmt. Zu vermeiden sind z. B. auch Überfischung und Überweidung. Nicht klar ist, was genau mit der Substitution von Funktionen gemeint ist. Ein Problem sind ferner nichtregenerierbare Rohstoffe, die mit ihrer Nutzung zwangsläufig vermindert werden und für die eine Substitution schwerlich in Sicht ist.

Über die Tragekapazität wurde in Abschnitt 2.6.4 gesprochen. Probleme ergeben sich vor allem daraus, daß die Tragekapazität und die Grenzwerte für die einzelnen Belastungen in der Praxis schwer bestimmbar sind.

Daß Gefahren vermieden werden sollen, leuchtet im Grundsatz sofort ein. Gefahren und Risiken lassen sich aber vielfach nicht vermeiden, wenn es etwa um die Anwendung bestimmter Technologien geht, es sei denn, man verzichtet darauf. Die Problematik wird sofort klar, wenn man an die Biotechnologie oder die Kernenergie denkt.

Wenngleich die aufgestellten Kriterien im grundsätzlichen einleuchten, so ist noch keineswegs klar, wie sie in die umweltpolitische Praxis umzusetzen sind. Da sich Umweltveränderungen durch anthropogene Einwirkungen nicht gänzlich vermeiden lassen, läuft die Umsetzung des Nachhaltigkeitsprinzips in der Praxis auf die Frage hinaus: Welche Veränderungen der natürlichen Umwelt sollen im Hinblick auf künftige Generationen zulässig sein, und welche nicht? Darüber muß letztlich auf *politischer Ebene* entschieden werden – dies unter gewissenhafter Abwägung der voraussichtlichen Interessen künftiger Generationen.

3.2.4
Konkretisierung von Umweltzielen

Das im vorangehenden Abschnitt erörterte Nachhaltigkeitsprinzip ist eine allgemeine Leitlinie der Umweltpolitik, die der Konkretisierung bedarf. Sie kann in der Weise erfolgen, daß *umweltpolitische Ziele* vorgegeben werden, die in einem weiteren Schritt in *Maßnahmen* der praktischen Umweltpolitik umgesetzt werden. Die Zielorientierung ist im übrigen eine Vorgehensweise, die in der Umweltpolitik auch unabhängig vom Nachhaltigkeitsprinzip üblich ist.

Legt man die ökologische Sichtweise zugrunde, so besteht die erste Aufgabe der Umweltpolitik in der Festlegung von *Umweltqualitätszielen*. In ihnen drückt sich aus, welcher Zustand der natürlichen Umwelt angestrebt wird.

Als ein frühes Beispiel für Umweltqualitätsziele kann die Luftreinhaltepolitik der USA angeführt werden. Mit der im Jahre 1970 eingeführten Clean Air Act wurden Immissionsstandards für 6 Arten von Schadstoffen festgelegt, die innerhalb einer bestimmten Frist erreicht werden sollten. Weitere Beispiele bieten die vom Ministerrat der EG verabschiedeten Richtlinien über Wasser, die Anforderungen für rund 60 Parameter der Wasserqualität festlegen.

Neben solchen Qualitätszielen findet man in der umweltpolitischen Praxis auch *Mengenziele*. Sie laufen in der Regel darauf hinaus, Umweltbelastungen mengenmäßig zu begrenzen oder um bestimmte Beträge zu reduzieren. Solche Mengenziele implizieren noch keine bestimmte Umweltqualität, sind aber Schritte in Richtung einer Qualitätsverbesserung.

Ein bekanntes Beispiel dafür bieten die im Anschluß an die UN-Konferenzen in Rio de Janeiro (1992) und Kyoto (1997) beschlossenen Verpflichtungen der einzelnen Länder, die CO_2-Emissionen zu reduzieren. So hat sich z. B. Deutschland verpflichtet, seine Emissionen bis zum Jahre 2005 um 20 Prozent gegenüber dem Stand von 1995 zu verringern.

Die von Regierungen formulierten und auch in Gesetzen enthaltenen Ziele haben zunächst den Charakter von Absichtserklärungen, was erreicht werden *soll*. Inwieweit sie tatsächlich erreicht werden, hängt von den getroffenen *Maßnahmen* ab.

Idealerweise sollten die Maßnahmen so konzipiert werden, daß die Qualitätsziele oder zumindest Qualitätsverbesserungen erreicht werden. Welche Möglichkeiten hierfür bestehen und inwieweit sie den Zielen genügen, wird in Abschnitt 3.5 zu erörtern sein.

3.2.5
Regeln für den Vollzug der Umweltpolitik

Neben den Zielen der Umweltpolitik werden die folgenden „Prinzipien" diskutiert, nach denen die Umweltpolitik vorgehen soll: Vorsorge-, Verursacher-, Gemeinlast-, Kooperations- und Schwerpunktprinzip (vgl. u. a. Wicke 1993, S. 150 ff.). Sie beziehen sich auf unterschiedliche Bereiche der Umweltpolitik. Geht man davon aus, daß die Umweltpolitik bestimmte (oben erörterte) Ziele verfolgen will, so handelt es sich bei den „Prinzipien" im Grunde um Regeln, die beim *Vollzug* der Umweltpolitik anzuwenden sind. Zimmermann u. Hansjürgens (1994, S. 9) sprechen von „Gestaltungsprinzipen der Umweltpolitik". Einen Überblick bietet Tabelle 3.1.

Das *Vorsorgeprinzip* ist ein Erbe aus der Frühphase der Umweltpolitik. Es soll sichern, daß die Umweltpolitik *vorbeugend* tätig wird. Umweltschäden sollen vermieden werden, noch *bevor* sie entstehen. Neben der Aufforderung zu vorbeugendem Umweltschutz wendet es sich gegen das Verfahren, Umweltschäden *nachträglich* – nachdem sie eingetreten sind – beheben zu wollen. Abgesehen davon, daß manche Umweltschäden irreversibel sind, verursacht die Beseitigung von eingetretenen Schäden meist ein Mehrfaches an Kosten, die bei vorbeugender Vermeidung entstehen würden.

Beispiele für hohe Sanierungskosten sind: Reinigung von vergifteten Böden, Sanierung undichter Mülldeponien oder Wiederaufforstung versteppter Gebiete.

Geht man vom Nachhaltigkeitsprinzip oder von Qualitätszielen der Umweltpolitik aus, so ergibt sich das Vorsorgeprinzip von selbst. Denn die Umweltpolitik muß im Hinblick darauf stets auch *vorausschauend* tätig sein und Umweltverschlechterungen zu vermeiden trachten.

Nach dem *Verursacherprinzip* sollen die Kosten für die Vermeidung oder die Behebung von Umweltschäden den Verursachern dieser Schäden angelastet werden. Das Prinzip ist insofern von erheblicher Bedeutung, als es angibt, *wo* oder bei *wem* die umweltpolitischen Maßnahmen (wie Auflagen oder Steuern) ansetzen sollen: an der Quelle der Schäden.

Tabelle 3.1. Regeln für den Vollzug der Umweltpolitik

Regel	Angesprochene Probleme
Vorsorgeprinzip	(Künftige) Erfüllung von Umweltqualitätszielen
Verursacherprinzip Gemeinlastprinzip	Ansatzpunkte für Maßnahmen der Umweltpolitik und Anlastung der Kosten von Umweltschutz
Kooperationsprinzip Schwerpunktprinzip	Vorgehen bei der Planung der Umweltpolitik – in politischer Hinsicht – in technischer Hinsicht

Im Gegensatz zu der von Coase konstruierten wechselseitigen Verursacherproblematik (vgl. Abschnitt 2.4.4) ist die Situation hier eindeutig: „Verursacher" ist, wer Schäden an der natürlichen Umwelt im ökologischen Sinne hervorruft.

Das *Gemeinlastprinzip* wird relevant in Fällen, in denen das Verursacherprinzip nicht anwendbar ist oder nicht angewendet werden soll. Zwei Fälle sind zu unterscheiden (vgl. Wicke 1993, S. 156 ff.):

– Das *„herkömmliche" Gemeinlastprinzip*: Hiernach soll die öffentliche Hand Umweltschäden beseitigen und deren Kosten übernehmen, wenn die Verursacher nicht festgestellt werden können, nicht greifbar sind oder akute Notstände zu beseitigen sind.

– Das *Nutznießerprinzip*: Hiernach sollen diejenigen für die Kosten von Umweltschutzmaßnahmen aufkommen, die von diesen Maßnahmen profitieren.

Während die ersatzweise Anwendung des „herkömmlichen" Gemeinlastprinzips ohne weiteres einleuchtet, steht das Nutznießerprinzip im Widerspruch zum Verursacherprinzip, wie es oben verstanden wird. Eine gewisse Logik erhält es im Zusammenhang mit dem wechselseitigen Verursacherbegriff nach Coase.

Ferner kommt es auch darauf an, ob ursprünglich Rechte existierten, die Umweltbelastungen *erlaubten*. Für deren Entzug ist eventuell eine Kompensation durch die Nutznießer der Maßnahme angebracht. Ein praktisches Beispiel dafür bietet der zuerst in Baden-Württemberg eingeführte „Wasserpfennig". Dies ist ein Zuschlag, den Konsumenten von Trinkwasser zu entrichten haben. Der Erlös fließt an Landwirte als Entschädigung dafür, daß sie in Quellgebieten das Ausbringen von Düngemitteln und Pestiziden unterlassen.

Nach dem *Kooperationsprinzip* soll die Regierung bei der Planung von Maßnahmen der Umweltpolitik die betroffenen gesellschaftlichen Gruppen einbeziehen. Dies dient dem Informationsaustausch und – möglicherweise – dem Abbau von Konflikten.

Eine besondere – nicht ganz unproblematische – Rolle spielen dabei Interessenverbände, die ihren oft beträchtlichen Einfluß u. U. zur Verwässerung der ihnen nicht genehmen Umweltschutzvorhaben geltend machen.

Das *Schwerpunktprinzip* besagt, daß Umweltschutzmaßnahmen in technischer Hinsicht dort ansetzen sollen, wo mit dem geringsten Aufwand Erfolge zu realisieren sind. Es läßt sich allgemeiner unter der Forderung nach einer *effizienten Umweltpolitik* einordnen, über deren Grundzüge noch zu sprechen ist.

3.3
Abstimmung ökologischer und ökonomischer Belange

3.3.1
Zielkonflikte

Im vorangehenden Abschnitt ging es um die grundlegenden Zielsetzungen der Umweltpolitik. Überzeugende, aus verschiedenen Blickwinkeln vorgetragene Argumente sprechen dafür, daß die Umweltpolitik sich am Nachhaltigkeitsprinzip orientieren sollte. Diese Normvorstellung wird auch in der umweltpolitischen Praxis mehr und mehr akzeptiert.

Bei aller Überzeugungskraft der Argumente sollte nicht übersehen werden, daß die Zielbegründung *eindimensional* verlief; sie war ausschließlich auf *ökologische* Aspekte abgestellt. Ausschlaggebend war der ethisch untermauerte Gedanke, daß die *natürlichen Lebensgrundlagen* in Gestalt der Biosphäre erhalten werden sollten. Aus Abschnitt 2.2 ist aber bekannt, daß die menschlichen Lebensgrundlagen *zwei* Bereiche umfassen:

- die eben erwähnten *natürlichen* Lebensgrundlagen und
- die für die menschliche Lebenshaltung ebenfalls bedeutsamen *Wirtschaftsgüter*.

Vermutet werden dürfen *Zielkonflikte* zwischen beiden Bereichen. Denn soviel ist klar: Werden Umweltbelastungen begrenzt, so engt dies die ökonomischen Möglichkeiten ein und führt (wie in Abschnitt 2.5.3 dargelegt wurde) insbesondere zu höheren betriebswirtschaftlichen Kosten. Ferner besteht der Verdacht, daß auch die Höhe der gesamtwirtschaftlichen Produktion – und damit die Menge der insgesamt verfügbaren Wirtschaftsgüter – beeinträchtigt wird.

Die Umweltpolitik bewegt sich offenbar in einem *Spannungsfeld* zwischen *ökologischen* und *ökonomischen Belangen*. Es bedarf einer grundsätzlichen Klärung, wie die Umweltpolitik mit Zielkonflikten zwischen ökologischen und ökonomischen Interessen umgehen soll.

Um diese Zielkonflikte darzustellen und ihre Lösung aufzuzeigen, ist das Instrumentarium der ökonomischen Wohlfahrtstheorie hervorragend geeignet. Da Menschen zu ihrer Lebenshaltung sowohl eine ihnen zuträgliche natürliche Umwelt als auch Wirtschaftsgüter benötigen, läßt sich – in ökonomischer Denkweise – sagen: *Beide* stiften *Nutzen*.

Im folgenden wird (in Anlehnung an Abschnitt 2.6.3) auf *gesellschaftlicher* Ebene argumentiert und die natürliche Umwelt dementsprechend als Kollektivgut betrachtet. Der Nutzen (die Wohlfahrt) der Gesellschaft (N) ist nach den vorangehenden Ausführungen um so höher einzustufen,

– je besser die Lebensqualität der natürlichen Umwelt (Q) ist und
– je höher die verfügbare Menge an Wirtschaftsgütern – das Sozialprodukt (Y) –
ist.

Für einen Zeitraum t läßt sich damit die folgende *gesellschaftliche Wohlfahrtsfunktion* aufstellen:

$$N_t = N(\underset{+}{Q_t}, \underset{+}{Y_t}) \tag{3.3}$$

Ideal wäre es für die Gesellschaft, gleichzeitig *beides* – ein möglichst hohes Sozialprodukt *und* eine hervorragende Umweltqualität – zu realisieren. Dem steht jedoch ein produktionstechnischer Zusammenhang entgegen, der in Abschnitt 2.5.3 aufgezeigt wurde. Auf makroökonomischer Ebene läßt er sich so formulieren: Mit einer gegebenen Menge an (gesamt)wirtschaftlichen Inputfaktoren (F) lassen sich innerhalb der Betrachtungsperiode um so mehr Güter produzieren, je mehr Umweltbelastungen (B) dabei in Kauf genommen werden:

$$Y_t = Y_t(\underset{+}{F_t}, \underset{+}{B_t}) \tag{3.4}$$

Unter B_t sind hierbei die innerhalb der Periode t *neu entstehenden* Belastungen (insbesondere Emissionen) zu verstehen. In Anlehnung an Abschnitt 2.6.4 darf davon ausgegangen werden, daß sie bis zu einem gewissen Umfang absorbiert werden können, ohne daß sich die Umweltqualität verschlechtert. Jedoch wird sich die Umweltqualität verschlechtern, wenn die Tragekapazität (T) der natürlichen Systeme überschritten wird ($B_t > T$). Zur Vereinfachung wird angenommen, daß die Qualitätsverschlechterung proportional zur Überschreitung der Tragekapazität ist (mit $q > 0$ als Proportionalitätsfaktor):

$$Q_{t+1} = Q_t - q(B_t - T) \tag{3.5}$$

Die auf den vorangehenden Gleichungen beruhenden und für die Umweltpolitik maßgeblichen Zusammenhänge können in Abbildung 3.1 dargestellt werden. Angenommen wird, daß die Gesellschaft in einer Ausgangsperiode $t = 0$ über einen Bestand an wirtschaftlichen Inputfaktoren in Höhe von F_0 verfügt. Der Einfachheit halber wird unterstellt, daß sie genau an der Grenze der Tragekapazität produziert, also im Punkt P_0. Das Ergebnis ist ein Sozialprodukt in Höhe von Y_0, das auf der nach Gleichung 3.4 bestimmten Isoquante liegt.

Die Frage ist, welchen Weg die betreffende Gesellschaft – ausgehend von der geschilderten Situation – in der Zukunft einschlagen *soll*.

Realistisch ist es, bei der Lösung des Problems zu berücksichtigen, daß *Wirtschaftswachstum* stattfindet. Technischer Fortschritt wird im folgenden vernachlässigt, da er an den Ergebnissen nichts Grundlegendes ändert.

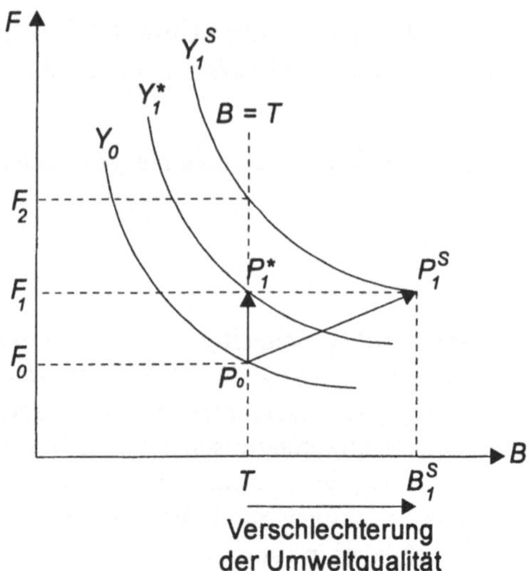

Abb. 3.1. Mögliche Wachstumspfade einer Wirtschaft

Wirtschaftswachstum läßt sich am einfachsten einbeziehen, indem unterstellt wird, daß der Bestand an wirtschaftlichen Produktionsfaktoren (F) im Laufe der Zeit (durch Bevölkerungswachstum und/oder Investitionen in Sachkapital) ansteigt, beispielsweise von F_0 auf F_1. Wird die bisherige Umweltbelastung $B_0 = T$ beibehalten, so kann damit ein Sozialprodukt in Höhe von Y_1^* erstellt werden, entsprechend der durch den Punkt P_1^* verlaufenden Isoquante aus der Produktionsfunktion 3.4.

Es besteht aber auch die Möglichkeit, die Umweltbelastung über die Tragekapazität hinaus zu erhöhen und im Extremfall bis zur Sättigungsmenge (vgl. Abschnitt 2.5.3.4) B_1^S auszudehnen. Erreichbar wird damit eine höhere Isoquante Y_1^S. Allerdings ist damit eine Verschlechterung der Umweltqualität verbunden. Die Schlußfolgerungen gelten auch, wenn technischer Fortschritt einbezogen wird.

Der Konflikt zwischen ökonomischen und ökologischen Zielsetzungen wird durch den Vergleich der beiden Pfade offensichtlich. Für die Konzeption der Umweltpolitik ist entscheidend, welchen Wachstumspfad die Gesellschaft wählen soll.

3.3.2
Wohlfahrtsmaximierung mit ökologischer Nebenbedingung

Nach der ökonomischen Wohlfahrtstheorie kommt es darauf an, die gesellschaftliche Wohlfahrt – hier bestimmt durch Gleichung 3.3 – zu maximieren. Zu klären ist aber noch, über welchen *Zeitraum* dies geschehen soll und welche *Nebenbedingungen* dabei gelten.

Für den Anfang wird eine *kurzfristige Wohlfahrtsmaximierung* unterstellt. Relevant sei – entsprechend Abbildung 3.1 – nur die Periode 1. Möglich sind (beim unterstellten Faktorbestand) Produktionspunkte auf der Waagrechten F_1, speziell die zwischen $P_1{}^*$ und $P_1{}^S$ liegenden Punkte. Sie sind jeweils mit unterschiedlichen Umweltbelastungen $B_1 \geq T$ und entsprechenden Veränderungen der Umweltqualität nach Gleichung 3.5 verbunden.

Welche Kombinaten für die betreffende Gesellschaft wohlfahrtsmaximierend ist, wird durch die Spezifizierung der Wohlfahrtsfunktion bestimmt; genauer: durch die darin ausgedrückte relative Wertschätzung von Umweltqualität (Q) und Wirtschaftsgütern (Y). Die Wohlfahrtsmaxima liegen auf der Waagrechten F_1, wobei folgende Grenzfälle auftreten können:

- Hegt die Gesellschaft eine hohe Präferenz für Umweltqualität, kann $P_1{}^*$ wohlfahrtsmaximierend sein.
- Schätzt sie dagegen vor allem Wirtschaftsgüter und hat sie für Umweltqualität nichts übrig (oder ignoriert sie), so ist für sie $P_1{}^S$ optimal.

Was hier zunächst als Lösung eines abstrakten Problems anmutet, hat einen durchaus *realen Hintergrund*. Um ihn zu erkennen, muß man sich nur folgendes vor Augen halten: Die in einer Periode t entstehende Umweltbelastung – hier: B_t – kann durch die Umweltpolitik reguliert werden. Wie restriktiv die Umweltpolitik vorgeht, hängt von politischen Mehrheiten ab, die wiederum durch das Wählerverhalten bestimmt werden. Votiert die Mehrheit der Bevölkerung gegen einen restriktiven Umweltschutz, so geschieht dies hauptsächlich wegen tatsächlicher oder befürchteter wirtschaftlicher Nachteile. Man kann ein solches Votum daher als Ausdruck einer relativ niedrigen gesellschaftlichen Wertschätzung von Umweltqualität und Höherschätzung von Wirtschaftsgütern werten. Stark verkürzt läßt sich sagen: Jede Gesellschaft realisiert über politische Entscheidungsprozesse die Kombination von Umweltqualität und materiellem Konsum, die sie mehrheitlich wünscht.

Die bisherigen Ausführungen bezogen sich auf eine *kurzfristige* Wohlfahrtsmaximierung. Es ist durchaus wahrscheinlich, daß dies die maßgebliche Perspektive der Bevölkerungsmehrheit ist. Aus wissenschaftlicher und auch aus ethischer Sicht ist die Kurzfristbetrachtung aber unzulänglich; sie muß durch eine *langfristige* Betrachtung ersetzt werden, die sich über Generationen hinweg erstreckt. Hierfür gelten nunmehr andere Bedingungen.

Produktionspunkte im Bereich $B > T$ implizieren Verschlechterung der Umweltqualität. Diese sind für die meisten Umweltbelastungen *kumulativer* Art. Dies bedeutet folgendes: Wenn permanent – über mehrere Perioden hinweg – Produktionspunkte im Bereich rechts von der Grenze der Tragekapazität realisiert werden, kommt es nicht nur zu einmaligen, sondern *fortwährenden* Verschlechterungen der Umweltqualität. Es entstehen auch irreversible Schäden.

Insgesamt wird die sich fortwährend verschlechternde Umweltsituation früher oder später für die dann lebende Generation unerträglich. Sie muß sich – soweit dies noch möglich ist – um die Sanierung der Umweltschäden bemühen. Dadurch kehrt sich der anfänglich (durch umweltbelastende Wirtschaftsweise) erzielte Wachstumsgewinn um in Wachstumsverluste. Maßgeblich für letztere ist der Sanierungsaufwand, der leicht ein Mehrfaches der ursprünglichen Wachstumsgewinne betragen kann. Dennoch verbleibt eine Verschlechterung der Umweltqualität durch irreversible Dauerschäden.

Empirische Untersuchungen im Bereich der Luftverschmutzung zeigen, daß die dadurch entstehenden Schäden bereits heute höher liegen als die Kosten, die für deren Vermeidung aufzuwenden sind; vgl. Wicke (1993, S. 60 ff.). Umweltschutz würde sich in diesem Bereich mithin schon heute wirtschaftlich lohnen.

Als *Ergebnis* läßt sich festhalten: Eine auf Überbelastung der natürlichen Systeme gerichtete Wirtschaftsweise ist *langfristig* – über Generationen hinweg betrachtet – schon aus *ökonomischen* Gründen wenig sinnvoll und daher im Hinblick auf *langfristige* Wohlfahrtsmaximierung abzulehnen. Vor allem aber ist sie, wie in Abschnitt 3.2.3 dargelegt wurde, ethisch nicht zu rechtfertigen. Generationen, die eine umweltbelastende Wirtschaftsweise pflegen, verschaffen sich damit wirtschaftliche Vorteile, die zu Lasten nachfolgender Generationen gehen.

In Anlehnung an Abbildung 3.1 ist folgende Konsequenz zu ziehen: Der Bereich rechts von der Grenze der Tragekapazität (der Senkrechten $B = T$) sollte *tabu* sein. Zulässig ist äußerstenfalls eine Entwicklung *entlang* der kritischen Grenze, z. B. vom Punkt P_0 zum Punkt $P_1{}^*$. Gefordert wird damit nichts anderes als die aus dem vorangehenden bekannte *nachhaltige Entwicklung*. Neu ist, daß diese Entwicklung nun *zweidimensional* (durch Abwägung von ökologischen *und* langfristigen ökonomischen Interessen) und schärfer (durch Anwendung des wohlfahrtstheoretischen Instrumentariums) begründet wird.

Die Lösung dieses Zielkonflikts zwischen ökologischen und ökonomischen Belangen läßt sich im Rahmen des wohlfahrtstheoretischen Ansatzes auch formal darstellen. Nach wie vor ist davon auszugehen, daß die Maximierung der gesellschaftlichen Wohlfahrt an sich ein durchaus vernünftiges und anerkennenswertes Ziel darstellt. Hinzu kommt aber nach dem Vorangehenden die folgende *ökologische Nebenbedingung* (vgl. auch Abschnitt 2.6.4), die ein nachhaltiges Wachstum sichert:

$$B_t \leq T \tag{3.6}$$

3.3.3
Effizienzkriterium

Zur darstellerischen Vereinfachung wird unterstellt, daß die Gesellschaft den in der ökologischen Nebenbedingung vorhandenen Spielraum voll nutzt; d. h. in Gleichung 3.6 gilt das Gleichheitszeichen. Geometrisch entspricht dies in Abbildung 3.1 einer Bewegung auf der Senkrechten $B_t = T$. Dabei bleibt die Umweltqualität (Q) konstant (vgl. Gleichung 3.5), und das Nachhaltigkeitsprinzip wird gewahrt.

Nach wie vor ist es erstrebenswert, daß die Gesellschaft eine Wohlfahrt genießt, die – unter Einhaltung der ökologischen Nebenbedingung – so hoch wie möglich ausfällt. Aus Gleichung 3.3 wird leicht erkennbar, was hierfür zu tun ist: Da die Umweltqualtität eine gegebene Größe ist ($Q_t = T = $ const.), wird die Wohlfahrt maximiert, indem dem das Sozialprodukt (Y_t) dem höchstmöglichen Zeitpfad folgt. Einfacher gesagt: Das – wohlgemerkt: *nachhaltige* – Wirtschaftswachstum soll möglichst hoch ausfallen.

Das Wachstum des Sozialprodukts wird durch eine Vielzahl von – vorwiegend ökonomischen – Faktoren bestimmt, die hier nicht analysiert werden sollen. Anzunehmen ist, daß auch die Art und Weise, wie Umweltpolitik betrieben wird, das Wirtschaftswachstum beeinflußt. Auch hier sind die Zusammenhänge zu komplex, um sie im vorliegenden Beitrag direkt zu analysieren.

Folgender Zusammenhang erscheint aber in hohem Maße plausibel: Grundsätzlich verursacht Umweltschutz, wie insbesondere aus Abschnitt 2.5.3 hervorgeht, einen zusätzlichen Aufwand in Gestalt eines Mehreinsatzes von Produktionsfaktoren, der einher geht mit zusätzlichen betriebs- und volkwirtschaftlichen Kosten. Dieser Zusammenhang kommt auch in Gleichung 3.4 zum Ausdruck und ist maßgeblich für Abbildung 3.1. Um ein möglichst hohes und umweltverträgliches Wachstum des Sozialprodukts zu ermöglichen, kommt es offensichtlich darauf an, die Maßnahmen der Umweltpolitik so zu treffen, daß die gewünschte Reduzierung der Umweltbelastung mit einem möglichst geringen Einsatz an zusätzlichen Produktionsfaktoren und Kosten erreicht wird. Kürzer gesagt: Die Umweltpolitik soll *kosteneffizient* sein.

3.3.4
Zusammenfassende Zielformulierung

Hergeleitet aus dem allgemeinen Ziel einer gesellschaftlichen Wohlfahrtsmaximierung über Generationen hinweg läßt sich die folgende Hierarchie von grundlegenden Zielen formulieren, welche die Umweltpolitik verfolgen *sollte*:

1. Als *Primärziel* soll die Umweltpolitik für die Begrenzung von anthropogenen Umweltbelastungen gemäß dem Nachhaltigkeitsprinzip sorgen.
2. Die Umweltpolitik soll *effizient* sein in der Weise, daß sie ihr Primärziel mit den geringstmöglichen Kosten realisiert.

Welche Umweltbelastungen im Sinne des Nachhaltigkeitsprinzips für zulässig erachtet werden, muß nach Abschnitt 3.2.4 letztlich *politisch* festgelegt werden. Bezeichnet man die in der Periode t entstehende und vereinfachend aggregierte Umweltbelastung mit B_t, den dafür politisch festzulegenden Grenzwert mit B^*, so läßt sich das Primärziel folgendermaßen formulieren:

$$B_t \leq B^* \tag{3.7}$$

Die konsequente Verfolgung des Nachhaltigkeitsprinzips ist, wie aus Abschnitt 2.6.6 hervorgeht, keine leichte Angelegenheit. Die umweltpolitische Praxis ist noch weit davon entfernt. Auch für eine mildere Art von Umweltpolitik ist es in jedem Falle vernünftig, die *Effizienzregel* zu befolgen. Sie wird damit zu einer allgemeinen Zielsetzung jeglicher Umweltpolitik.

Die Formulierung von Zielen der Umweltpolitik ist *eine* Sache; damit ist es aber nicht getan. Weit schwieriger zu lösen ist das Problem, in welcher Weise die Umweltpolitik *agieren* soll, um die angestrebten Ziele zu realisieren.

Die folgenden Abschnitten 3.4 und 3.5 befassen sich mit den Möglichkeiten, das Primärziel zu realisieren. Die Effizienzregel wird in Abschnitt 3.6 einbezogen.

3.4
Maßgebliche Wirkungszusammenhänge

Die Umweltpolitik muß, um ihre Ziele zu realisieren, in ein komplexes Systemgefüge eingreifen, das in Abschnitt 2.2 in Umrissen skizziert wurde. Die Umweltbelastungen, um deren Begrenzung es in Verfolgung des Primärzieles geht, werden in der Hauptsache durch *wirtschaftliche* Aktivitäten hervorgerufen. Also muß die Umweltpolitik versuchen, diese Aktivitäten in Bahnen zu lenken, die dem Primärziel gerecht werden.

Über welche Kanäle die Umweltpolitik in diesem Sinne auf die wirtschaftlichen Aktivitäten einwirken kann, ist überblicksartig und grob skizziert in Abbildung 3.2 dargestellt. Die Ausführungen beziehen sich – wie schon im vorangehenden – auf die gesellschaftliche bzw. makroökonomische Ebene und die damit verbundene gesellschaftliche Umweltbelastung. Die Ausführungen lassen sich bei Bedarf unmittelbar auf einzelne Arten von Umweltbelastungen übertragen.

Auf der obersten Ebene steht als Zielvariable die gesellschaftliche Umweltbelastung (B), die gemäß Gleichung 3.6 begrenzt werden soll. Es ist nach der Formulierung des Primärziels und nach allem, was sonst dazu gesagt wurde, notwendig, die Begrenzung der Umweltbelastung als *langfristiges* und *dynamisches* Problem zu verstehen. Nach Abschnitt 2.6.5 wird die zeitliche Entwicklung der Umweltbelastung durch drei Faktoren bestimmt:

- Bevölkerungswachstum,
- Wachstum des Durchschnittseinkommens und
- Entwicklung der spezifischen Umweltbelastung.

Auf die ersten beiden Faktoren hat die Umweltpolitik so gut wie keinen unmittelbaren Einfluß; sie kommen als Ansatzpunkte der Umweltpolitik kaum in Frage. Somit verbleibt für die Umweltpolitik im wesentlichen nur die Möglichkeit, die *spezifische Umweltbelastung* zu beeinflussen. Sie muß, um das Wachstum der beiden anderen Faktoren zu kompensieren, im Zeitablauf *kontinuierlich verringert* werden.

Zur Erinnerung: Die spezifische Umweltbelastung wurde definiert als diejenige Umweltbelastung, die im Durchschnitt pro Einheit des Sozialprodukts anfällt. Um zu erkennen, auf welche Weise sie gesenkt werden kann, ist es notwendig, die Durchschnittsgröße aufzuschlüsseln.

Betrachtet werden die einzelnen Güterarten i = 1,...., n, aus denen sich das Sozialprodukt zusammensetzt. Die gesamte Umweltbelastung kann (unter Vernachlässigung von Synergieeffekten) dargestellt werden durch die Summe der von den einzelnen Güterarten ausgehenden Belastungen: $B = \Sigma B_i$. Analog zu der auf gesamtwirtschaftlicher Ebene definierten *spezifischen* Umweltbelastung ($b = B/Y$) kann man für die Teilbelastungen eine *güterspezifische* Umweltbelastung definieren ($b_i = B_i/Y_i$). Sie drückt die pro Einheit des Gutes i entstehende Umweltbelastung aus. Y_i ist die produzierte Menge des Gutes, a_i der Anteil an der Gesamtproduktion ($a_i = Y_i/Y$).

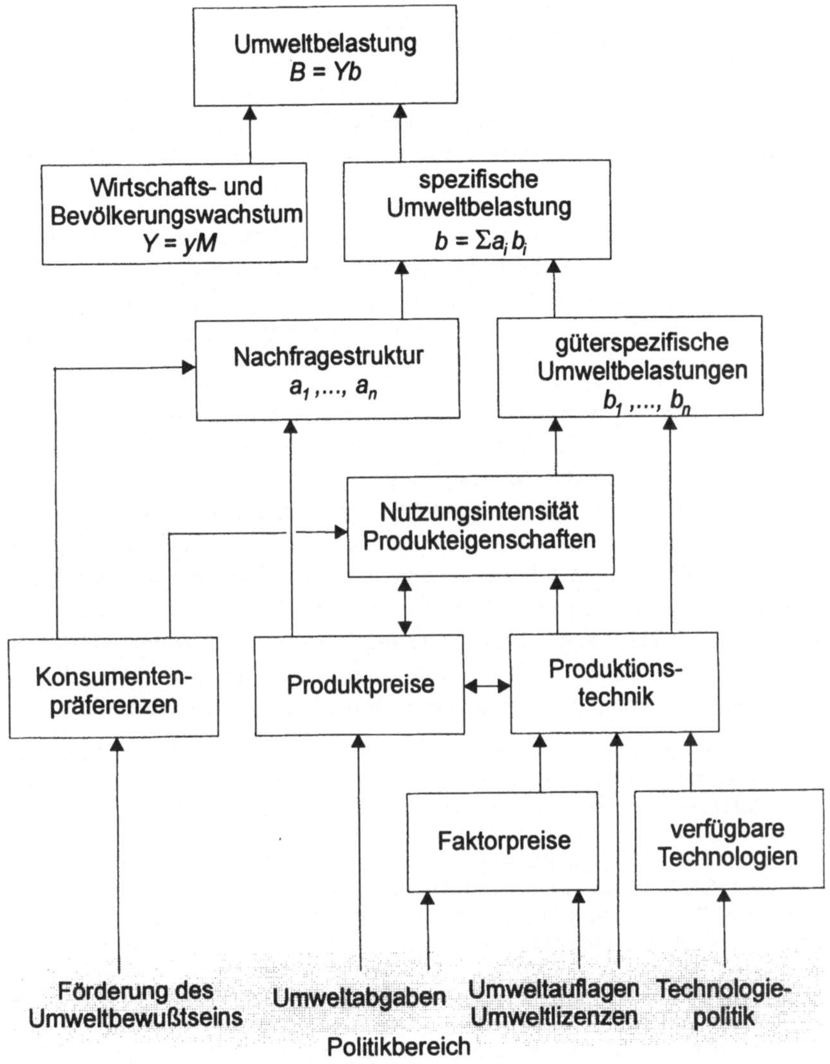

Abb. 3.2. Wirkungsschema zur Umweltpolitik

Damit läßt sich die (gesamtwirtschaftlich geltende) spezifische Umweltbelastung (*b*) darstellen durch die Summe der *güter*spezifischen Umweltbelastungen, wobei die Produktionsanteile der Güter (a_i) als Gewichtung fungieren:

$$b = \frac{B}{Y} = \sum a_i b_i \tag{3.8}$$

Der Sinn dieser Disaggregation wird sogleich deutlich. Um die spezifische Umweltbelastung (*b*) auf gesamtwirtschaftlicher Ebene zu verringern, gibt es nach der Gleichung zwei Möglichkeiten, die am besten kombiniert angewendet werden:

1. Die mit den einzelnen Gütern verbundenen güterspezifischen Umweltbelastungen (b_i) sollten möglichst für alle Güter verringert werden.
2. Die Produktionsanteile (a_i) der besonders umweltschädigenden Güter (d. h. der Güter mit besonders hohen b_i-Werten) sollten verringert werden. Dies läuft auf eine *Substitution* der besonders umweltschädigenden durch umweltfreundlichere Güter hinaus.

Als erstes wird *Punkt 1* näher erörtert. Dazu ist in Erinnerung zu rufen, daß Umweltbelastungen sowohl bei der *Produktion* als auch bei der *konsumtiven Nutzung* der betreffenden Wirtschaftsgüter entstehen. Drei Einflußfaktoren, die alle zur Verringerung der güterspezifischen Umweltbelastung beitragen können, lassen sich unterscheiden:

– *Produktionstechnik:* Gemeint ist damit die Art der Produktionsprozesse im weitesten Sinne, also Produktionstechnologie einschließlich der eingesetzten Rohstoffe und der direkten Naturnutzung.
– *Produkteigenschaften:* Die hergestellten Wirtschaftsgüter werden während ihrer Lebensdauer konsumtiv genutzt, und sie werden am Ende zu Abfall. Welche Umweltbelastungen dabei entstehen, hängt von ihren Eigenschaften ab: Sie können mehr oder weniger umweltbelastend sein.
– *Nutzungsintensität:* Längerlebige Konsumgüter (wie z. B. Autos) können während ihrer Lebensdauer häufiger oder weniger häufig genutzt werden. Pro Konsumgut entstehen dann jeweils höhere oder niedrigere Umweltbelastungen.

Das Gesagte läßt sich an Beispielen verdeutlichen. Ein erstes Beispiel bilden Kühlschränke. Für die pro Kühlschrank entstehende güterspezifische Umweltbelastung kommt es zunächst auf die bei seiner Produktion entstehenden Belastungen an, u. a. auf dabei entstehende Emissionen und den Energieverbrauch. Bei der anschließenden Konsumphase ist vor allem der Energieverbrauch von Bedeutung. Bei der Verschrottung spielt eine Rolle, welche Materialien verwendet wurden (z. B. umweltgefährdende Kunststoffe, ozonschädigende FCKW als Kühlmittel).

Ein weiteres Beispiel sind Kraftfahrzeuge. Sie können mit unterschiedlichen Verfahren produziert werden (z. B. mit geschlossener oder offener Lackieranlage). Bei der konsumtiven Verwendung spielt der (von den Unternehmen techologisch festgelegte) durchschnittliche Kraftstoffverbrauch eine wesentliche Rolle. Es kommt aber auch entscheidend darauf an, wie häufig ein Auto benutzt wird. Bei der Verschrottung kommt es wiederum auf die eingesetzten Materialien an (z. B. auf die Anteile und Wiederverwertbarkeit von Kunststoffen).

Zahlreiche Möglichkeiten zur Reduzierung güterspezifischer Umweltbelastungen werden dargestellt in einem Buch von Weizsäcker, Lovis u. Lovis (1995). Die Autoren sprechen von einem „Faktor vier" und meinen damit, daß sich ein doppelter Wohlstand mit dem halber Naturverbrauch erreichen läßt. Reduzierungsmöglichkeiten im betrieblichen Bereich werden auch angesprochen von Wicke (1994, S. 86 ff.).

Um Einflußmöglichkeiten der Umweltpolitik auf die oben genannten Größen zu ergründen, ist von Bedeutung, *wer* über sie entscheidet und welche *Motive* dabei maßgeblich sind.

Die *Produktionstechnik* wird selbstverständlich von den produzierenden *Unternehmen* festgelegt. Von Bedeutung ist zunächst, welche Technologien überhaupt *verfügbar* sind. Dies ändert sich im Laufe der Zeit durch den *technischen Fortschritt*, auf den später noch einzugehen ist (vgl. dazu auch die Ausführungen in Abschnitt 2.5.3.8). Aus einer Reihe verfügbarer Technologien wählen Unternehmen für gewöhnlich die *kostenminimierende* Technologie aus. Eine wesentliche Rolle spielen dabei, wie in der Abbildung 3.2 festgehalten ist, die (relativen) *Preise der Produktionsfaktoren*, die bei den einzelnen Technologien jeweils einzusetzen sind.

Die *Produkteigenschaften* werden im Produktionsprozeß festgelegt, und somit entscheiden auch hier faktisch die Unternehmen. Sie sind hierbei aber nicht völlig autonom, sondern müssen Rücksicht auf die Präferenzen ihrer potenziellen Kunden nehmen; denn die produzierten Wirtschaftsgüter müssen am Markt *abgesetzt* werden. Neben den Präferenzen der Konsumenten spielen dabei die Produktpreise eine Rolle, die ihrerseits durch die Faktorpreise und die Produktionstechnik beeinflußt werden (s. Abbildung 3.2).

Für die *Nutzungsintensität* der Güter dürften in erster Linie die Gewohnheiten der betreffenden Konsumenten maßgeblich sein, die sich unter den Begriff der Konsumentenpräferenzen einordnen lassen. Ein Beispiel dafür ist die Häufigkeit der Nutzung eines vorhandenen Autos.

Zu erörtern bleibt der oben angeführte *Punkt 2*, der die Produktionsanteile (a_i) der einzelnen Wirtschaftsgüter an der Gesamtproduktion betrifft. Über diese Anteile entscheiden letztlich die Konsumenten. Produziert werden von den Unternehmen auf Dauer nur diejenigen Güter, die auch *Nachfrage* finden, und dies nur in den jeweils nachgefragten Mengen. Kurz gesagt: Die *Konsumenten* bestimmen über ihr aggregiertes Konsumverhalten die Produktionsanteile. Wenn sie in größerem Umfang Wirtschaftsgüter mit hohen b_i-Werten nachfragen, erhalten diese Güter im Rahmen der Gesamtproduktion ein hohes Gewicht (a_i). Dies trägt nach Gleichung 3.8 zu einer hohen spezifischen Umweltbelastung auf gesamtwirtschaftlicher Ebene bei. Umgekehrt kann bei einer verstärkten Nachfrage von Gütern mit niedrigen b_i-Werten die spezifische Umweltbelastung insgesamt gesenkt werden.

Maßgeblich für die Zusammensetzung der von den einzelnen Konsumenten nachgefragten Warenkörbe sind nach der mikroökonomischen Theorie zwei Dinge: die jeweiligen *Präferenzen* der Konsumenten und die *Produktpreise*, zu denen die einzelnen Wirtschaftsgüter angeboten werden.

Die erörterten und in Abbildung 3.2 im gesamtwirtschaftlichen Wirkungszusammenhang dargestellten Einflußgrößen sind aus der Sicht der Umweltpolitik intermediäre Variablen, die es im gewünschten Sinne zu beeinflussen gilt, um das an oberster Stelle stehende Ziel – Begrenzung von Umweltbelastungen – zu realisieren. Die hauptsächlichen Möglichkeiten, mit denen diese Einflußnahme erfolgen kann, sind im unteren Teil der Graphik – dem *Politikbereich* – angedeutet. Sie werden im folgenden Abschnitt erörtert.

3.5
Ansatzmöglichkeiten und Instrumente der Umweltpolitik

3.5.1
Förderung des Umweltbewußtseins

Ökonomen gehen im Rahmen ihrer Modelle gewöhnlich von *gegebenen* individuellen Präferenzen und Nutzenfunktionen aus. Darauf beruhen wiederum die Optimierungskalküle, die zu bestimmten Handlungs- und Reaktionsweisen der Invididuen führen. Abgeleitet wurden solche Verhaltensweisen in Abschnitt 2.5 auch bezüglich der natürlichen Umwelt.

Die Annahme *gegebener* Nutzenfunktionen ist zur Darstellung vieler Probleme angemessen und nützlich. Darüber sollte aber nicht vergessen werden, daß Präferenzstrukturen und mithin Nutzenfunktionen von Individuen *wandelbar* sind. Das beste Beispiel dafür liefert die Werbung, die es gerade darauf anlegt, Präferenzen zugunsten eines beworbenen Wirtschaftsgutes zu verändern.

Die Wandelbarkeit der Präferenzstrukturen kann auch durch die *Umweltpolitik* genutzt werden. Da es die Präferenzstrukturen sind, die – neben den äußeren Umständen (wie herrschende Güterpreise) – die Handlungen der Individuen bestimmen, kann und soll die Umweltpolitik diese Präferenzstrukturen in Richtung auf ein *umweltschonendes Verhalten* verändern. Eine solche Veränderung ist letztlich auch gemeint, wenn gefordert wird, das *Umweltbewußtsein* zu erhöhen.

Zu denken ist grundsätzlich an die *Umwelterziehung*, ferner an *Aufklärung* über umweltrelevante Zusammenhänge und die Folgen eines umweltschädigenden Verhaltens. Der Staat kann hier über die von ihm getragenen Bildungsrichtungen tätig werden. Aber auch Massenmedien können zur Förderung des Umweltbewußtseins beitragen.

In Abbildung 3.2 wurde skizziert, über welche Zusammenhänge ein verstärktes Umweltbewußtsein auf das oben stehende Ziel – die Begrenzung von Umweltbelastungen – wirkt. Zum einen wird die gesamtwirtschaftliche Nachfragestruktur in günstiger Weise verändert, indem die umweltbewußten Konsumenten die Wirtschaftsgüter mit hohen spezifischen Umweltbelastungen tendenziell meiden und durch umweltfreundlichere Produkte substituieren. Zum andern kann die Nutzungsintensität von besonders umweltbelastenden Gütern verringert werden.

Beispiele für Substitutionsvorgänge sind: der Kauf von wasserverdünnbaren anstelle der stärker lösungsmittelhaltigen und umweltbelastenderen Lackfarben; die Nutzung öffentlicher Verkehrsmittel anstelle des eigenen Autos. Zu beachten ist, daß die Substitution bei höherem Umweltbewußtsein trotz eines höheren Preises (für wasserverdünnbare Lacke) oder Inkaufnahme von Unbequemlichkeiten (bei Verzicht auf das eigene Auto) erfolgen kann. Ein Beispiel für die Verringerung von Nutzungsintensitäten liegt vor, wenn auf unnötige Autofahrten verzichtet wird.

Die Stärkung des Umweltbewußtseins ist noch bedeutsam in einem anderen Zusammenhang: Es bestimmt auch das Verhalten bei *politischen Wahlen*. Wahlergebnisse entscheiden wiederum darüber, ob sich die notwendigen politischen Mehrheiten für eine wirksame staatliche Umweltpolitik finden. Erkennbar wird, daß ein hohes Umweltbewußtsein in breiten Schichten der Bevölkerung die entscheidende Voraussetzung dafür bildet, daß eine wirksame Umweltpolitik überhaupt zustande kommt.

3.5.2
Ordnungspolitik

Die Handlungen der Menschen spielen sich innerhalb eines gesellschaftlichen Rahmens ab, der durch Regeln und Institutionen bestimmt wird. Ökonomen sprechen für ihren Bereich von der Wirtschafts*ordnung*. Ebenso besteht ein solcher Rahmen auch für das Umweltverhalten. Da die Rahmenbedingungen weitgehend durch die staatliche Ordnungspolitik gestaltet werden können, kann der Staat darüber auch das Umweltverhalten beeinflussen.

Regeln für den Umgang mit der Umwelt setzt der Staat hauptsächlich durch die *Rechtsordnung*. Die ausführliche Darstellung dieses Bereichs bietet der Band „Umweltrecht".

Hinzuweisen ist zunächst auf das allgemeine Recht. Zu erwähnen ist hier das *Eigentumsrecht*. Es bestimmt u. a., in welchem Umfang die Eigentümer Naturgüter (z. B. Grundstücke) nutzen dürfen und welche Beeinträchtigungen anderer (z. B. durch Emissionen) dabei zulässig sind. Größte Bedeutung hat selbstverständlich das *Umweltrecht*. Es kommt dabei zunächst auf die Rechtsvorschriften an, die den Umgang mit der Umwelt unmittelbar regeln. Darüber hinaus müssen diese Vorschriften aber auch durchsetzbar sein. Dabei spielen das *Umwelthaftungsrecht*, das *Klagerecht* und schließlich das *Umweltstrafrecht* eine entscheidende Rolle.

In der umweltpolitischen Praxis sind *Umweltauflagen* das bedeutsamste ordnungspolitische Instrument. Es handelt sich hierbei um *Rechtsvorschriften*, die Ge- oder Verbote hinsichtlich der Nutzung der natürlichen Umwelt beinhalten. Ihre Grundlage bilden also die vom Staat verabschiedeten Gesetze einschließlich der Ausführungsbestimmungen und der darauf beruhenden behördlichen Anordnungen.

Umweltauflagen können in vielen Formen bestehen (vgl. u. a. Tischler 1994, S. 159 ff.). Sie laufen im allgemeinen auf *Beschränkungen* im Umgang mit der Natur hinaus. Aus umweltökonomischer Perspektive kommt es – unbeschadet der Einzelheiten der rechts- und verwaltungstechnischen Umsetzung – vor allem darauf an, in welcher Weise diese Beschränkungen bei den Adressaten – Unternehmen und/oder privaten Haushalten – *wirksam* werden. Zu unterscheiden sind in dieser Hinsicht:

– *Absolute Begrenzungen* von Umweltbelastungen („Mengenbegrenzungen"): Hierbei werden *absolute* Werte für Umweltbelastungen festgesetzt, die nicht überschritten werden dürfen. Sie können für *einzelne* Adressaten festgelegt werden (*Einzelauflage*) oder als gemeinsam von mehreren Adressaten zu erfüllende Auflage (*gemeinsame Auflage*). Als ein Spezialfall absoluter Begrenzungen können *Verbote* aufgefaßt werden; hier sind die betreffenden Umweltbelastungen auf *Null* begrenzt.

– *Relative Begrenzungen* von Umweltbelastungen: Sie finden sich in der Praxis vor allem als *Prozeß*- und *Produktvorschriften*. Begrenzt werden Umweltbelastungen *in Relation* zu bestimmten wirtschaftlichen Aktivitäten.

Absolute Begrenzungen (Mengenbegrenzungen) können z. B. in der Form erfolgen, daß die Genehmigungsbehörde bei einer Produktionsanlage vorschreibt, daß die Emissionen an SO_2 usw. bestimmte absolute Mengen (x Tonnen pro Jahr) nicht übersteigen dürfen. Der Grenzwert ist unabhängig von der Höhe der Produktion einzuhalten.

Bei gemeinsam erfüllbaren Mengenbegrenzungen kann z. B. den in einem Gebiet ansässigen Unternehmen die Wahl gelassen werden, entweder Einzelauflagen zu erfüllen, oder einen für das gesamte Gebiet festgesetzten Grenzwert *gemeinsam* zu erfüllen. Solche Möglichkeiten sind in der Praxis durch die Luftreinhaltepolitik der USA eingeführt worden.

In der politischen Praxis (insbesondere in Deutschland) findet man statt der absoluten Begrenzungen viel häufiger *relative Begrenzungen* von Umweltbelastungen. Beispiele bietet die Technische Anleitung zur Reinhaltung der Luft (TA-Luft). Sie enthält u. a. für die Genehmigung von Neuanlagen Vorschriften, welche die Masse der emittierten Stoffe begrenzt, dies aber bezogen auf den Abgasstrom sowie die eingesetzten Inputfaktoren oder die Produktionshöhe.

Mit relativen Begrenzungen ist ein Problem verbunden: Auch wenn die entsprechenden Auflagen eingehalten werden, können die Umweltbelastungen im Laufe der Zeit ansteigen. Dies ist vor allem der Fall, wenn sich die Produktion der betreffenden Wirtschaftsgüter erhöht, was im Zuge des allgemeinen Wirtschaftswachstums im Durchschnitt zu erwarten ist.

Neben den Normen, die durch die Rechtsordnung gesetzt werden, haben *Institutionen* eine nicht zu unterschätzende Bedeutung für den Umweltschutz. Sie fungieren als Anwälte oder Sachwalter von Umweltbelangen. Zu denken ist zunächst an staatliche Institutionen. Auf oberster Ebene kommt es sehr wohl darauf an, ob ein eigenes Umweltministerium besteht oder ob Umweltbelange in einer Unterabteilung eines Ministeriums angesiedelt sind, das ganz andere Interessen vorrangig verfolgt. Auf mittlerer und unterer Ebene ist von Bedeutung, ob eigene Behörden mit entsprechender personeller und sachlicher Ausstattung bestehen.

Ein gutes Beispiel bietet die im Jahre 1970 eingeleitete Luftreinhaltepolitik in den USA. Sie ging einher mit der Gründung der *Environmental Protection Agency* (EPA), der letztlich die Verfolgung und Durchsetzung der Luftreinhaltepolitik – zum Teil gegen politische Widerstände – zu verdanken ist. In der Bundesrepublik wurden im Jahre 1986 das *Bundesministerium für Umwelt, Naturschutz und Reaktorsicherheit* (BMU) gegründet, dem ein wesentlicher Teil der vorher in verschiedenen Ministerien angesiedelten Umweltaufgaben übertragen wurde. Von Bedeutung ist auch das seit 1974 bestehende *Umweltbundesamt,* das für die wissenschaftliche Beratung des BMU zuständig ist, selbst keine Entscheidungskompetenz besitzt, aber den Umweltschutz verschiedentlich öffentlich angemahnt hat. Ein wichtiges Beratungsgremium der Bundesregierung ist *Der Rat von Sachverständigen für Umweltfragen*, der sich aus 12 Wissenschaftlern verschiedener Fachgebiete zusammensetzt. Einzelheiten zur institutionellen Ordnung des Umweltschutzes in Deutschland siehe Wicke (1993, S. 173 ff.).

Neben staatlichen Institutionen existieren *politische Parteien* und *Umweltverbände*, die sich dem Umweltschutz in besonderer Weise verschreiben. Sie sind wichtig für die Förderung des Umweltbewußtseins und die politische Durchsetzung von Umweltschutz. Von staatlicher Seite können Umweltverbände durch Subventionen gefördert werden.

Umweltinformationen sind zum einen notwendig für die Beurteilung der Umweltsituation und -entwicklung (vgl. Lichtenecker 1994). Sie lassen bestehende oder entstehende Umweltprobleme erkennen und begründen den umweltpolitischen Handlungsbedarf. Zum andern spielen Informationen auch eine Rolle für das Umweltverhalten von Konsumenten.

Informationen zur Umweltsituation werden z. B. gewonnen durch Messungen von Schadstoff-immissionen oder der Ozondichte, ferner durch Zählungen von geschädigten Bäumen (im Zusammenhang mit dem „Waldsterben").

Umweltbewußte Konsumenten benötigen, um sich umweltfreundlich entscheiden zu können, Informationen über die umweltrelevanten Eigenschaften von Produkten und über ihre Herstellungsverfahren. Sie werden für die Mehrzahl der Produkte nur spärlich vermittelt durch Umweltzeichen (wie „Blauer Engel"), die zudem häufig fehlinterpretiert werden. Manche Unternehmen, die „Ökoprodukte" vertreiben, werben gezielt damit. Ein Problem dabei ist die von den Konsumenten oft schwer zu beurteilende Glaubwürdigkeit dieser Unternehmen. Eine Möglichkeit, die hier Abhilfe schaffen kann, ist die Ausstellung von Zeugnissen (*Zertifizierung*) über umweltschonendes Verhalten durch Verbände oder staatliche Organisationen.

3.5.3
Umweltabgaben

Umweltabgaben sind Zahlungen an den Staat, die zwangsweise anfallen im Zusammenhang mit besonders umweltbelastenden Aktivitäten. Zusammengefaßt werden unter diesem Begriff mehrere Erhebungsformen: „Ökosteuern", Beiträge, Gebühren und Sonderabgaben (vgl. Abschnitt 2.5.3.6). Sie unterscheiden sich hinsichtlich der Verwendung beim Staat, nicht aber hinsichtlich der im folgenden untersuchten Wirkung bei den Betroffenen.

Ökosteuern sind nicht zweckgebunden und dienen allgemein zur Finanzierung des Staatshaushalts. Umweltbeiträge sollen zur Finanzierung allgemeiner Umweltaufgaben verwendet werden, Sonderabgaben zur Finanzierung spezieller Umweltaufgaben (vgl. Dickertmann 1993, S. 41). Als Einnahmeart hinzufügen lassen sich Gebühren, die bei Inanspruchnahme bestimmter staatlicher Leistungen anfallen (Beispiel: kommunale Abwassergebühr). Für Beispiele von Abgaben aus der Praxis vgl. Michaelis 1996, S. 60 ff.

Grundsätzlich können Umweltabgaben aus staatlicher Sicht zwei sich überschneidende Zwecke erfüllen: Sie bilden eine Einnahmequelle, erfüllen also einen fiskalischen Zweck; ferner entfalten sie (bei ausreichender Höhe) eine Lenkungswirkung. Letztere kann für die Ziele der Umweltpolitik eingesetzt werden.

Der Grundgedanke für die Entfaltung der Lenkungswirkung ist folgender: Die in besonderem Maße umweltschädigenden Aktivitäten werden durch Umweltabgaben mit einem Preis versehen (bei freien Gütern) bzw. verteuert. Dies veranlaßt die von der Abgabe Betroffenen im allgemeinen zur Einschränkung dieser Aktivitäten und führt so zur Verminderung von Umweltbelastungen. Die Anpassung von Konsumenten und Unternehmen an Abgaben wurde in den Abschnitten 2.5.3.6 und 2.5.4.4 ausführlich dargestellt.

Was die Bemessungsgrundlagen – umweltschädigende Aktivitäten – angeht, so lassen sich diese auf verschiedenen Ebenen lokalisieren und mit Abgaben belegen. Zahlungspflichtig können – je nach Konstruktion der Abgabe – sowohl Unternehmen als auch private Haushalte sein, wobei Überwälzungsprozesse stattfinden können. Als Anknüpfungspunkte von Abgaben kommen in Frage:

– Emissionen, die in der Regel umweltschädigend sind;
– besonders umweltschädigende Wirtschaftsgüter;

– besonders umweltbelastende Inputfaktoren und
– umweltbelastende Aktivitäten im Konsumbereich.

Ein Beispiel für die Belegung von Emissionen mit (mäßigen) Abgaben bietet das deutsche Abwasserabgabengesetz. Als ein Beispiel für umweltschädigende Wirtschaftsgüter können Mineralölprodukte angeführt werden. Die darauf erhobene Mineralölsteuer dient zwar in erster Linie fiskalischen Zwecken, entfaltet aber auch eine Lenkungswirkung. Dabei ist zu beachten, daß die Steuer aus steuertechnischen Gründen zwar bei den *Unternehmen* erhoben wird, aber im Zuge von Überwälzungen auch die Konsumenten betrifft. Das gleiche gilt für die in Deutschland neu eingeführte Steuer auf Energieverbrauch. Beide Steuern betreffen sowohl den Endverbrauch von Wirtschaftsgütern als auch die Inputseite der Unternehmen. Weitere Beispiele aus der Praxis der Umweltabgaben finden sich in OECD (1997).

Eines der seltenen Beispiele für Lenkungsabgaben, die bei Haushalten erhoben werden, bietet die erhöhte Steuer auf Autos, die nicht mit Katalysatoren ausgerüstet sind. Denkbar wären auch andere Abgaben wie Autobahnbenutzungsgebühren für PKW oder (über die betriebswirtschaftliche Kostendeckung hinaus erhöhte) Abwasser- und Müllgebühren.

3.5.4
Umweltzertifikate

Was Umweltzertifikate (Umweltlizenzen) sind und wie sie wirken, wurde bereits in Abschnitt 2.5.3.6 beschrieben. Im vorliegenden Abschnitt sind einige Details nachzutragen.

Zuvor sei an die grundlegende Funktionsweise erinnert. Bei der Zertifikatpolitik sind Umweltbelastungen nur in dem Ausmaße zulässig, in dem die betreffenden Verursacher besondere Rechte vorweisen können. Diese werden vom Staat in Form von handelbaren Umweltzertifikaten vergeben.

Man kann sich Zertifikate bildlich vorstellen als Erlaubnisscheine, auf denen das Recht verbrieft ist, daß der Inhaber die Umwelt in einem bestimmten Umfang belasten darf (z. B. eine bestimmte Menge eines Schadstoffes emittieren darf). Diese Erlaubnisscheine können wie Wertpapiere gehandelt werden. Sie verkörpern insofern einen Wert, als der Inhaber die Kosten für technische Maßnahmen der Schadstoffbeseitigung spart. In abstrakterer Form sieht die Zertifikatlösung so aus, daß die Emissionsrechte nur buchmäßig (bei der zuständigen Behörde) geführt werden, aber ebenso handelbar sind.

Mit der Zertifikatpolitik sind aus der Sicht der Umweltpolitik besondere Vorteile verbunden. Weil der *Staat* die Emissionsrechte vergibt, kann er die *Gesamtmengen* an einzelnen Schadstoffen exakt und im voraus bestimmen, die von den einzelnen Schadstoffen auf seinem Herrschaftsgebiet emittiert werden dürfen. Er muß nur die Stückelung und die Anzahl der Zertifikate entsprechend festlegen. Damit sind Zertifikate ein verwaltungstechnisch besonders einfaches und elegantes Verfahren, absolute Mengenziele der gesellschaftlichen Umweltbelastung festzulegen.

Möglich sind dabei auch noch Verfeinerungen: Die Gültigkeit der Zertifikate kann räumlich begrenzt werden. Damit kann die Umweltbelastung auch *gebietsweise* reguliert werden. Die Gültigkeit der Zertifikate kann ferner zeitlich begrenzt werden; oder sie können schrittweise entwertet werden. Beides ermöglicht, wenn dies beabsichtigt wird, eine Reduzierung der gesellschaftlichen Umweltbelastungen im Laufe der Zeit.

Bei der *Erstvergabe* von Zertifikaten durch den Staat sind folgende Verfahren möglich:

- *Kostenlose Zuteilung:* Der Staat vergibt die Zertifikate kostenlos in der Regel an die bisherigen Emittenten (meist Unternehmen). Um die bisherige Gesamtbelastung zu verringern, muß er dabei Quotierungen vornehmen.
- *Verkauf zu einem festgesetzten Preis:* Hierbei besteht das prinzipielle Problem, daß die – preisabhängige – Zertifikatnachfrage nicht im voraus bekannt ist. Entweder bedient der Staat die vorhandene Nachfrage; dann muß er auf Mengenfestsetzung verzichten. Oder er fixiert die Zertifikatmenge; dann muß er bei Übernachfrage die Zuteilung rationieren.
- *Versteigerung:* Sie ist gegenüber der Preissetzung das elegantere Verfahren. Im Idealfall geben die Interessenten Preis-Mengen-Gebote ab, und der Staat setzt einen Gleichgewichtspreis fest, bei dem genau das festgelegte Mengenkontingent nachgefragt wird.

Unabhängig davon, welches Verfahren bei der Erstvergabe angewendet wird, wird sich später – so die Theorie – ein *Markt für Zertifikate* entwickeln, den man sich wie eine Wertpapierbörse vorstellen kann. Als Nachfrager nach Zertifikaten fungieren Unternehmen, die Betriebe neu gründen oder erweitern wollen und dafür (zusätzliche) Zertifikate benötigen. Als Anbieter kommen Unternehmen in Frage, für die es gewinnbringend ist, technische Vermeidungsmaßnahmen durchzuführen und die dann nicht mehr benötigten Zertifikate an der Börse zu verkaufen.

Auch die bei der Erstvergabe kostenlos zugeteilten Zertifikate verkörpern einen erheblichen ökonomischen Wert. Dieser ergibt sich fürs erste daraus, daß den Inhabern die Kosten für technische Maßnahmen zur Emissionsreduzierung erspart bleiben. Später bestimmt sich der Wert durch den Preis, der sich auf dem Zertifikatmarkt bildet. Die kostenlose Zuteilung (englisch: grandfathering) kommt deshalb einem Geschenk gleich. Zu berücksichtigen ist dabei allerdings, daß die „Beschenkten" in der Regel die natürliche Umwelt bereits vor Einführung der Zertifikatpflicht als freies Gut genutzt haben. Bedenklich ist, wenn der Staat sich beim „grandfathering" an der bisherigen Umweltbelastung orientiert; dann werden Unternehmen mit besonders hoher Umweltbelastung dafür noch belohnt.

In der theoretischen Betrachtung erscheinen Zertifikate zumindest im Hinblick auf die *Allokation* von Produktionsfaktoren und Umweltbelastungen ideal:

- Der Staat ist in der Lage, die für zulässig erachtete Gesamtbelastung der natürlichen Umwelt über die Zertifikatmenge exakt vorzugeben.
- Über den am Zertifikatmarkt gebildeten Zertifikatpreis vollzieht sich folgende Anpassung: Technische Maßnahmen zur Vermeidung von Umweltbelastungen werden durchgeführt, soweit deren Grenzkosten niedriger sind als der Zertifikatpreis (vgl. Abschnitt 2.5.3.6). Damit wird die Reduzierung der Umweltbelastung auf eine höchst effiziente Weise – mit den geringsten gesamtwirtschaftlichen Kosten – durchgesetzt.

In der Praxis sind gegenüber der theoretischen Darstellung allerdings Abstriche nötig. Von grundsätzlicher Bedeutung ist, daß Unternehmen ihre Produktionsmethoden und damit auch das Emissionsniveau nicht von heute auf morgen ändern können. Um Emissionen technisch zu verringern, sind *Investitionen* in Sachkapital nötig. Zu berücksichtigen ist dabei, daß Unternehmen die einmal vorgenommenen Investitionen kaum rückgängig machen können, also für eine längere Zeit daran gebunden sind. Hinzu kommen gegenüber der obigen (statischen) Betrachtungsweise zwei weitere Probleme: Die Produktion der Unternehmen ändert sich mit der Zeit; und es gibt technischen Fortschritt, der auch die Möglichkeiten der Reduzierung von Umweltbelastungen umfaßt.

Die Unternehmen stehen hinsichtlich der Optimierung der Emissionen vor dem Problem, die künftige Entwicklung folgender Faktoren zu prognostizieren: Zertifikatpreis, Absatzmenge und technischer Fortschritt. Die Entwicklung des (im Gegensatz zur obigen Annahme nicht bekannten) künftigen Zertifikatpreises hängt von den künftigen Überschußangeboten und -nachfragen und damit von den möglicherweise fehlerhaften Erwartungen *aller* Unternehmen ab. Dadurch kann es bei den einzelnen Unternehmen zu technischen Anpassungen der Umweltbelastungen kommen, die sich im Nachhinein als fehlerhaft erweisen.

Ein grundsätzliches Problemen bei der Zertifikatpolitik ist, daß die Unternehmen ein sogenanntes *strategisches Verhalten* praktizieren können. Gemeint ist im vorliegenden Zusammenhang, daß sie Konkurrenten aus ihrem Absatzmarkt heraushalten oder verdrängen wollen. Die Möglichkeit besteht vor allem beim Zuteilungsmodell, indem die mit Zertifikaten bedachten Unternehmen den Konkurrenten die benötigten Zertifikate unter allen Umständen vorenthalten.

3.6
Vergleich von Auflagen, Abgaben und Zertifikaten

3.6.1
Vorgehensweise

Von den im vorangehenden Abschnitt angeführten Handlungsmöglichkeiten der Umweltpolitik sind aus umweltökonomischer Sicht vor allem drei Instrumente von besonderem Interesse: (Umwelt-)Auflagen, (Umwelt-)Abgaben und (Umwelt-)Zertifikate. Mit ihnen lassen sich Begrenzungen von Umweltbelastungen *wirksam* durchsetzen. Es sind deshalb auch die genannten Instrumente, auf die sich die praktische Umweltpolitik hauptsächlich verlassen muß. Ihre Anwendung schließt nicht aus, daß daneben weitere Instrumente eingesetzt werden und daß vor allem das Umweltbewußtsein gefördert wird.

Die drei Hauptinstrumente stehen in einer Art Konkurrenzverhältnis, erlauben sie doch gleichermaßen die Reduzierung von Umweltbelastungen. Die umweltpolitische Praxis setzt in Deutschland seit jeher auf Auflagen; Umweltabgaben werden erst allmählich und zögerlich eingeführt, und Zertifikate existieren (anders als in den USA) nicht. Dagegen herrscht in der Umweltökonomie ein weitgehender Konsens, daß Auflagen ineffizient bei Verfolgung von Reduzierungszielen seien. Betont werden vor allem die Vorzüge von Zertifikaten.

Um die Vorzüge und Nachteile der Instrumente zu beurteilen, werden die in Abschnitt 3.3.4 zusammenfassend formulierten Ziele verwendet. Es kommt hiernach auf zweierlei an:

- *Zielsicherheit:* Durch den Einsatz der Instrumente soll das Primärziel erreicht werden, die Umweltbelastungen auf einen vorgegebenen Höchstwert ($B_t \leq B^*$) zu begrenzen.
- *Effizienz:* Die Instrumente sollen *effizient* sein in dem Sinne, daß das Primärziel zu geringstmöglichen Kosten erreicht wird.

Primär betroffen sind durch den Einsatz der genannten Instrumente vor allem die *Unternehmen.* Die folgenden Ausführungen konzentrieren sich deshalb (wie üblich) auf diesen Bereich. Um einen Vergleich der Instrumente in fundierter Weise vornehmen zu können, kommt man nicht darum herum, die Reaktionen der Unternehmen auf ihren Einsatz zu betrachten. Dabei können Ergebnisse aus Abschnitt 2.5.3 benutzt werden. Die dort angestellten *einzelwirtschaftlichen* Analysen müssen allerdings um *gesamtwirtschaftliche* Betrachtungen ergänzt werden.

3.6.2
Einzel- und gesamtwirtschaftliche Allokationseffekte

Als erstes soll untersucht werden, in welcher Weise es mit den genannten Instrumenten gelingt, das Primärziel einer Begrenzung der *gesamten* Umweltbelastungen auf der Ebene der Unternehmen durchzusetzen. Die Darstellung gibt zugleich Aufschluß über die Zielsicherheit der Instrumente.

Es genügt, exemplarisch lediglich zwei Unternehmen – Unternehmen 1 und 2 – mit unterschiedlichen Produktionsfunktionen zu betrachten; die dabei erzielten Ergebnisse lassen sich auf die gesamtwirtschaftliche Ebene übertragen.

Unterstellt werden bis auf weiteres *vorgegebene* Produktionsniveaus: Unternehmen 1 produziert die Menge x_1, Unternehmen 2 die Menge x_2. Durch die Umweltpolitik soll erreicht werden, daß die von den Unternehmen ausgehende Umweltbelastung (B_1 bzw. B_2) *zusammengenommen* den Wert B^* nicht überschreitet. Zu erörtern ist, wie dieses Ziel mit den genannten Instrumenten realisiert werden kann und wie sie dabei im gegenseitigen Vergleich abschneiden.

Die produktionstechnische Situation der Unternehmen wird mit Hilfe von Abbildung 3.3 folgendermaßen dargestellt:

- Für Unternehmen 1 gilt der obere Teil der Abbildung. Wie aus Abschnitt 2.5.3 bekannt ist, wird auf der Abszisse die vom Unternehmen ausgehende Umweltbelastung (B_1), auf der Ordinate die Faktoreinsatzmenge (f_1) abgetragen. Die Produktionsmöglichkeiten für die Menge x_1 sind durch die entsprechende Isoquante dargestellt.
- Für Unternehmen 2 wird dieselbe Abszisse benutzt. Jedoch wird die von ihm ausgehende Umweltbelastung (B_2) nach *links* abgetragen. Der Nullpunkt wird so festgelegt, daß die Strecke zwischen den Nullpunkten beider Unternehmen (0_1 bzw. 0_2) der insgesamt zulässigen Umweltbelastung B^* entspricht. Die Faktoreinsatzmenge des Unternehmens (f_2) wird nach *unten* abgetragen. Die für

das Unternehmen geltende Isoquante x_2 ist folglich spiegelbildlich zu x_1 gezeichnet.

Durch die Darstellungsweise ist gewährleistet, daß alle zwischen den beiden Nullpunkten liegenden Punkte die umweltpolitische Zielvorgabe $B_1 + B_2 = B^*$ erfüllen.

Des weiteren werden die betriebswirtschaftlichen Kostenfunktionen beider Unternehmen benötigt. Wie in Abschnitt 2.5.3 wird der Preis der Produktionsfaktoren als Recheneinheit verwendet ($p_f = 1$). Die Kosten für die Unternehmen (K_1 bzw. K_2) sind (vgl. Gleichung 2.8):

$$K_1 = f_1 + p_B B_1$$
$$K_2 = f_2 + p_B B_2; \qquad B_2 = B^* - B_1 \tag{3.9}$$

Der für Umweltbelastungen zu entrichtende Preis (p_B) ist für die einzelnen Instrumente noch zu bestimmen; bei Einzelauflagen entfällt er ($p_B = 0$). Für die geometrische Darstellung werden Isokostenlinien benötigt, die sich durch Umformung von Gleichung 3.9 ergeben:

$$f_1 = K_1 - p_B B_1$$
$$f_2 = K_2 - p_B B_2 \tag{3.10}$$

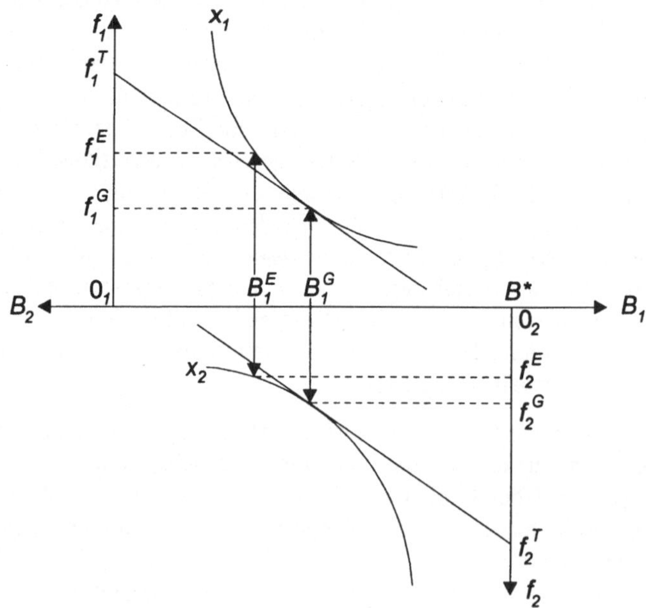

Abb. 3.3. Umweltschutzkosten für zwei Unternehmen

Anhand der Abbildung kann nunmehr die Wirkung der einzelnen Instrumente analysiert werden. Die Ergebnisse werden zur besseren Orientierung in Tabelle 3.2 zusammengefaßt.

Einzelauflage: Jedem Unternehmen wird eine verbindliche Beschränkung der von ihm ausgehenden Umweltbelastung verordnet. Für Unternehmen 1 ist der Grenzwert B_1^E maßgeblich, der auf der Abszisse (vom 0_1 ausgehend) eingezeichnet ist. Für Unternehmen 2 gilt der (ergänzende) Grenzwert $B_2^E = B^* - B_1^E$. Da für die zulässige Umweltbelastung keine Kosten anfallen ($p_B = 0$), entstehen den Unternehmen nur Produktionskosten in Höhe der eingesetzten Faktormengen f_1^E bzw. f_2^E. Die Kosten für beide Unternehmen zusammen ($f^E = f_1^E + f_2^E$) sind geometrisch durch den senkrechten Abstand der beiden Isoquanten über B_1^E dargestellt.

Gemeinsame Auflage: Den Unternehmen wird die Wahl gelassen, entweder die geschilderten Einzelauflagen zu erfüllen oder sich darauf zu einigen, gemeinsam die zulässige Gesamtbelastung B^* einzuhalten. Zur Einigung besteht ein Anreiz, weil die Gesamtkosten bei B_1^G ein Minimum aufweisen; sie sind dort geringer als für die Erfüllung der Einzelauflagen. Die Unternehmen werden sich im theoretischen Idealfall darauf einigen, daß Unternehmen 1 die Belastung gegenüber der Einzelauflage auf B_1^G ausdehnt und Unternehmen 2 sie entsprechend einschränkt. Die Produktionskosten sinken dadurch für Unternehmen von f_1^E auf f_1^G; für Unternehmen 2 steigen sie von f_2^E auf f_2^G. Als Ausgleich leistet Unternehmen 1 an Unternehmen 2 eine Zahlung in Höhe von p_B $(B_1^G - B_1^E)$. In der Klammer steht die zwischen den Unternehmen „verschobene" Umweltbelastung; p_B ist durch die produktionstechnischen Grenzkosten bei B_1^G bestimmt, geometrisch dargestellt durch die übereinstimmenden Steigungen der Tangenten an die beiden Isoquanten. Beide Unternehmen stellen sich durch diese Einigung gegenüber den Einzelauflagen besser.

Der Vorteil der gemeinsamen Lösung ergibt sich letztlich daraus, daß damit eine Ersparnis der *Gesamt*kosten erzielt wird, die beide Unternehmen unter sich aufteilen. Die Lösung ist aber nicht zu verwechseln mit der paretianischen Verhandlungslösung nach Abschnitt 2.4.4. Dort geht es um individuelle Gewinn- und Nutzenmaximierung, hier um die kosteneffiziente Erfüllung einer vorgegebenen Höchstbelastung der Umwelt.

Unentgeltlich zugeteilte Zertifikate: Auch hier haben die Unternehmen einen Anreiz, das Minimum der Gesamtkosten bei B_1^G zu realisieren. Die Überlegungen verlaufen analog zur gemeinsamen Auflage. Der einzige Unterschied besteht darin, daß die Verschiebung der Belastung nunmehr begleitet wird durch die Übergabe von Zertifikaten. Unternehmen 1 kauft von Unternehmen 2 die dort nicht benötigten Zertifikate zum Preis p_B, der wiederum durch die produktionstechnischen Grenzkosten bestimmt ist.

Entgeltliche Zertifikate: Zugrunde gelegt wird eine Versteigerung der Zertifikate bei der Erstausgabe. Das Kontingent in Höhe von B^* teilt sich von Anfang an so zwischen den Unternehmen auf, daß – wie im vorangehenden – die produktionstechnischen Grenzkosten gleich dem Zertifikatpreis sind. Unternehmen 1 realisiert die Umweltbelastung B_1^G, Unternehmen 2 die Restbelastung. Zu den Produktionskosten kommt für beide Unternehmen der Kaufpreis für die Zertifikate ($p_B B_1^G$) bzw. $p_B(B^* - B_1^G)$ hinzu, der nunmehr an den *Staat* abzuführen ist.

Abgabe: Auszugehen ist davon, daß der Staat einen einheitlichen (für alle Unternehmen geltenden) Abgabensatz pro Belastungseinheit festlegt. Die Unternehmen vermeiden Umweltbelastungen auf technische Weise, soweit die dafür aufzuwendenden Grenzkosten nicht höher sind als der Abgabensatz. Bezogen auf Abbildung 3.3 legt der Staat den Abgabensatz im Idealfall so fest, daß die Isokostenlinien die dortige Steigung aufweisen. Nur unter dieser Bedingung wird genau die vorgegebene Gesamtbelastung B^* erreicht. Dieser optimale Abgabensatz ist identisch mit dem bei einer Versteigerung entstehenden Zertifikatpreis. Die Übereinstimmung ist nicht verwunderlich, weil die Umweltbelastung in beiden Fällen über den Preis der Umweltbelastung (p_B) reguliert wird. Auch die Zahlungen an den Staat (bestehend aus Steuern bzw. dem Preis der entgeltlichen Zertifikate) stimmen überein.

Zur Abgabenlösung ist noch etwas hinzuzufügen. Es ist recht unwahrscheinlich, daß der ideale Abgabensatz realisiert wird. Zu bedenken ist dabei auch, daß es die Umweltpolitik nicht nur mit zwei, sondern mit *vielen* Unternehmen zu tun hat.

Anhand von Abbildung 3.3 kann überlegt werden, was passiert, wenn beispielsweise ein höherer als der ideale Abgabensatz angewendet wird. Die beiden Isokostenlinien verlaufen – immer noch parallel zueinander – steiler; sie verdrehen sich entlang der jeweiligen Isokostenlinie. Beide Unternehmen reduzieren ihre Umweltbelastung stärker als im Idealfall. Sie erfüllen (indem sie unterschiedliche Punkte auf der Abszisse realisieren) auch nicht mehr die Ausgangsbedingung, daß die Umweltbelastung zusammen B^* betragen soll. Im vorliegenden Falle wird mehr reduziert als notwendig, wobei auch höhere Kosten als im Idealfall entstehen. Bei einem zu niedrigem Steuersatz ist alles umgekehrt.

Aus den vorangehenden Darstellungen wird erkennbar, daß die genannten Instrumente hinsichtlich ihrer ökologischen *Zielsicherheit* in zwei Gruppen zerfallen:

– Bei Einzelauflagen kann der Staat die Grenzwerte für die einzelnen Unternehmen so festlegen, daß ihre Summe den gesamtwirtschaftlichen Grenzwert B^* nicht überschreitet. Bei Gesamtauflagen kann er den gesamtwirtschaftlichen Grenzwert unmittelbar festlegen. Gleiches gilt für beide Formen der Zertifikate, bei denen die Kontingente vorgegeben werden können.

– Bei Abgaben lassen sich die Umweltbelastungen zwar prinzipiell über die Höhe des Abgabensatzes steuern; es ist jedoch nicht a priori bekannt, welche Gesamtbelastung bei einem bestimmten Abgabensatz entstehen wird.

3.6.3
Einzel- und gesamtwirtschaftliche Kosten

Im Zusammenhang mit den im vorangehenden Abschnitt geschilderten Anpassungsvorgängen wurde zum Teil schon auf die mit den einzelnen Instrumenten verbundenen Kosten hingewiesen. Die Kosten sind entscheidend dafür, inwieweit die einzelnen Instrumente der Forderung genügen, die gesetzten umweltpolitischen Ziele auf *effiziente* Weise zu erreichen. Um darüber Klarheit zu gewinnen, werden die entstehenden einzel- und gesamtwirtschaftlichen Kosten im folgenden auf systematische Weise verglichen.

Die wesentlichen Aussagen sind in Tabelle 3.2 zusammengefaßt. Unterschieden wird hierbei zwischen den bei den Unternehmen anfallenden *betriebswirtschaftlichen* Kosten und den *aggregierten* Kosten. Letztere lassen sich verallgemeinernd als *gesamtwirtschaftlichen* Kosten auffassen, mit denen der Unternehmenssektor insgesamt durch den Instrumenteneinsatz belastet wird.

In der ersten Zeile sind die Kosten der *Einzelauflagen* enthalten. Es entstehen *nur* Produktionskosten, deren Höhe durch Abbildung 3.3 in Verbindung mit Gleichung 3.9 veranschaulicht wird. Wegen $p_B = 0$ sind sie für die Unternehmen bestimmt durch den Faktoreinsatz f_1^E und f_2^E. Die Gesamtkosten $f^E = f_1^E + f_2^E$ bestimmen sich geometrisch durch den senkrechten Abstand der Isoquanten bei B_1^E.

Diese Kosten sind selbstverständlich höher als im Falle einer Laisser-faire-Politik, bei der die Umweltbelastungen nicht begrenzt werden; vgl. dazu insbesondere Abschnitt 2.5.3.5. Dieser Unterschied steht im folgenden aber nicht zur Debatte. Vielmehr sollen die Kosten, die beim Einsatz *unterschiedlicher* Instrumente entstehen, unter gleichen Bedingungen – hier: Beschränkung der Gesamtbelastung auf B^* – verglichen werden.

Die beiden folgenden „reallokierenden" Instrumente – Gesamtauflage und unentgeltlich zugeteilte Zertifikate – führen zu einer übereinstimmenden Umverteilung (Reallokation) der Umweltbelastung. Auch hinsichtlich der Kosten gelangt man zu gleichen Ergebnissen. Die aggregierten Kosten (K^G) sind, wie schon im vorangehenden Abschnitt erörtert wurde, durch die Addition der Produktionskosten bestimmt; die zwischen den Unternehmen fließende Kompensationszahlung ($p_B\Delta B$) saldiert sich bei der Aggregation. Da bei B_1^G das Minimum der aggregierten Produktionskosten realisiert wird, verursachen die beiden Instrumente geringere Gesamtkosten als Einzelauflagen.

Tabelle 3.2. Kostenvergleich für Instrumente der Umweltpolitik

Instrument	Umweltbelastung durch	Betriebswirtschaftliche Kosten von		Aggregierte Kosten
	Unternehmen 1	Unternehmen 1	Unternehmen 2	
Einzelauflage	B_1^E	$K_1^E = f_1^E$	$K_2^E = f_2^E$	$K^E = f_1^E + f_2^E$
Reallokierende – gemeinsame Auflage – zugeteilte Zertifikate	$B_1^G = B_1^E + \Delta B$	$K_1^G = f_1^G + p_B\Delta B$ $< K_1^E$	$K_2^G = f_2^G - p_B\Delta B$ $< K_2^E$	$K^G = f_1^G + f_2^G$ $< K^E$
Transferierende – Abgabe – versteigerte Zertifikate	$B_1^G = B_1^E + \Delta B$	$K_1^T = f_1^G + p_B B_1^G$ $> K_1^G$	$K_2^T = f_2^G + p_B B_2^G$ $> K_2^G > K_2^E$	$K^T = K^G + p_B B^*$ $> K^G$

Aus der Abbildung wird auch erkennbar, daß jedes Unternehmen – für sich betrachtet – geringere betriebswirtschaftliche Kosten realisiert als bei Einzelauflagen. Die bei B_1^G entstehenden Kosten können mittels der beiden Isokostenlinien auf die bei Einzelauflagen realisierte Umweltbelastung B_1^E übertragen werden. Die bei Einzelauflagen entstehenden Produktionskosten f_1^E und f_2^E liegen oberhalb der Isokostenlinien und sind somit höher. Dies ist ja auch der tiefere Grund, warum die Unternehmen sich (nach der Theorie) auf die entsprechende Reallokation der Umweltbelastung einigen.

Noch zu betrachten sind die Kosten der beiden übrigen Instrumente – *Abgaben* und (bei der Erstausgabe) *versteigerte Zertifikate*. Die Allokation der Umweltbelastung erfolgt in der gleichen Weise wie bei einer Gesamtauflage; die Produktionskosten stimmen überein. Während bei den vorangehenden Instrumenten aber eine Kompensationszahlung *zwischen den Unternehmen* erfolgte, entfällt diese nunmehr. Statt dessen sind *Zahlungen an den Staat* zu leisten. Sie richten sich nach der aggregierten Umweltbelastung und betragen $p_B B^*$. Die Mittel werden aus dem Unternehmensbereich abgezogen und an den Staat übertragen; deshalb wurden die Bezeichnung „transferierende Instrumente" gewählt. Aufgrund dieser Transfers ist auch klar, daß für die Unternehmen zusammen höhere Kosten entstehen als bei den lediglich allokierenden Instrumenten.

Mehrkosten entstehen auch für jedes der Unternehmen. Die Kosten der Abgabe sind in Abbildung 3.3 durch die Berührungspunkte der Isokostenlinien mit den dazugehörigen Ordinaten bestimmt. Sie betragen f_1^T und f_2^T (vgl. Gleichung 3.10) und sind damit zwangsläufig höher als die für die gemeinsame Auflage relevanten Kosten f_1^G und f_2^G.

Nicht eindeutig zu entscheiden ist, ob die betriebswirtschaftlichen Kosten der Abgabe höher oder niedriger sind als bei Einzelauflagen. In dem dargestellten Beispiel verursacht die Abgabe bei beiden Unternehmen die höheren Kosten (erkennbar durch einen Vergleich der entsprechenden Achsenabschnitte). Dies ist jedoch nicht zwingend so. Möglich ist, daß Unternehmen 1 sich (bei „flach" verlaufenden Isokostenlinien) mit der Einzelauflage besser stellt. Die Kosten von Unternehmen 2 sind bei der Abgabe aber in jedem Fall höher als bei der Einzelauflage, weil dort schon der Übergang von B_1^E zu B_1^G erhöhte Kosten verursacht.

3.6.4
Zusammenfassung der statischen Betrachtungen

Die für die einzelnen Instrumente abgeleiteten *Allokations-* und *Kostenwirkungen* lassen sich folgendermaßen *zusammenfassen*

- Hinsichtlich der *Allokation* der zulässigen Gesamtbelastung zwischen den Unternehmen ist zu unterscheiden zwischen Einzelauflagen und den übrigen Instrumenten. Letztere führen im theoretischen Idealfall einheitlich zur Minimierung der einzel- und gesamtwirtschaftlichen *Produktions*kosten. Einzelauflagen beinhalten damit höhere Produktionskosten als die übrigen Instrumente.
- Neben den Produktionskosten fallen bei den übrigen Instrumenten weitere betriebswirtschaftliche Kosten an. Bei den lediglich reallokierenden Instru-

menten (Auflagen und unentgeltlich zugeteilte Zertifikate) sind dies Kompensationszahlungen an andere Unternehmen, die sich bei gesamtwirtschaftlicher Kostenaggregation ausgleichen. Bei den transferierenden Instrumenten (Auflagen und versteigerte Zertifikate) erfolgt ein Mitteltransfer vom Unternehmenssektor zum Staat.

- Für die Unternehmen sind die reallokierenden Instrumente am kostengünstigsten. Einzelauflagen und transferierende Instrumente verursachen demgegenüber höhere betriebswirtschaftliche Kosten. Nicht eindeutig ist der betriebswirtschaftliche Kostenvergleich zwischen Einzelauflagen und transferierenden Instrumenten.

3.6.5
Dynamische Betrachtungen

Im vorangehenden wurden die Wirkungen der verschiedenen Instrumente für *vorgegebene* Produktionsniveaus von Unternehmen betrachtet; die Analysen waren insofern *statisch*. Wie an vielen Stellen ausgeführt wurde, hängen Umweltbelastungen mit wirtschaftlichem Wachstum zusammen. Es ist daher notwendig, die vorangehenden Betrachtungen auszuweiten. Im Hinblick auf die Wahl von Instrumenten sollen zwei Probleme erörtert werden:

- Inwieweit sind die Instrumente in der Lage, die Einhaltung von Grenzwerten der Umweltbelastung *auf lange Sicht* zu gewährleisten?
- Entfalten die einzelnen Instrumente besondere Anreizwirkungen für umweltschonenden technischen Fortschritt; und werden die Unternehmen veranlaßt, die Umweltbelastungen im Laufe der Zeit zu vermindern?

3.6.5.1
Langfristige Zielsicherheit

Um von der statischen zur dynamischen Betrachtung zu kommen, kann man sich vorstellen, daß sich die in Abbildung 3.3 dargestellten Isoquanten x_1 und x_2 im Laufe der Zeit verschieben. Das Muster, nach dem solche Verschiebungen erfolgen können, wurde in Abschnitt 2.5.3.8 erörtert; deshalb wird auf eine erneute Darstellung verzichtet. Die Verschiebungen sind das saldierte Ergebnis der Veränderung der Produktionshöhe und des gleichzeitig stattfindenden technischen Fortschritts (vgl. Abbildung 2.11).

Im folgenden wird von dem ungünstigeren Fall ausgegangen, daß das Produktionswachstum den technischen Fortschritt überwiegt. In Abbildung 3.3 führt dies zu Bewegungen der Isoquanten x_1 und x_2 weg von den Nullpunkten. Die Frage ist: Inwieweit kann unter solchen Umständen die ursprüngliche Belastungsgrenze B^* mit den einzelnen Instrumenten *sicher* eingehalten werden?

Bei *Einzelauflagen*, die – wie im vorangehenden unterstellt wurde – als absolute Mengenbegrenzungen konzipiert sind, realisiert Unternehmen 1 unverändert die zulässige Belastung B_1^E, Unternehmen 2 die zulässige restliche Belastung. Es ändert sich nur eines: Aufgrund der nach außen verschobenen Isoquanten sind höhere Faktoreinsatzmengen f_1 und f_2 notwendig, um die Auflagen bei erhöhter Produktion zu erfüllen. Die Einhaltung der Belastungsgrenze B^* ist also gewährleistet, wenn auch zu höheren Kosten.

Bei *gemeinsamen Auflagen* und beiden Arten von *Zertifikaten* kann der Staat die insgesamt zulässige Umweltbelastung unmittelbar festlegen. Auch hier ist die Einhaltung gewährleistet. Die Unternehmen realisieren – wie bei der vorangehenden Betrachtung – das Minimum der aggregierten Produktionskosten. Geometrisch führt dies zur Verschiebung der beiden Isokostenlinien nach außen, wobei sich eventuell auch deren Steigung ändert. Damit ist ein automatischer Anpassungsmechanismus installiert, der über eine Erhöhung der Faktoreinsatzmengen und den Preis der Umweltbelastung (p_B) funktioniert. Auch hierbei entstehen höhere Kosten.

Einen Sonderfall bilden *Abgaben*. Bei vorgegebenem Abgabensatz liegt die Steigung der Isokostenlinien fest. Jedes Unternehmen realisiert ihr jeweiliges Kostenminimum im Berührungspunkt der Isokostenlinie mit der neuen (nach außen verschobenen) Isoquante. Damit ist in der Regel eine Ausweitung der Umweltbelastung verbunden. Bei unverändertem Abgabensatz besteht daher eine Tendenz zur Erhöhung der gesamten Umweltbelastung im Zeitverlauf. Die Einhaltung der Belastungsgrenze ist bei dynamischer Betrachtung noch weniger gewährleistet als bei der statischen Betrachtung. Der Staat kann dagegen nur angehen, indem er den Abgabensatz im Laufe der Zeit erhöht.

3.6.5.2
Anreizwirkungen für Belastungsreduzierungen

In der Literatur wird davon ausgegangen, daß die einzelnen Instrumente einen unterschiedlichen Anreiz für Umweltverbesserungen bieten.

Die folgende Argumentation ist üblich (vgl. u. a. Hartwig 1995, S. 157 f.; Cansier 1996, S. 217). Bei Auflagen haben die Unternehmen keine Veranlassung, nach deren Erfüllung weitere Umweltschutzmaßnahmen vorzunehmen. Der einmal erreichte Belastungszustand bleibt erhalten. Bei Abgaben dagegen besteht immer die Möglichkeit, sie durch technische Schutzmaßnahmen einzusparen. Technische Maßnahmen werden (wie auch oben dargestellt wurde) realisiert, soweit ihre Kosten niedriger sind als die betreffende Abgabe. Daraus ergibt sich für die Unternehmen ein Anreiz, nach Innovationen zu suchen, welche die Kosten für technische Schutzmaßnahmen senken – und damit auch die Gesamtkosten. Für die Umweltpolitik ergibt sich daraus der willkommene Effekt, daß die Umweltbelastung durch die Umsetzung der Innovationen im Laufe der Zeit verringert wird. Ähnlich beurteilt wird die Wirkung von Zertifikaten. Sie können am Zertifikatmarkt verkauft werden, wenn die Kosten des technischen Umweltschutzes niedriger liegen als der Zertifikatpreis. Auch daraus ergibt sich ein Anreiz für technische Innovationen.

Bei einer tiefergehenden Analyse lassen sich diese Vorstellungen *nicht* bestätigen. Ausgehend vom Ziel der Gewinnmaximierung muß es das Bestreben der Unternehmen sein, die *gesamten* betriebswirtschaftlichen Kosten zu minimieren. Dies geschieht – statisch betrachtet – in der Weise, wie es in Abschnitt 3.6.2 im

Zusammenhang mit Abbildung 3.3 beschrieben wurde. Bei dynamischer Betrachtung kommen Wirtschaftswachstum und technischer Fortschritt hinzu, die sich – wie beschrieben – in Verschiebungen der Isoquanten niederschlagen. Es gibt nur zwei Arten der Anpassung: Entweder werden die Einzelauflagen eingehalten; oder es wird das Minimum der aggregierte Produktionskosten realisiert. Dieses Verhalten ist kostenminimierend und gewinnmaximierend; es gibt somit keinen Anlaß, etwas anderes zu tun.

Zu überlegen ist noch, ob die einzelnen Instrumente etwa einen besonderen Einfluß auf die Art des technischen Fortschritts haben. Die Unternehmen sind daran interessiert, jeden nur möglichen technischen Fortschritt zu realisieren, der ihre *gesamten* betriebswirtschaftlichen Kosten senkt. In der Darstellung von Abbildung 2.11 bedeutet dies, daß sie bemüht sind, die fiktive Isoquante x'' möglichst weit nach links – in die Position x_F'' – zu verschieben. Es ist nicht erkennbar, daß eines der untersuchten Instrumente auf die Art dieser Verschiebung einen besonderen Einfluß hat.

Anzumerken ist im Hinblick auf die Literatur, daß auch Einzelauflagen – wie die übrigen Instrumente – zu Mehrkosten (gegenüber dem Laisser-faire-Zustand) führen, die sich bei dynamischer Betrachtung im Laufe der Zeit noch erhöhen. Wie bei den anderen Instrumenten besteht auch hier ein allgemeiner Anreiz zur Kosteneinsparung, der keineswegs geringer als bei den anderen Instrumenten ist.

3.6.6
Zusammenfassende Beurteilung der Instrumente

Für die Umweltpolitik kommt es darauf an, daß die näher betrachteten Instrumente hauptsächlich zwei Kriterien erfüllen:

- Sie sollen sicherstellen, daß das Primärziel eingehalten wird, die gesellschaftlichen Umweltbelastungen *auf Dauer* innerhalb der für zulässig erachteten Grenzwerte zu halten.
- Die Erfüllung des Primärzieles soll auf *effiziente* Weise erfolgen. Dies bedeutet insbesondere, daß unnötige Kosten vermieden werden.

Die Einhaltung des Primärzieles ist bei allen betrachteten Instrumenten mit Ausnahme der Abgaben gesichert. Während bei den übrigen Instrumenten ein automatischer Anpassungsmechanismus zur Einhaltung der zulässigen Umweltbelastungen wirksam ist, läßt sich bei Abgaben nicht exakt vorhersehen, wie die Umweltbelastungen auf einen vorgegebenen Abgabensatz reagieren. Eine Nachregulierung des Abgabensatzes wird notwendig – dies auch zur Kompensierung der Effekte von Wirtschaftswachstum und technischem Fortschritt.

Die Unternehmen haben bei keinem Instrument eine Veranlassung, die Umweltbelastungen über die geschilderten Anpassungen hinaus zu reduzieren. Technischer Fortschritt wird im Hinblick auf die Einsparung von *Gesamt*kosten realisiert. Es ist nicht erkennbar, daß eines der Instrumente in *besonderem Maße* für umweltschonenden technischen Fortschritt sorgt.

Für die Beurteilung der *Effizienz* der Instrumente ist von Bedeutung, welche Arten von Kosten zugrunde gelegt werden. Anzumerken ist zunächst, daß die

Instrumente zu unterschiedlichen Kostenverteilungen *innerhalb* des Unternehmenssektors führen. Läßt man diese Unterschiede einmal beiseite und betrachtet nur die *gesamtwirtschaftlichen* Kosten, so kommen dafür zwei Kostenarten in Frage:

1. *Aggregierte Produktionskosten der Unternehmen:* Alle Instrumente mit Ausnahme der Einzelauflagen führen (im theoretischen Idealfall) gleichermaßen zur Minimierung dieser Kosten, sind also effizient. Ineffizient – da mit höheren aggregierten Produktionskosten behaftet – sind lediglich Einzelauflagen.
2. *Aggregierte (betriebswirtschaftliche) Gesamtkosten der Unternehmen:* Effizient sind die beiden reallokierenden Instrumente (Gesamtauflagen und unentgeltlich zugeteilte Zertifikate). Sie führen zu minimalen aggregierten Produktionskosten, und die Kompensationszahlungen zwischen den Unternehmen gleichen sich bei der Aggregation aus. Einzelauflagen verursachen höhere aggregierte Produktionskosten und sind somit ineffizient. Die transferierenden Instrumente (Auflagen und bei der Erstausgabe entgeltliche Zertifikate) beinhalten neben den Produktionskosten Zahlungen an den Staat. Die betriebswirtschaftlichen Kosten sind damit höher als bei den reallokierenden Instrumenten.

Sowohl im Hinblick auf Wirkungssicherheit als auch Effizienz bieten die reallokierenden Instrumente – gemeinsame Auflagen und unentgeltlich zugeteilte Zertifikate – also die besten Voraussetzungen. Einzelauflagen sind demgegenüber nicht kosteneffizient. Nicht gänzlich abschreiben sollte man die transferierenden Instrumente, obwohl auch sie höhere betriebswirtschaftliche Kosten beinhalten; dazu folgende Überlegungen:

Durch Abgaben und kostenpflichtige Zertifikate erzielt der Staat Einnahmen, die in sein Budget eingehen. Möglich wird es damit, die Steuern an anderer Stelle zu senken. Damit können, wenn dies gewollt ist, auch die Unternehmen entlastet werden.

Pläne dieser Art wurden in Deutschland ansatzweise verwirklicht. Im Zusammenhang mit der Einführung von Energiesteuern wurden die Lohnnebenkosten gesenkt, um insbesondere die Unternehmen zu entlasten. Der besondere Reiz solcher Pläne liegt darin, daß hierbei die umweltmit der beschäftigungspolitischen Zielsetzung verbunden wird.

Bei Abgaben besteht noch das Problem, daß sie – wie dargelegt – nicht wirkungssicher sind. Bei realistischer Einschätzung der umweltpolitischen Möglichkeiten ist aber davon auszugehen, daß der Einstieg in eine nachhaltige Umweltpolitik nicht mit einem Schritt, sondern nach und nach erfolgen wird. Die Umweltpolitik wird daher ohnehin mit moderaten Abgabensätzen beginnen und diese nur nach und nach erhöhen können, so daß die theoretisch feststellbare Wirkungsunsicherheit in der Praxis nicht so sehr ins Gewicht fällt.

3.7
Abschließende Bemerkungen

Im vorangehenden wurde die Vorgehensweise der Umweltpolitik vor allem im Hinblick auf die Verwirklichung von Umweltqualitätszielen und auf Effizienz erörtert. Damit wurden auch ihre hauptsächlichen Probleme erfaßt.

Andere wichtige Problembereiche konnten in der Grundlagendarstellung nur gestreift werden. Dazu gehört die Frage, *warum* Umweltpolitik sich in der politischen Praxis *so schwer durchsetzen läßt*. Die Antwort findet sich im Vorangehenden nur insoweit, als Menschen sowohl nach Wirtschaftsgütern als auch nach Umweltqualität streben, wobei den ersteren häufig Vorrang eingeräumt wird. Dies hängt u. a. mit den Kollektivguteigenschaften der Umweltqualität zusammen. In der politischen Praxis spielen darüber hinaus weitere Faktoren (wie z. B. der Einfluß von Interessenverbänden) eine wichtige Rolle.

Umweltpolitik steht nicht für sich alleine, sondern muß in der Praxis mit anderen Politikbereichen abgestimmt werden. In diesem Zusammenhang interessiert vor allem, wie sich Umweltpolitik auf die Beschäftigung von Arbeitskräften und das wirtschaftliche Wachstum auswirken wird. Letzteres wurde im Vorangehenden indirekt behandelt (über das Effizienzkriterium). Von grundlegendem Interesse ist, inwieweit die geforderte *nachhaltige* Entwicklung mit einem Wirtschaftswachstum vereinbar ist.

Unabhängig davon, wie die Antworten auf die offenen Fragen ausfallen, bleibt doch eines festzuhalten: Auf lange Sicht bleibt – wenn Umweltkatastrophen vermieden werden sollen – gar keine andere Wahl, als eine nachhaltige Entwicklung anzustreben.

3.8
Reviewfragen

1. Warum ist eine staatliche Umweltpolitik nötig? Welche Beiträge können die Wissenschaften zur Umweltpolitik leisten?
2. Was besagt der von der neoklassischen Umweltökonomie verwendete Kostenansatz? Was spricht gegen seine Anwendung?
3. Was ist unter dem Nachhaltigkeitskonzept zu verstehen? Wie läßt es sich begründen? Wie praktisch umsetzen?
4. Welche Prinzipien werden in der umweltpolitischen Praxis für den Vollzug der Umweltpolitik genannt? Wie sind sie einzuordnen?
5. Wie ist das Verhältnis zwischen ökologischen und ökonomischen Zielen? Wie sollte es im Hinblick auf die gesellschaftliche Wohlfahrt gestaltet werden?
6. Über welche Kanäle kann die Umweltpolitik auf eine Verminderung von Umweltbelastungen hinwirken? Welche Bedeutung kommt dabei der „spezifischen Umweltbelastung" zu?

7. Welche Anpassungsvorgänge vollziehen sich im Unternehmensbereich bei Auflagen, Abgaben und Zertifikaten? Welche betriebs- und gesamtwirtschaftlichen Kosten entstehen dabei?

8. Wie schneiden die genannten Instrumente im gegenseitigen Vergleich hinsichtlich Wirkungssicherheit und Kosteneffizienz ab?

II Betriebswirtschaftliche Perspektiven

4 Einführung und normatives Umweltmanagement

S. Schaltegger
Institut für Umweltstrategien und Institut für Betriebswirtschaftslehre
Universität Lüneburg

4.1
Einführung

Spätestens seit der internationalen Umweltkonferenz von Rio 1992 und der vielbeachteten Bekundung von Stephan Schmidheiny, daß Umweltschutz eine unternehmerische Aufgabe darstellt (Schmidheiny 1992), hat Umweltmanagement auch in der betrieblichen Praxis einen festen Platz in der Agenda der Unternehmensleitung. In unterschiedlichen Lernprozessen haben viele Leute in Unternehmungen realisiert, daß mit Umweltmanagement der betriebliche Umweltschutz die Schwelle *vom technischen und finanziellen Problem zur betriebswirtschaftlichen Chance* überschritten hat. Dabei steht das Management vor der Herausforderung, ökologische mit ökonomischen und sozialen Interessen in Einklang zu bringen. Es ist wohl einsichtig, daß nicht die gesamte Verantwortung für den heutigen Umweltzustand den Unternehmungen angelastet werden darf. Der Verweis darauf, daß Politiker und Konsumenten ihre Aufgaben noch nicht gelöst haben, ist legitim und richtig, darf jedoch nicht darüber hinwegtäuschen, daß die Unternehmensleitung als Produktekonzipiererin und -herstellerin nicht nur einen direkten Einfluß auf den ökologischen Fortschritt ausübt, sondern als politische Interessenvertreterin und maßgebliche Marktteilnehmerin auch Verantwortung für einen gesellschaftlich-ökologischen Fortschritt trägt. Unternehmungen mit Zukunft nehmen diese mehrfache Verantwortung unter dem Schlagwort „Umweltmanagement" schon heute als Herausforderung gerne wahr.

Unter *Umweltmanagement* werden im deutschsprachigen Raum in der Regel alle gezielten betriebswirtschaftlichen Aktivitäten zur Beeinflussung der Umwelteinwirkungen einer Unternehmung, ihrer Standorte und Betriebe, einer Branche, eines Verbands oder dergleichen verstanden. Im angelsächsischen Raum und zum Teil auch in den technischen Wissenschaften wird der Begriff weiter interpretiert, indem alle gezielten technischen und politischen Aktivitäten, die dem Schutz der Umwelt dienen, dazu gezählt werden. Obwohl viele für die betriebliche Ebene entwickelte Methoden auch auf der staatlichen Ebene angewandt werden können und dies auch immer häufiger erfolgt (vgl. z. B. Pfriem 1999), führt die sehr weite Fassung von Umweltmanagement immer wieder zu Mißverständnissen, wenn keine klare Abgrenzung zur staatlichen Umweltpolitik, zu Umwelttechnik oder Naturschutz erfolgt.

Die folgenden Ausführungen geben einen knappen Überblick über einige wichtige Perspektiven und Ansätze des unternehmerischen Umweltmanagements.

Dabei wird ausdrücklich eine wirtschafts- und sozialwissenschaftliche Perspektive eingenommen und auf die traditionelle Gliederung in eine normative, strategische und operative Managementebene verzichtet. Auch erfolgt keine technische Beschreibung von Instrumenten des Umweltmanagements, wie die Umweltrechnungslegung, Ökobilanzierung, Umweltberichterstattung usw. Statt dessen werden strategische und operative Aspekte des betrieblichen Umweltmanagement aus unterschiedlichen ausgewählten Sichtweisen beleuchtet (Abbildung 4.1).

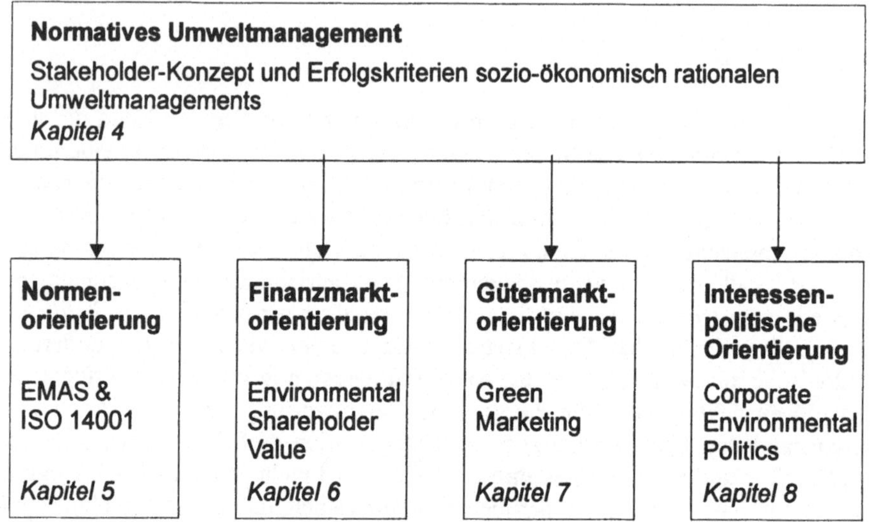

Abb. 4.1. Diskutierte Perspektiven des Umweltmanagements

Beim normativen Umweltmanagement in Abschnitt 4.2.1 geht es um die Festlegung der Managementphilosophie, also um Sichtweisen und Werthaltungen der Unternehmensführung. In Abschnitt 4.2.2 wird das hier zugrundegelegte Verständnis einer Unternehmung als soziale Institution anhand des sogenannten *Stakeholder-Konzepts* dargelegt. Aufbauend auf dem Stakeholder-Konzept wird der normativ-heuristische Ansatz des *sozio-ökonomisch rationalen Managements* betrieblich verursachter Umweltprobleme diskutiert (Abschnitt 4.3). Dabei geht es im wesentlichen auch um die Darlegung der generellen Erfolgsfaktoren des betrieblichen Umweltmanagements in einem Stakeholderumfeld.

Eine marktwirtschaftlich orientierte Unternehmensentwicklung erfordert ein unternehmerisches Engagement mit dem Ziel einer nachhaltigen Entwicklung. Solchermaßen „*nachhaltiges Unternehmertum*" (auch „Ecopreneurship" oder „Sustainopreneurship") erfordert ein agiles und zielstrebiges Verhalten in unterschiedlichen Kontexten des Unternehmensumfelds. In einem weiteren Schritt steht die Unternehmensleitung deshalb vor der Herausforderung, die sich aus ökologischen Ansprüchen und Forderungen ergebenden unternehmerischen Chancen- und Gefahrenpotentiale im Finanzmarkt, im Gütermarkt und im gesellschaftlichen Umfeld zu analysieren und in den Griff zu bekommen.

Ein viel beachteter Orientierungsrahmen des betrieblichen Umweltmanagements stellen die von der Europäischen Union und der Internationalen Standardisierungsorganisation ISO veröffentlichten, auf dem Freiwilligkeitsprinzip basierenden *Normen* für Umweltmanagementsysteme dar. In Kapitel 5 werden die Grundzüge von EMAS (European Environmental Management and Eco-Audit Scheme) und ISO 14001 diskutiert. Ein entsprechend ausgerichtetes Umweltmanagement wird hier als normenorientiertes Umweltmanagement (standard oriented environmental management) bezeichnet.

Im letzten Jahrzehnt gelang es den *Finanzmärkten*, maßgeblichen Einfluß auf die Unternehmungsführung und alle Managementbereiche auszuüben. Kapitel 6 diskutiert ein auf die heutigen Anforderungen des *Finanzmarktes* ausgerichtetes Umweltmanagement und behandelt das Konzept des Environmental Shareholder Value.

In einer Marktwirtschaft kann sich nur ein betrieblicher Umweltschutz durchsetzen, der die Konsumentenbedürfnisse und Gegebenheiten der Absatzmärkte berücksichtigt. In Kapitel 7 werden deshalb die Grundlagen eines auf die Anforderungen des *Gütermarktes* ausgerichteten Umweltmanagement bzw. Öko-Marketing (green marketing) diskutiert.

Sowohl auf staatlicher als auch auf betrieblicher Ebene mißlingt vielen gutgemeinten Ansätzen des Umweltschutzes der Schritt vom Stadium eines Konzeptpapiers zur realen Umsetzung in der Praxis. Ein wesentlicher Grund für dieses Scheitern ist die Vernachlässigung unterschiedlicher Interessenlagen von Stakeholdern und von interessenpolitischen Prozessen. Kapitel 8 nimmt deshalb von der idealisierten Vorstellung altruistisch kooperierender Akteure Abstand und untersucht die Grundzüge eines am Tatbestand der *Interessenpolitik* orientierten Umweltmanagement (corporate environmental politics).

Im Schlußkapitel dieses Buches (Kapitel 9) wird ein Bogen zwischen den volkswirtschaftlichen und den betriebswirtschaftlichen Disziplinen der Wirtschaftswissenschaften gespannt. Dort werden Ansatzpunkte zur *Integration* der traditionellen Analysefelder der ökologieorientierten Wirtschaftswissenschaften skizziert.

4.2
Unternehmungen als Stakeholdernetzwerke

4.2.1
Anliegen des normativen Umweltmanagements

Gegenstand des normativen Umweltmanagements ist die Entwicklung von generellen Visionen, Leitlinien, und Werthaltungen unternehmerischen Handelns in Bezug auf ökologische Fragestellungen. Das normative Umweltmanagement baut auf der Feststellung auf, daß die Denkhaltung Grundlage für jedes ökologisch vernünftige Handeln darstellt. Der vorliegende Beitrag diskutiert, was unter sozioökonomisch vernünftigem Management von Umweltproblemen verstanden werden kann. Die Argumentation erfolgt dabei aus Sicht der Unternehmensleitung und baut auf einer normativen Interpretation des Stakeholder-Konzepts auf. Die Überlegungen lassen sich jedoch für das Management aller Organisationen, auch für die Politik und öffentliche Verwaltung anwenden. Ausgehend von einer Untersuchung des gesellschaftlichen Umfelds von Unternehmungen, werden die Erfolgskriterien des sozio-ökonomisch rationalen Umweltmanagements von Unternehmungen dargelegt.

4.2.2
Stakeholders bestimmen die ökologische Herausforderung

Bis Mitte dieses Jahrhunderts konnten Unternehmungen als private Erwerbseinheiten eines oder mehrerer Eigentümer bezeichnet werden. Heute stellen die allermeisten, insbesondere die großen Unternehmungen quasi-öffentliche Institutionen dar (vgl. Ulrich 1977), die von einem sich dauernd ändernden Netzwerk von Akteuren gebildet werden. Unternehmungen oder Betriebe können demnach bezeichnet werden als

> ...Institutionen, die zur kollektiven, arbeitsteiligen Leistungserbringung Ressourcen verwenden, welche ihnen im Austausch von Ressourcenlieferanten zur Verfügung gestellt werden, deren Ansprüche sie [primär] durch ihre Leistung... (Hill 1985, S. 118) und subsidiär durch die Art der Gestaltung des Leistungsprozesses befriedigen (Schaltegger u. Sturm 1990, S. 273, 1992, S. 11).

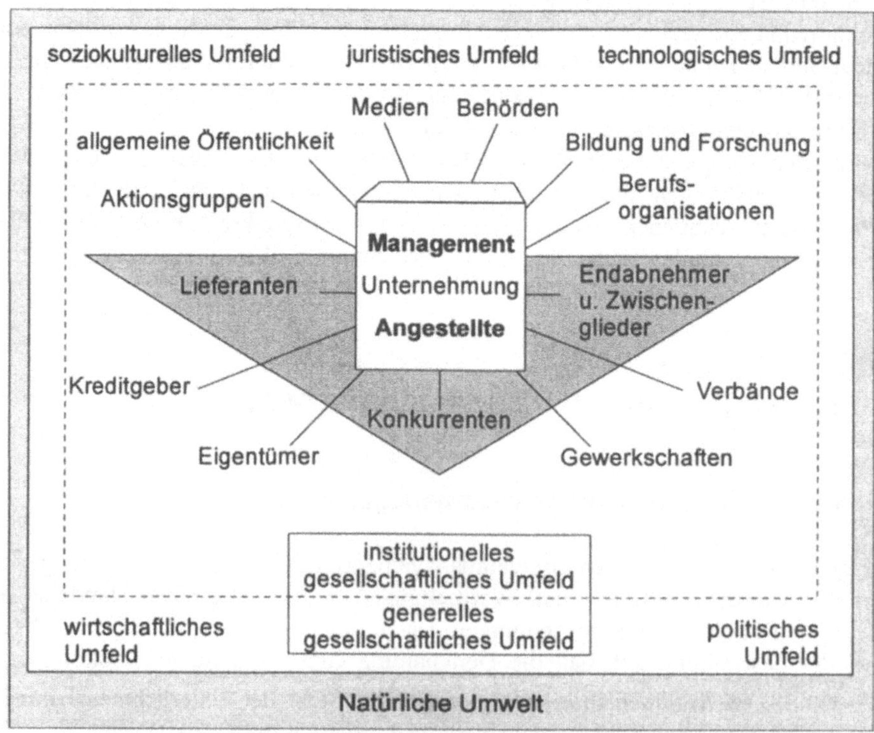

Abb. 4.2. Stakeholder-Konzept (ähnlich Schaltegger u. Sturm 1992/94)

Unternehmungen bilden einen Marktplatz simultan gleichgerichteter und konfligierender Interessen verschiedener Stakeholder (Abbildung 4.2).

In Analogie zu Freeman (1984, S. 25) können alle Individuen oder Gruppen als Stakeholder – oder Anspruchsgruppe – bezeichnet werden, die an die Unternehmung einen materiellen oder immateriellen Anspruch („stake") haben. Sie können die Unternehmensziele selbst, ihre Erreichung und damit die Bedingungen, unter denen die Unternehmung handelt, beeinflussen, oder sie können durch die Unternehmensziele selbst, ihre Erreichung und damit die Bedingungen, unter denen die Unternehmung handelt, beeinflußt werden. Dabei kann zwischen unternehmensinternen Stakeholdern und externen Stakeholdern unterschieden werden.

Unternehmensinterne Stakeholder sind z. B. Angestellte, unterschiedliche Managementebenen oder Abteilungen, externe Stakeholder sind z. B. Eigentümer, Kreditgeber, Lieferanten, Behörden, Anwohner.

Das Stakeholder-Konzept ermöglicht eine breite Analyse der Beziehungen zwischen Anspruchsgruppen aus der Perspektive des Managements. Es kennzeichnet sich im wesentlichen durch folgende Eigenschaften:

- Der Stakeholder-Ansatz ist primär *deskriptiv* und beschreibt Unternehmungen als Konstellationen kooperativer und kompetitiver Interessen (vgl. z. B. Donaldson u. Preston 1995).
- Das Konzept liefert ein *instrumentelles Raster zur Untersuchung von Beziehungen* zwischen der Unternehmungsleitung und unterschiedlichen Stakeholdern (vgl. Freeman 1984, S. 22 ff.; Göbel 1995, S. 62 ff.).
- Es dient auch als Grundlage für ein *normatives und strategisches Management*, das, durch die Berücksichtigung von Ansprüchen von Stakeholdern, den Unternehmenserfolg verbessern soll. Die Philosophie des Stakeholdermanagements geht davon aus, daß die Ansprüche unterschiedlicher Gruppen legitim und deshalb zu beachten sind (vgl. Jones 1995; Näsi 1995). Die Legitimität der Ansprüche der Stakeholder beruht auf dem (Gegen-)Interesse der Unternehmungsführung an den Stakeholdern bzw. den von ihnen gelieferten Ressourcen.

    Aus dem Stakeholder-Konzept läßt sich ableiten, daß der Zweck von Unternehmungen
    ...nicht ausschließlich in der Produktion und im Vertrieb irgendwelcher Leistungen oder in der Gewinnerzielung [besteht], sondern in der Befriedigung verschiedenster Ansprüche von sich engagierenden Interessengruppen. Als Zweckgebilde entstehen und entwickeln sich Betriebe nicht einfach, sondern sie werden zur Erfüllung bestimmter Ansprüche geschaffen und gestaltet (Hill 1985, S. 118).

Unternehmungen dienen der Wertschöpfung, das heißt der Schaffung von Werten, *aus Sicht der jeweiligen Stakeholder*. Während der Hauptzweck der Unternehmung aus Sicht der Aktionäre i.d.R. die Steigerung des Shareholder Value darstellt, ist er aus der Sicht der Arbeitnehmer die Sicherung eines gut bezahlten und interessanten Arbeitsplatzes. Die Lieferanten wiederum sehen den Zweck der Unternehmung als zahlende Kundin. Die unterschiedlichen Interessen der Stakeholders können komplementär, aber auch konfliktär sein. Hervorzuheben ist, daß interne Anspruchsgruppen, wie Management und Mitarbeiter, ebenfallsAnsprüche stellen, die ebenso harmonisch oder konfliktreich sein können wie die Beziehungen zwischen der Unternehmungsleitung und externen Anspruchsgruppen.

Da Stakeholder bestrebt sind, ihre Forderungen durchzusetzen, entziehen sie der Unternehmung, wenn sie ihren Zweck aus der Sicht dieser Anspruchsgruppen nicht mehr erfüllt, ihre Unterstützung und somit auch Ressourcen. Es muß hierdurch zwar nicht gerade eine existenzgefährdende Situation für die Unternehmung eintreten, doch können sich die Bedingungen, unter denen das Multizweckgebilde arbeitet, erschweren (Schaltegger u. Sturm 1990, S. 273).

In diesem Zusammenhang muß betont werden, daß der Unternehmensführung nicht lediglich die passive Funktion zufällt, auf Stakeholderforderungen zu reagieren. Das Management steht vielmehr in der gesellschaftsbezogenen Rolle eines strukturpolitischen Akteurs (Schneidewind 1998), das sein Umfeld maßgeblich prägt. Ebenfalls ein aktiv gestaltendes Rollenverständnis entspringt der Vision des nachhaltigen Unternehmertums. Beim sogenannten Ecopreneurship wird unternehmerisches Handeln zur marktorientierten Realisierung des Leitbilds der nachhaltigen Entwicklung eingesetzt (Schaltegger 1999b).

Diese Ausgangslage rechtfertigt die Verwendung eines pragmatischen Konzepts des sozio-ökonomisch rationalen Managements von Umweltproblemen, unabhängig davon, wie gesellschafts- oder marktorientiert die Unternehmensführung ihre Rolle definiert.

4.3
Sozio-ökonomisch rationales Management der ökologischen Herausforderung

4.3.1
Was kann unter sozio-ökonomisch vernünftigem Management verstanden werden?

Die Lenkung von Unternehmungen ist zumindest zum Teil eine externe. Bezugnehmend auf die generellen Umfelder in Abbildung 4.2 lassen sich fünf externe Lenkungssysteme von Organisationen unterscheiden: Moral, Recht, Technologie, Markt und Politik (Abbildung 4.3).

Unter einem Lenkungssystem kann ein Gefüge im kybernetischen Sinne verstanden werden, das die Unternehmungsleitung und ihr Handeln beeinflußt oder sogar beherrscht, unabhängig davon, wie bewußt die Lenkungseinflüsse erfolgen (für eine Diskussion von Lenkungssystemen der Unternehmung vgl. Dyllick 1988, S. 197 ff., 1989a).

- *Moral* übt mit dem Mittel der moralischen Ächtung einen zwar nicht mit Zwang durchsetzbaren, aber auf das Innere des Menschen wirkenden Lenkungseinfluß aus.
- Sind gesellschaftliche Werthaltungen und Normen kodifiziert, so wirken sie über das juristische Lenkungssystem bzw. das *Recht* auf die Handlungen von Individuen.

– Eine Lenkung von Organisationen erfolgt des weiteren durch die *Wissenschaft und Technologie.* Der durch den Wettbewerb zwischen konkurrierenden Problemlösungen und Erkenntnissen ausgelöste wissenschaftliche und technologische Fortschritt, vermag die Leistungen und den Bedingungsrahmen unternehmerischen Handelns wesentlich zu beeinflussen.

– Unter *Markt* soll hier ein Tauschsystem verstanden werden, dessen Lenkungsmechanismus der Wettbewerb in den Dimensionen Preis und Qualität darstellt.

– Der Begriff *Politik* widerspiegelt im formellen Sinne ein Autoritätssystem, dessen Steuerungsmechanismus in einer Demokratie Wahlen bzw. Abstimmungen sind. Zum Lenkungssystem der Politik gehören aber auch informelle interessenpolitische Prozesse.

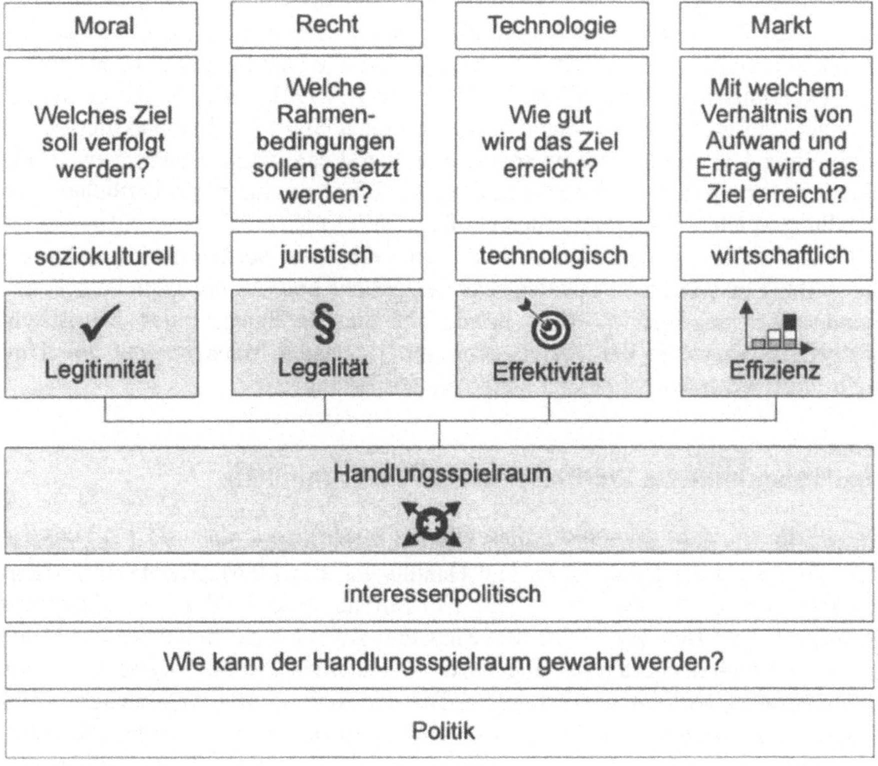

Abb. 4.3. Das Konzept der sozio-ökonomischen Rationalität (ähnlich Schaltegger u. Sturm 1990, 1992/94)

Bei den erwähnten Lenkungssystemen handelt es sich nicht nur um extern, sondern auch um intern wirksame Lenkungssysteme. Sie beeinflussen sowohl das beobachtbare Verhalten der Unternehmung als Ganzes nach außen, als auch das unternehmensinterne Verhalten einzelner Angestellten und interner Gruppen untereinander. Die Ausprägung interner Lenkungssysteme sollte i.d.R. nicht, kann jedoch ganz erheblich von denjenigen externer Lenkungssysteme abweichen (z. B. Gruppennormen oder subjektive Normen in einer autoritär geführten Unternehmung in einem Land mit demokratischen „Spielregeln"). Die relative Bedeutung dieser Lenkungssysteme ist je nach Land, Kulturkreis und Zeitpunkt unterschiedlich.

Die Sicherung der gesellschaftlichen Legitimation, als Voraussetzung einer gesunden Entwicklung einer Unternehmung, verlangt ein erfolgreiches Manövrieren in allen Lenkungssystemen bzw. ein sozioökonomisch rationales Verhalten des Managements (vgl. Hill 1985, S. 119 f.). Ein sozioökonomisch rationales Verhalten hat den Kriterien der soziokulturellen, juristischen, technischen, wirtschaftlichen und politischen Rationalität zu genügen (für die Ursprünge des Konzepts der sozioökonomischen Rationalität vgl. Hill 1985, 1993). Jedes Lenkungssystem zeichnet sich grundsätzlich durch andere Rationalitäts- bzw. Erfolgskriterien aus (Abbildung 4.3): Legitimität im soziokulturellen, Legalität im juristischen, Effektivität im wissenschaftlich-technologischen, Effizienz im wirtschaftlichen und Handlungsspielraum im politischen Umfeld.

Diese fünf Dimensionen eines rationalen Verhaltens werden im folgenden auf die Bildung und den Inhalt *ökologischer Ansprüche und das betriebliche Umweltmanagement* angewendet. Dies ermöglicht die Darlegung eines heuristisch-normativen Konzepts des sozioökonomisch rationalen Managements von Umweltproblemen aus der Sicht der Unternehmensleitung.

4.3.2
Ökologieorientierte Werthaltungen (Öko-Legitimität)

Ansprüche aus dem soziokulturellen Umfeld beeinflussen über das Lenkungssystem der Moral die Denkweisen und Handlungen des Managements und widerspiegeln sich in Werthaltungen und Normen der Stakeholder. Soziokulturelle Ansprüche betreffen vor allem den Sinn und Zweck anzustrebender Ziele und gehen der zentralen Fragestellung nach, welche Ziele beispielsweise von einer Unternehmung verfolgt werden sollen. Bei der Bildung von Ansprüchen beeinflussen soziokulturelle Werthaltungen und Normen auch das rechtliche, wirtschaftliche, technologische und politische Umfeld, indem sie Ziele, Präferenzen, Interessen, Erwartungen und Handlungsmotivationen der Stakeholder in den Umfeldern prägen. Soziokulturelle Normen lassen sich in subjektive Normen (z. B. persönliche Integrität) und intersubjektive Normen (z. B. Bräuche, Sitten) unterscheiden (vgl. Hill 1985, S. 120). Die vermehrte Sensibilisierung aller Anspruchsgruppen auf Umweltprobleme führt bei vielen Personen zu einer steigenden Unsicherheit, da bisherige Praktiken und herkömmliches Know-how teilweise in Frage gestellt werden. Auch läßt sich eine zunehmende Individualisierung, Heterogenität und Polarisierung von Normen und Werthaltungen beobachten. Es können dabei

Konflikte auftreten, die nicht nur auf gesellschaftlicher, sondern auch auf persönlicher Ebene auftreten. Durch diese Umstände wird eine Konsensfindung darüber, was ein vernünftiges Umweltmanagement ist, beträchtlich erschwert, womit die Entscheidungsfähigkeit der Unternehmensleitung tendenziell abnimmt.

Dennoch kennzeichnen sich Kulturkreise und Länder durch gewisse soziokulturelle Eigenheiten. So bestehen je nach Land ganz unterschiedliche Werthaltungen gegenüber dem Umweltschutz. Auch über die Werthaltungen zur relativen Bedeutung einzelner Umweltprobleme und darüber, was sinnvolle Maßnahmen zur Behebung von bestimmten Umweltproblemen sind, bestehen erhebliche Differenzen.

So ist beispielsweise das achtlose Wegwerfen von Abfall (Littering) in vielen Ländern ein verbreitetes und sozial akzeptiertes Phänomen (z. B. Spanien) während es in anderen (z. B. Singapur) als ein wesentliches Problem scharf geahndet wird.

Dennoch lassen sich gewisse grundlegende globale Veränderungen der Werthaltungen feststellen. So erhält die Idee der *nachhaltigen Entwicklung (sustainable development)* weltweit eine immer breitere Unterstützung in Gesellschaft und Politik. Durch eine nachhaltige Entwicklung soll die Befriedigung der Bedürfnisse heutiger Generationen erreicht werden, ohne daß künftige Generationen in den Möglichkeiten ihrer Bedürfnisbefriedigung eingeschränkt werden (vgl. World Commission on Environment and Development 1987).

Das Erfolgskriterium im soziokulturellen Umfeld ist die *Legitimität* der unternehmerischen Handlungen. Ein *soziokulturell rationales Umweltmanagement* kennzeichnet sich demnach dadurch, daß den spezifischen ökologischen Präferenzen und Werthaltungen eines Kulturkreises Rechnung getragen wird. Dies darf nicht mit einer Anpassung an die jeweils schwächsten ökologischen Anforderungen verwechselt werden, sondern bedeutet, daß bei der Ausgestaltung von Umweltschutzmaßnahmen auf die spezifischen gesellschaftlichen Bräuche, Sitten und Normen Rücksicht genommen werden muß.

So bestimmt sich beispielsweise die Umweltfreundlichkeit einer Verpackung auch an den soziokulturellen und institutionellen Gegebenheiten. An Orten, wo der Haushaltsabfall vorwiegend deponiert wird (z. B. Deutschland), können rezyklierbare Glasmehrwegverpackungen ökologisch sinnvoll sein, während andernorts, wo der Kehricht verbrannt wird (z. B. Schweiz), sehr leichte Plastikeinwegverpackungen die umweltfreundlichste Variante darstellen können. In Ländern mit verbreitetem „Littering" (z. B. Griechenland) können demgegenüber biologisch abbaubare Papierverpackungen (biodegradable packaging) am umweltfreundlichsten sein.

4.3.3
Konformität mit dem Umweltrecht (Öko-Legalität)

In den meisten entwickelten Ländern wurden viele Bräuche und Sitten schriftlich niedergelegt und ein eigenes Lenkungssystem – dasjenige des Rechts – geschaffen. Das juristische Lenkungssystem nimmt über Rechtswerke und -organisationen wie Gesetzesbücher, Gerichte und die Polizei, auf formelle Weise Einfluß auf die Handlungen von Individuen und Unternehmungen. Zentrale Fragestellung im rechtlichen Umfeld der Unternehmung ist, welche Rahmenbedingungen dem Management und den Angestellten gesetzt werden sollen. Die Veränderung der rechtlichen Rahmenbedingungen gilt oft als die wichtigste Strategie, Unternehmungen zu mehr Umweltschutz zu bewegen. Auch unternehmensintern wird der betriebliche Umweltschutz häufig von einer legalistischen Ausgestaltung der Arbeitsbedingungen der Angestellten geprägt, indem Arbeitsanweisungen, Statuten und interne Umweltvorschriften entwickelt und durchgesetzt werden. Dies widerspiegelt meist die unternehmensinterne Anpassung an das rechtliche Umfeld.

Die je nach Land und Kulturkreis zum Teil sehr unterschiedlichen gesellschaftlichen Werthaltungen und Normen äußern sich in einer unterschiedlichen Ausgestaltung des Rechtssystems, der Regulierungen und des praktischen Vollzugs. Dies kommt auch in der unterschiedlichen Berücksichtigung von ökologischen Anliegen zum Ausdruck. Kodifizierte Normen (z. B. Gesetze oder Verordnungen) sind ursprünglich oft, jedoch nicht immer, aus Bräuchen und Sitten entstanden. Deshalb ist das juristische oder rechtliche Umfeld der Unternehmung nicht in allen Kulturkreisen vom soziokulturellen Umfeld klar zu unterscheiden. Die Auslegung der Gesetze ist ebenfalls soziokulturell beeinflußt.

Rechtssysteme und die gelebte soziokulturelle Kultur können aber auch sehr unterschiedlich sein.

Dies äußert sich beispielsweise in vielen Entwicklungsländer, die zwar strenge Umweltschutzgesetze haben, diese jedoch nicht durchgesetzt werden.

Der vielerorts – auch in entwickelten Ländern – beklagte Vollzugsnotstand kann als ein Indiz für die zunehmende Diskrepanz zwischen soziokulturellen und rechtlichen Normen gedeutet werden. Zu den Gründen für diese Diskrepanz zählen, daß die Rechtssetzungsinstitutionen teilweise Anreize haben, ein eigendynamisches Wachstum zu erzeugen und daß die damit verbundene Regulierungsflut zu Informationsproblemen führt, die insbesondere das Management von mittelständischen Unternehmen überfordern (müssen). Dabei müssen die rechtssetzenden Instanzen auch immer wieder feststellen, daß das Rechtssystem sich langfristig nicht wirksam über das soziokulturelle Wertesystem stülpen läßt.

Aus ökologischer Sicht ist insbesondere problematisch, daß sich die Rechtssprechung i.d.R. an politischen Gebietskörperschaftsgrenzen orientiert. Nicht nur weil die Rechtssprechung je nach Land sehr unterschiedlich ist und deshalb Anreize zu Ausweichmanövern gesetzt werden, sondern weil sich Umweltprobleme nicht nach politischen Grenzen richten. Idealerweise sollte sich die Ebene der Rechtssprechungsinstanz nach dem geographischen Radius der jeweiligen Umweltprobleme richten (Schaltegger et al. 1996b).

So sollten für globale Probleme wie dem Treibhauseffekt auch globale Rechtsorganisationen und Gerichte zuständig sein, während lokale und regionale Umweltprobleme wie zum Beispiel die Wasserverschmutzung der Elbe durch eine Rechtsinstanz geregelt sein sollte, die das gesamte Elbwassereinzugsgebiet und die Nordsee umfaßt.

Unabhängig von bestimmten konfliktären oder komplementären Beziehungen zwischen soziokulturellen, ökologischen oder anderen Kriterien muß das Management sich im juristischen Umfeld zurechtfinden. Ein *juristisch rationales Umweltmanagement* einer Unternehmung kennzeichnet sich durch Gesetzeskonformität, also dadurch, daß den umweltrechtlichen Rahmenbedingungen Genüge getan wird. Das Erfolgskriterium im juristischen Umfeld ist die *Legalität*. Ein knappes Erfüllen bzw. Anpassen an den jeweiligen nationalen Rechtsrahmen könnte in einem engen Sinne als juristisch rational interpretiert werden. Überspitzt betrachtet könnte sogar das lediglich Anpassen an die tatsächlich durchgesetzten umweltrechtlichen Rahmenbedinungen als rational bezeichnet werden. Diesbezüglich zeigt sich jedoch, daß ein solches Verhalten zum Beispiel mit dem Wechsel einer Regierung oftmals Jahre später geahndet wird und damit ex post juristisch irrational wird.

Wie Beispiele in den Vereinigten Staaten zeigen, kann selbst ein knappes Erfüllen von Umweltgesetzen schon für spätere Umweltverbindlichkeiten ausreichen. So wurden in den USA im Rahmen des sogenannten „Superfund Law" die Umwelthaftungsbestimmungen verschärft und viele Firmen nachträglich mit hohen Geldforderungen konfrontiert, selbst wenn ihre Aktivitäten bis zu diesem Zeitpunkt als legal beurteilt wurden (vgl. z. B. EIU 1993).

Viele transnational tätige Unternehmungen wenden deshalb konzernweit einheitliche Umweltstandards (quasi interne „Umweltgesetze") an, die sich nach den international schärfsten umweltrechtlichen Rahmenbedingungen richten.

4.3.4
Öko-Effektivität

Das Erfolgskriterium im technologischen Umfeld ist die *Effektivität* oder Wirksamkeit. Die Effektivität mißt den Zielerreichungs- oder Wirkungsgrad. Die zentrale Fragestellung in diesem von technologischen und naturwissenschaftlichen Entwicklungen geprägten Umfeld ist, wie gut das angestrebte Ziel erreicht wird. Im marktlichen Kontext ist die Effektivität damit ein Maß der Nutzenstiftung einer unternehmerischen Leistung. Für das normative Umweltmanagement kann im Gegensatz zu herkömmlichen Marketingansätzen jedoch nicht allein auf die Nutzendefinition von Abnehmern unternehmerischer Leistungen abgestellt werden, da es um die Gestaltung der Beziehungen mit allen wichtigen Stakeholdern geht, das heißt auch mit wichtigen nichtmarktlichen Stakeholdern wie Behörden, Anwohnern, Aktionsgruppen usw.

In der Regel kann davon ausgegangen werden, daß ein Produkt oder Herstellungsprozeß mehrere Funktionen erfüllt oder zumindest berührt. Aufgrund differierender soziokultureller Normen und damit verbundener Perspektiven kann die Nutzendefinition verschiedener Anspruchsgruppen unterschiedlich ausfallen. Diese bewerten demnach auch die Effektivität von Leistungen, Investitionen und Produktionsprozessen unterschiedlich.

So kann beispielsweise der Bau eines Sondermüllofens von der Industrie als eine sehr effektive Umweltschutzmaßnahme gesehen werden, da toxische Substanzen zu inerter Schlacke transformiert werden. Gewiße Umweltschutzorganisationen können den Sondermüllofen demgegenüber als ineffektiv, ja sogar umweltschädlich beurteilen, da er das Entstehen von Sondermüll in Zukunft weiterhin ermöglicht und legitimiert. Bestünde kein Sondermüllofen und wäre das Entstehen von Sondermüll untersagt, so müßte verhindert werden, daß Sondermüll überhaupt entsteht.

Da die unterschiedliche Zieldefinition und Nutzenzuweisung auf anderen Werthaltungen beruhen, kann dieser Zielkonflikt nur durch eine jeweilige explizite Spezifizierung des Effektivitätsbegriffes transparent gemacht werden.

Unter der im weiteren betrachteten *ökologischen Effektivität* (Öko-Effektivität) wird der Grad der absoluten Umweltverträglichkeit einer Leistung, Unternehmung, Investition oder betrieblichen Aktivität verstanden (vgl. Schaltegger u. Sturm 1990, S. 278; Stahlmann u. Clausen 1999). Nun beeinflussen alle menschlichen Handlungen das Ökosystem. Daraus zu folgern, daß alle Handlungen für die Umwelt problematisch seien, käme einer Negierung der Menschheit gleich. Um eine sinnvolle Abgrenzung von Umweltproblemen zu erhalten, sollte sich die Beurteilung der Umweltverträglichkeit deshalb an gesellschaftlich akzeptierten naturwissenschaftlichen Erkenntnissen orientieren. In diesem Sinne scheint Umweltverträglichkeit grundsätzlich gegeben zu sein, wenn die Zielerreichung nicht zu Prozessen führt, die Kreisläufe des ökologischen Systems durchbrechen. Die Zielerreichung wird von einem quantitativen und einem qualitativen Aspekt beeinflußt:

– Die Öko-Effektivität wird erstens durch die *Art* der Aktivität beeinflußt. So ist beispielsweise Autofahren grundsätzlich umweltbelastender als zu Fuß gehen.
– Zweitens hat die *Menge* der Verwendung eines Produktes oder Produktionsverfahrens einen Einfluß auf die Öko-Effektivität. So ist beispielsweise Kuhdung in kleinen Mengen auf Fettwiesen umweltverträglich, während das Jauchen von Feldern in großen Mengen zur Überdüngung von Gewässern führt.

Zur Sicherstellung der *Öko-Effektivität* von Produkten steht die Unternehmensleitung vor der Herausforderung, die Vor- und Nachstufen ihrer Leistungserstellung zu beurteilen, da diese sowohl die Öko-Effektivität von Lieferanten, Kunden und Entsorgungsunternehmen als auch die gesamte Öko-Effektivität des Produktes beeinflußt.

So müßten zum Beispiel bei der Evaluation von Getränkeverpackungen die Umwelteinwirkungen der Produktion (Verpackungshersteller), Vorproduktion (Lieferanten von Rohstoffen für die Verpackungsherstellung), Entsorgung (Deponie) und Transporte berücksichtigt werden.

Die Öko-Effektivität kann auch bezüglich der *Zeitdimension* unterschiedlich betrachtet werden.

So sind zum Beispiel Insektizide i.d.R. zwar kurzfristig sehr effektiv, indem sie das geforderte Problem (Schädlingsbefall) lösen. Bei einer mittel- bis langfristigen Betrachtung hingegen löst das Produkt das gestellte Problem nicht mehr, weil einerseits Schädlinge resistent geworden sind, und andererseits bei der Betrachtung über den gesamten Produktlebenszyklus der Hauptnutzen des Produktes durch unerwünschte Nebenwirkungen überkompensiert werden kann. Dadurch wird zwar nicht die Funktion des Produktes in Frage gestellt, aber das Produkt zur Erfüllung dieser Funktion.

Des weiteren sollte eine Leistung die Bedürfnisse *unterschiedlicher Anspruchsgruppen* erfüllen, damit sie im Stakeholderumfeld der Unternehmung allgemein als effektiv eingeschätzt wird. Die Beurteilung der Leistung und der Leistungserstellung aus der Sicht der Abnehmer entspricht dem Postulat eines markt- und damit bedürfnisgerechten Unternehmerverhaltens. Dieser Marketingansatz kann aber nur dann auch langfristig erfolgreich verwirklicht werden, wenn er durch den Einbezug aller wichtigen Stakeholder erweitert wird. Dies bedeutet, daß unternehmerische Leistungen nur effektiv sein können, wenn sie auch bezüglich ihrer Umweltverträglichkeit gesellschaftlich akzeptiert werden.

Zusammenfassend kennzeichnet sich ein *technologisch rationales Umweltmanagement* dadurch, daß es die Öko-Effektivität des betrieblichen Umweltschutzes erhöht und die gesamte Umweltbelastung der Unternehmung und ihrer Leistungen reduziert.

4.3.5
Öko-Effizienz

Das Erfolgskriterium im Markt ist die *Effizienz*. Dabei ist zwischen der allokativen Effizienz und der betrieblichen Effizienz (auch Kosteneffizienz) zu unterscheiden. *Allokationseffizientes Handeln* erfordert, daß die vorhandenen Ressourcen so eingesetzt (alloziert) werden, daß der größtmögliche Gesamtnutzen resultiert. Die *betriebliche Effizienz* ist demgegenüber erreicht, wenn der geringstmögliche Verbrauch zur Erreichung eines gegebenen (Teil-)Ziels sichergestellt ist. Allokative Effizienz ist dann gegeben, wenn Aktivitäten sowohl wirksam (effektiv) als auch betrieblich effizient sind. Da die Effektivität im vorigen Abschnitt schon behandelt wurde, liegt der Fokus hier bei der betrieblichen Effizienz (auch Kosteneffizienz).

Die betriebliche Effizienz unternehmerischer Handlungen wird üblicherweise im finanzwirtschaftlichen Sinne als Rentabilität gemessen. Da die Inputressourcen aus Sicht der Unternehmung knapp sind, ist Effizienz, als das Verhältnis von bewertetem Output zu bewertetem Input, das traditionell im Zentrum stehende „Muß-Kriterium" zur Sicherung der Existenz der Unternehmung. Andere Begriffspaare zur Beurteilung der Effizienz sind Ertrag und Aufwand, Leistung und Kosten u. dgl.

Nun kennzeichnen sich Umweltprobleme in einer Marktwirtschaft meist dadurch, daß gewisse Umweltgüter keinen oder einen zu tiefen Preis haben oder daß die physischen Verursacher von Umweltbelastungen einen Teil der Kosten der Umweltbelastung nicht tragen. Externe Kosten führen zu einer Verzerrung der Preisverhältnisse und damit zu einem verstärkten Anreiz, die Umwelt zu belasten. Um ökologieorientierten Forderungen gerecht zu werden, muß die Unternehmensleitung die zumeist auf monetären Rechnungsgrößen basierenden und auf die eigene Unternehmung bezogenen finanzwirtschaftlichen Effizienzbetrachtungen deshalb im Rahmen des Umweltmanagements ergänzen.

Effizienz läßt sich in mehreren Dimensionen messen, wobei für ökologische Fragestellungen insbesondere die im folgenden zu erläuternde ökologische Effizienz und die ökonomisch-ökologische Effizienz zu beachten sind.

Legen wir unseren Betrachtungsschwerpunkt auf die externen Effekte wirtschaftlichen Handelns, so läßt sich analog zur Wertschöpfung die Schadschöpfung ermitteln. *Schadschöpfung* ist die Summe aller durch (betriebliche) Leistungserstellungsprozesse (direkt oder direkt und indirekt) verursachten und bezüglich ihrer relativen Schädlichkeit gewichteten Umwelteinwirkungen (Schaltegger u.

Sturm 1990, S. 280). Dabei kann die Schadschöpfung sowohl für Produktionsprozesse, Unternehmen und Produkte als auch Volkswirtschaften ermittelt werden. Weil ökologische Probleme ihre Ursachen oft auf früheren Stufen der wirtschaftlichen Leistungserstellung haben, wird vom Management manchmal gefordert, eine umfassende Beurteilung der Schadschöpfung von *Produkten* über die gesamte Wertschöpfungs- bzw. Schadschöpfungskette vorzunehmen.

Die Messung der Schadschöpfung erfordert immer zuerst eine Erfassung von Material- und Energieflüssen, wobei jeweils nach Menge und Art zu unterscheiden ist. Auf Grundlage solcher Materialflußrechnungen bauen dann die heute in der Umweltmanagementpraxis verbreiteten Ökobilanzmethoden und das ökologische Rechnungswesen auf. Sie streben die Bildung von Indikatoren oder eines Index zur Messung der Schadschöpfung an. Für eine Diskussion unterschiedlicher Ökobilanzansätze (Fava et al. 1991; SETAC 1993; Heijungs et al. 1992) und des ökologischen Rechnungswesens (Schaltegger et al. 1996a) wird auf die einschlägige Literatur verwiesen, wobei das Ergebnis dieser Meßmethoden unabhängig von der jeweils verwendeten Nomenklatur hier mit „Schadschöpfungseinheiten" bezeichnet werden kann.

Wird die generelle Definition von Effizienz als das Verhältnis von erwünschtem Output zu Input in einem rein ökologischen Sinne interpretiert, so kann von ökologischer Effizienz gesprochen werden. Die *ökologische Effizienz* ist die Relation zwischen der Erfüllung einer Funktion oder einer erwünschten Leistung und der für Ihre Erstellung entstandenen Schadschöpfung (Schaltegger u. Sturm 1990, S. 280). Bei der Bestimmung der ökologischen Effizienz ist zwischen Produkteffizienz und Funktionseffizienz zu unterscheiden:

- *Ökologische Produkteffizienz:* Verglichen wird die Schadschöpfung unterschiedlicher Produktvarianten wie zum Beispiel unterschiedliche Autotypen mit vergleichbarer Leistung. Das Auto mit der geringsten gesamten Schadschöpfung hat die größte ökologische Produkteffizienz.
- *Ökologische Funktionseffizienz:* Verglichen wird die Schadschöpfung unterschiedlicher Produkte zur Erfüllung einer bestimmten Funktion wie beispielsweise die Bewältigung einer Distanz von drei Kilometern in zehn Minuten in einer Großstadt. Dabei können Straßenbahn, Auto und Fahrrad miteinander verglichen werden. Das Verkehrsmittel, das die geringste Schadschöpfung zur Raumüberwindung in der vorgegebenen Zeit verursacht, erfüllt die Funktion am ökologisch effizientesten.

Obwohl eine Verbesserung der Produkteffizienz grundsätzlich erstrebenswert ist, stellt sie oftmals eine Suboptimierung dar. So können gewisse Produktgattungen niemals eine auch nur annähernd so gute Funktionseffizienz erreichen wie andere (z. B. Personenwagen versus Fahrrad im Stadtverkehr).

Zusammenfassend kann die ökologische Produkt- bzw. Funktionseffizienz wie folgt beschrieben werden:

$$\text{ökologische Effizienz} = \frac{\text{erwünschter Output}}{\text{Schadschöpfung}} \qquad (4.1)$$

Um die ökologische Funktions- und Produkteffizienz zu erhöhen, sind Umweltschutzmaßnahmen notwendig. Eine *Umweltschutzinvestition ist dann ökologisch effektiv*, wenn das absolute Verhältnis zwischen der verminderten Umweltbelastung durch die Investition und die bei der Herstellung, dem Betrieb und der Entsorgung zusätzlich entstehenden Umweltbelastungen größer als eins ist. Die Relationszahl zwischen der reduzierten und der verursachten Schadschöpfung mißt die ökologische Effizienz der Umweltschutzmaßnahme:

$$\text{ökologische Effizienz einer Umweltschutzmassnahme} = \frac{\text{reduzierte Schadschöpfung während der Betriebsdauer}}{\text{durch Herstellung, Betrieb und Entsorgung der Umweltschutzmassnahme verursachte Schadschöpfung}} \qquad (4.2)$$

Produkte, Herstellungsverfahren und Unternehmungen können dann als umweltfreundlich bezeichnet werden (vgl. auch Kapitel 7),

- wenn sie die größte ökologische Funktionseffizienz (und damit auch die größte Produkteffizienz) aufweisen (Effizienzkriterien) sowie
- wenn die mengenmäßige Inanspruchnahme der Funktion durch dieses Produkt nicht zu Zuständen und/oder Prozessen führt, die Kreisläufe des ökologischen Systems durchbrechen oder zu durchbrechen gefährden (Effektivitätskriterium).

Zur Sicherstellung eines ökologisch und ökonomisch betrachtet effizienten Einsatzes des Umweltschutzbudgets, müssen die Maßnahmen mit dem größten ökologischen Nettonutzen pro hierfür eingesetzten Geldbetrag ermittelt werden. Die Maßzahl zur Bestimmung der ökonomisch und ökologisch besten Maßnahmen ist die ökonomisch-ökologische Effizienz oder Öko-Effizienz (Schaltegger u. Sturm 1990, S. 283). Die Beurteilung der Öko-Effizienz kann für alle, auch die nicht auf Umweltschutzbelange ausgerichteten unternehmerischen Handlungen erfolgen. Generell steht dabei das Verhältnis der ökonomischen Leistung zur Schadschöpfung oder eines ökonomischen Leistungsindikators zu einem ökologischen Leistungsindikator im Vordergrund.

$$\text{Öko-Effizienz (ökonomisch-ökologische Effizienz)} = \frac{\text{Wertschöpfung}}{\text{Schadschöpfung}} \qquad (4.3)$$

Der *Zusammenhang zwischen Öko-Effizienz und nachhaltiger Entwicklung* läßt sich anhand von Abbildung 4.4 veranschaulichen. Ausgehend vom eingezeichneten Punkt sind Entwicklungen in Richtung der Pfeile A, B und C öko-effizient, da sich das Verhältnis zwischen Wertschöpfung und Schadschöpfung verbessert.

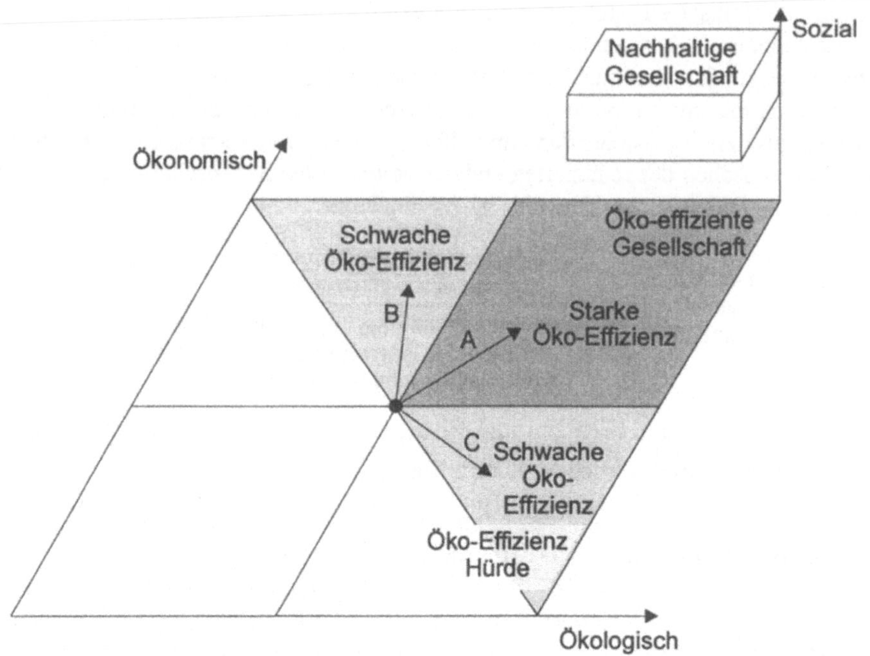

Abb. 4.4. Sustainable Development und Öko-Effizienz

Dem Kriterium der *schwachen Öko-Effizienz* genügen alle Entwicklungen rechts der eingezeichneten *Öko-Effizienz-Hürde*. Dabei ist zu beachten, daß bei der schwachen Öko-Effizienz eine Verschlechterung in der ökonomischen (bzw. ökologischen) Dimension durch eine überproportionale Verbesserung in der ökologischen (bzw. ökonomischen) Dimension überkompensiert und die Relationsziffer der Öko-Effizienz verbessert werden kann. Ein „Trade-off" zwischen ökonomischer Performance und ökologischer Performance wird zugelassen.

Von *starker Öko-Effizienz* kann demgegenüber gesprochen werden, wenn es zu keiner Verschlechterung in der ökonomischen und ökologischen Dimension kommt. Damit sind alle Entwicklungen in Richtung des Quadranten rechts hinten stark öko-effizient (Pfeil A).

Beim Konzept der *nachhaltigen Entwicklung* (sustainable development) wird gegenüber dem Öko-Effizienz-Ansatz zusätzlich die soziale Dimension berücksichtigt (Pfeil nach oben).

Schwache Nachhaltigkeit (weak sustainability) ist gegeben, wenn der gesamte Kapitalbestand einer Gesellschaft über den Zeitablauf erhalten bleibt oder zunimmt (Pearce u. Turner 1990/94).

$$dK/dt \geq 0 \text{, wobei } K = K_0 + K_N + K_S \tag{4.4}$$

Wie aus der obigen Formel ersichtlich, läßt schwache Nachhaltigkeit eine Kompensation zwischen der ökologischen, sozialen und ökonomischen Dimension zu, solange der Gesamtkapitalbestand zunimmt oder gleichbleibt. Die ökologischen, ökonomischen und sozialen Kapitalbestände werden als additiv und susbstituierbar erachtet.

Die Forderung nach einer *starken Nachhaltigkeit (strong sustainability)* erlaubt demgegenüber keine Verschlechterung in einer Dimension (bzw. geht davon aus, daß ökologische, ökonomische und soziale Kapitalbestände nicht substituierbar sind). In Abbildung 4.4 wird eine starke nachhaltige Entwicklung durch eine Entwicklung in Richtung einer nachhaltigen Gesellschaft, das heißt in den Quadranten nach rechts hinten sowie nach oben repräsentiert.

$$dK/dt \geq 0 \text{ mit den Restriktionen } K_0 \geq 0 \text{ und } K_N \geq 0 \text{ und } K_S \geq 0 \qquad (4.5)$$

Die Diskussion der Zusammenhänge zwischen nachhaltiger Entwicklung und Öko-Effizienz zeigt, daß Öko-Effizienz ein Teilkriterium der nachhaltigen Entwicklung darstellt. Nachhaltige Entwicklung ist auch öko-effizient. Öko-effiziente Entwicklungen müssen jedoch nicht unbedingt nachhaltig sein.

Das Erfolgskriterium der Öko-Effizienz wurde einige Jahre nach seiner konzeptionellen Entwicklung von verschiedenen Exponenten als zentrales Ziel des betrieblichen Umweltmanagements propagiert (vgl. Schmidheiny 1992) und ist in den letzten Jahren von verschiedenen internationalen Organisationen zum alleinstehenden Imperativ des betrieblichen Umweltmanagements hochstilisiert worden (De Simone u. Popoff 1997 für den World Business Council of Sustainable Development, OECD 1998). Obwohl das Konzept akademischen Ursprungs ist, wird Öko-Effizienz oft als „concept of business for business" angepriesen (vgl. z. B. De Simone u. Popoff 1997). Mehr oder weniger willkürliche Quantifizierungen und Spielarten der Öko-Effizienz finden sich unter den Schlagworten „Faktor vier" (von Weizsäcker et al. 1995) oder neuerdings „Natural Capitalism" (Lovins 1998). Ein wesentlicher Grund für die Popularität dieses Erfolgskriteriums dürfte in der Tatsache liegen, daß die Steigerung der Öko-Effizienz (also die ökonomisch-ökologische Effizienz) die Suche nach „Win-Win"-Lösungen im Umweltschutz nahelegt und im Falle der schwachen Öko-Effizienz trotzdem einen Trade-off zwischen ökonomischen und ökologischen Zielen erlaubt.

Zusammenfassend kennzeichnet sich ein *wirtschaftlich rationales Umweltmanagement* durch eine Verbesserung der Öko-Effizienz der Unternehmung und ihrer Leistungen.

4.3.6
Ökologische Interessenpolitik und Handlungsspielraum

Nur ein Teil der Beziehungen zwischen Stakeholdern einer Unternehmung äußert sich in Markttransaktionen. Neben – und oft auch anstelle – von marktlichen Transaktionen finden sowohl innerhalb von Unternehmungen als auch zwischen organisationsinternen und externen Stakeholdern vielfältige interessenpolitische Prozesse statt (vgl. z. B. Krüssel 1997; Mintzberg 1993; Morgan 1986; Sandner 1990; Schaltegger 1999a). *Ökologische Interessenpolitik* ist dabei das Ergebnis des Transfers der politischen Rationalität auf Umweltfragen. Stakeholder sind Interessenvertreter und versuchen ihre Ansprüche hinsichtlich einer erhöhten, unveränderten oder niedrigeren Ökologieverträglichkeit – sei es auf der Ebene der soziokulturellen Normen, der Rechtssetzung, der Effektivität oder der Effizienz – in interessenpolitischen Prozessen durchzusetzen. Dabei haben die Stakeholder simultan sowohl übereinstimmende (z. B. die Erhöhung der verteilbaren Wertschöpfung der Unternehmung) als auch konfliktäre Interessen (z. B. einen höheren Anteil der verteilten Wertschöpfung zu erhalten). Eine uneingeschränkte Befriedigung der Stakeholder ist nicht möglich, da die prinzipiell unlimitierten Ansprüche einer Knappheit tauschbarer Güter gegenüberstehen. Das Management muß deshalb gezwungenermaßen die Interessen gewisser Gruppen zurückgestellen. Da die Stakeholder ihre Interessen selten widerstandslos zurückstellen lassen, kommt es in der Realität zu interessenpolitischen Prozessen und insbesondere auch zu Verteilungskämpfen.

Die Unternehmensleitung, wie alle anderen Stakeholder auch, steht demnach vor der Herausforderung, die konfliktären Interessen gegeneinander abzuwägen und den eigenen Handlungsspielraum soweit als möglich sicherzustellen. Dabei stehen die Stakeholder in einem gegenseitigen und wechselnden sowie zeitlich und in der Art unterschiedlichem Abhängigkeitsverhältnis.

Ansprüche aus dem politischen Umfeld der Unternehmung betreffen Macht und Machtverteilung und gehen der Frage nach, wie die Zielerreichung verfolgt bzw. die Ziele durchgesetzt werden sollen (vgl. z. B. Pfeffer 1992; Mintzberg 1983).

Aufgrund differierender soziokultureller Normen stellen Stakeholder unterschiedliche politische Ansprüche, indem sie ihre spezifischen *Interessen* mit ihrer eigenen Vorstellung von Macht durchzusetzen versuchen (vgl. z. B. Morgan 1986). *Macht* stellt dabei die Fähigkeit eines Stakeholders dar, die Unternehmensleitung gegen ihren Willen zu bestimmten Handlungen zu bewegen (vgl. z. B. Weber 1972).

Ökologieorientierte Anspruchsgruppen unterscheiden sich von den meisten anderen Interessengruppen dadurch, daß sie nicht zwangsläufig mit den traditionellen Individual- oder Gruppenzielen argumentieren. Sie sehen sich zumeist als Interessenvertreter zukünftiger Generationen oder der natürlichen Umwelt selbst. Inwieweit dies jeweils zutrifft, kann nur im spezifischen Fall abgeschätzt werden.

Wird der Natur ein Eigenwert zugestanden, so müßten die Teilnehmer eines Dialoges zwischen Stakeholdern der „stummen Natur ihre Stimme leihen", um den Verantwortungskreis des Managements auf die Natur auszudehnen. Da die Natur ihre „Ansprüche", nicht mit der uns eigenen Art zu kommunizieren vermitteln kann, müssen diese Ansprüche indirekt über Menschen (im Sinne von Intermediären) artikuliert werden. Das Handeln von Umweltschützern als Stellvertreter der Natur stellt dann den Ausdruck einer Art originären Pflichtgefühls gegenüber dem Zerstörten und Bedrohten dar. Ökologieorientierte Anspruchsgruppen fühlen sich aufgrund ihrer eigenen soziokulturellen Normen legitimiert, diese Interessen wahrzunehmen. Dabei ist es nicht außergewöhnlich, daß selbst illegale Handlungen von entsprechenden Aktionsgruppen von einer breiten Bevölkerungsschicht gutgeheißen werden.

Aus einer pragmatischen Sicht der Unternehmensführung ist es nicht von primärem Interesse, ob der Natur ein Eigenrecht zugestanden wird oder nicht. Wesentlich ist, daß die Unternehmung als interessenpluralistisches Stakeholdernetzwerk verstanden wird, das sich durch Aushandlungsprozesse zwischen verschiedenen Anspruchsgruppen laufend ändert. Für die Unternehmensleitung ist deshalb nur die Tatsache von Bedeutung, daß Ansprüche mit einem bestimmten Inhalt (auch von ihnen selbst) an sie gestellt und durchzusetzen versucht werden.

Die Durchsetzung von Ansprüchen ist ein interessenpolitischer Prozeß, der sich durch das Streben nach Macht und nach Beeinflussung der Machtverteilung sowie durch Aushandlungsprozesse zwischen konfligierender Ansprüchen kennzeichnet. Jeder Stakeholder versucht, über Machtbasen seine Macht aufzubauen, zu erhalten oder zu stärken. Als Machtbasen können beispielsweise die Kontrolle kritischer Ressourcen, die Fähigkeit mit Unsicherheit umzugehen, die Kontrolle über oder Kooperation mit externen Anspruchsgruppen, formale und/oder informale Autorität oder der Fähigkeit, eigene Tätigkeiten zu kommunizieren usw. angesehen werden.

Ökologieorientierte Ansprüche beziehen sich in der Kommunikation in der Regel auf die Öko-Effektivität (d. h. die absolute Höhe der Schadschöpfung) oder die Öko-Effizienz (d. h. das Verhältnis von Wertschöpfung zu Schadschöpfung). Handlungstreibend sind jedoch oft bestimmte gesellschaftliche Wertvorstellungen. Dabei spielt es keine Rolle, ob die Umweltbelastung bereits entstanden ist oder im betrachteten Zeitpunkt erst eine potentielle Belastung darstellt. Art und Umfang, mit der sich ökologieorientierte Ansprüche durchsetzen lassen, ist eine Frage von unterschiedlichen Handlungsspielräumen der Stakeholder, wobei soziokulturelle und rechtliche Normen den Einsatz von Macht beeinflussen und begrenzen, indem sie dem individuellen Verhalten und dem Verhalten von Gruppen als Rahmenbedingungen dienen. Art und Umfang der Durchsetzung ökologieorientierter Ansprüche beziehen sich auf die absolute Höhe und die Zusammensetzung der Schadschöpfung sowie die Zuweisung der Verantwortung für die Schadschöpfung.

Das Potential zur Durchsetzung ökologieorientierter Forderungen hängt erstens von der relativen Substituierbarkeit des Stakeholders und zweitens von den von ihm zur Verfügung gestellten Ressourcen ab. Diejenigen Stakeholder sind für die Unternehmensleitung kritisch, die unersetzliche Ressourcen anbieten und als Ressourcenlieferanten selbst nicht ersetzt werden können. Die Durchsetzungsfähigkeit eines Stakeholders gegenüber dem Management hängt auch von seiner Organisationsfähigkeit bzw. seinem Organisationsgrad ab. Weitere maßgebliche Faktoren in der Interessenpolitik sind Aktivitätsgrad des Stakeholders, Vertrautheit der Unternehmensleitung mit dem Inhalt der Ansprüche und dem Verhalten des Stakeholders. Die Vertrautheit mit ökologischen Themen und Umweltschutzorganisationen stellt für das Management oft ein wesentliches Problem dar, da technische, rechtliche und wirtschaftliche Aspekte beachtet, soziokulturelle Motive hingegen oft übersehen werden. Auch wird manchmal der an sich konstruktive Inhalt von Umweltschutzforderungen nicht erkannt oder gar als destruktiv empfunden. Eine Möglichkeit zur Erhöhung des Vertrautheitsgrades mit ökologieorientierten Fragestellungen kann vielfach durch die Bildung interdisziplinär zusammengesetzter Gremien erreicht werden.

Als *interessenpolitisch rational* kann ein Umweltmanagement bezeichnet werden, das den Handlungsspielraum des Umweltmanagements sichert oder vergrößert.

4.4
Zusammenfassung

Von einem sozio-ökonomisch rationalen Management der ökologischen Herausforderung kann gesprochen werden, wenn eine Unternehmensleitung bezüglich ökologischer Anforderungen legitim, legal, effektiv und effizient handelt und den Handlungsspielraum sichert. Die relative Gewichtung der fünf Erfolgskriterien kann nicht generell bestimmt werden, sondern muß anhand der spezifischen Situation einer Unternehmung und insbesondere der Konstellationen des Stakeholdernetzwerkes beurteilt werden. Die Unternehmensleitung steht dabei vor der Aufgabe, die unterschiedlichen Ansprüche von Stakeholdern laufend gegeneinander abzuwägen und das Unternehmensumfeld aktiv mitzugestalten.

Gehen wir davon aus, daß zwischen den bedeutendsten Stakeholdern weitgehend Einigkeit herrscht, daß die Unternehmungstätigkeiten ökologischen Aspekten grundsätzlich vermehrt gerecht werden sollen, so muß das Management die Erfüllung der Erfolgskriterien des sozio-ökonomisch rationalen Umweltmanagements kontinuierlich überprüfen. Umweltthemen müssen wegen ihrer eminenten interessenpolitischen Bedeutung schlichtweg ein ökonomisches Dauerthema für die rationale normative Führung einer Unternehmung sein. Wichtig ist dabei, daß die Untererfüllung eines Kriteriums nicht durch die Übererfüllung eines anderen Kriteriums kompensiert werden kann. Wenn beispielsweise im soziokulturellen Umfeld der Unternehmung die ökologieorientierten Werthaltungen zuwenig berücksichtigt werden und gewisse Stakeholder auf die Unternehmungsleitung deshalb Druck ausüben, so kann dem nicht wirksam durch eine Steigerung der Öko-Effizienz begegnet werden.

Im folgenden wird betriebliches Umweltmanagement aus der jeweiligen Perspektive von vier verschiedenen Gruppen von Stakeholdern – nämlich Normensetzungsorganisationen, Finanzmarktakteuren, Abnehmern bzw. Kunden sowie Interessengruppen – diskutiert. Wie bei den Erfolgskriterien des sozioökonomisch rationalen Umweltmanagements darf auch die Diskussion der vier Perspektiven nicht darüber hinwegtäuschen, daß die Unternehmensleitung faktisch nicht vor der Frage steht, welche der Richtungen – eine Normen-, Finanz-, Gütermarkt- oder Interessenpolitikorientierung – sie wählen sollte, sondern die Herausforderung zu bewältigen hat, die unterschiedlichen Perspektiven in Einklang und den betrieblichen Umweltschutz zum Erfolg zu bringen.

4.5
Reviewfragen

1. Was ist unter Umweltmanagement zu verstehen?
2. Worin liegt das Kernanliegen des normativen Umweltmanagements?
3. Wodurch zeichnen sich die Stakeholder der Unternehmung aus? Wer ist kein Stakeholder? Illustrieren Sie Ihre Argumente mit Beispielen.
4. An welchen Kriterien ist ein sozio-ökonomisch rationales Management der ökologischen Herausforderung ausgerichtet und welche Konsequenzen ergeben sich daraus für die Formulierung umweltbezogener Unternehmensstrategien?
5. Zeigen Sie anhand der Öko-Legitimität auf, inwiefern die Konzeption von Strategien des Umweltmanagements einen interkulturellen Kontext berücksichtigen muß.
6. Warum ist ein nur knappes Erfüllen der umweltrechtlichen Anforderungen längerfristig oft nicht lohnenswert?
7. Stellen Sie anhand von Beispielen dar, warum die Öko-Effektivität, je nach Interessenstandpunkt, von verschiedenen Akteuren unterschiedlich beurteilt werden kann.
8. Erläutern Sie kurz den Unterschied zwischen ökologischer Produkteffizienz und Funktionseffizienz sowie Öko-Effizienz.

5 Normenorientiertes Umweltmanagement – EMAS als Instrument der Umweltpolitik

H.-P. Wruk
Unternehmensberatung Umweltschutz
Pinneberg bei Hamburg

5.1
Einführung

Mit der „Verordnung des Rates Nr. 1836/93 über die freiwillige Beteiligung gewerblicher Unternehmen an einem Gemeinschaftssystem der EG zum Umweltmanagement und zur Umweltbetriebsprüfung", kurz „EMAS" (als Abkürzung des englischen Titels „Environmental Management and Audit Scheme", in Deutschland auch häufig als Umwelt-Audit-VO oder Öko-Audit-VO bezeichnet) und der Normenfamilie DIN EN ISO 14000 ff. (ergänzt um einige DIN Normen) stehen zwei zum Teil konkurrierende Instrumente für die Umsetzung von Umweltmanagementsystemen zur Verfügung.

Wie es zu dieser Situation kam, und wie diese Werke einzuordnen sind, wird im folgenden erläutert.

Der Ausgangspunkt war Mitte der 80er Jahre die Erkenntnis in der Wirtschaft, daß das Streben nach Vollautomatisierung, verbunden mit einer Vernachlässigung des Faktors Mensch nicht die erwünschten Erfolge hinsichtlich Produktqualität brachte. Das führte dazu, sich dem Faktor Mensch stärker zuzuwenden, zunächst auf dem Gebiet des Qualitätsmanagements. Mit der Verabschiedung der DIN EN ISO Norm 9000 ff. im Jahre 1987 trat die erste Managementnorm in Kraft, die Grundlage auch für die Entwicklung im Umweltmanagement werden sollte.

Die erste Norm zu Umweltmanagementsystemen war der 1992 in Großbritannien verabschiedete British Standard BS 7750 „Specification for Environmental Management Systems". Es folgten einige andere nationale Normen (z. B. in Irland, Australien, Frankreich) ähnlichen Inhalts.

Zu diesem Zeitpunkt war die Arbeit an EMAS bereits in vollem Gange. Der europäische Gesetzgeber hatte die Chance, die sich aus Umweltmanagementsystemen für den Umweltschutz ergab, frühzeitig erkannt. Die Grundidee war die Förderung der freiwilligen Beschäftigung mit dem betrieblichen Umweltschutz und damit der Verbesserung der Schnittstelle zwischen staatlicher Umweltpolitik und betrieblichem Umweltschutz.

EMAS wurde am 23. März 1993 verabschiedet, eine Validierung (die Prüfung durch einen zugelassenen Umweltgutachter) war jedoch wegen der Umsetzungsarbeiten in Deutschland (Umweltauditgesetz, Prüfung und Zulassung von Umweltgutachtern u. a.) erst ab Ende 1995 möglich.

Die Verabschiedung der DIN EN ISO 14001 erfolgte im Herbst 1996. Sie wurde auch als europäische Norm (EN) anerkannt.

EMAS und DIN EN ISO 14001 unterscheiden sich inhaltlich nur wenig. In ihrer rechtlichen Stellung unterscheiden sie sich jedoch fundamental.

Normen sind Übereinkünfte der Wirtschaft, die von dafür gebildeten Normungsorganisationen (in Deutschland das DIN, Deutsches Institut für Normung) herausgegeben werden. Sie werden in Ausschüssen erarbeitet, die von der Wirtschaft besetzt sind. Normen haben einen rein privatrechtlichen Charakter, ihre Befolgung ist rechtlich nicht verpflichtend. Eine vertragliche Verpflichtung, zum Beispiel auf Anforderung des Kunden, bleibt davon unbenommen.

Demgegenüber hat EMAS trotz seines Charakters als Umweltmanagementstandard eine rechtliche Bedeutung. Verordnungen der Europäischen Gemeinschaft, wie EMAS, entsprechen in ihrem Rechtscharakter bundesdeutschen Gesetzen. Das heißt, sie sind unmittelbar in jedem Mitgliedsstaat gültig.

Die Verzögerungen bei der Umsetzung von EMAS in Deutschland resultierten lediglich aus der Notwendigkeit ein Akkreditierungs- und Aufsichtssystem für die erforderlichen Umweltgutachter zu schaffen. Dafür waren von der EU Fristen gesetzt worden.

Eine Verpflichtung zur Einführung von Umweltmanagementsystemen gibt EMAS allerdings – wie schon die Formulierung „freiwillige Beteiligung" im Titel aussagt – nicht her. Durch ihren freiwilligen Charakter und die Fokussierung auf das betriebliche Managementsystem stellt sie im System der Umweltgesetzgebung ein neues, man kann ruhig sagen innovatives, Element dar.

Der Hauptaugenmerk in diesem Kapitel liegt auf der Würdigung der Verordnung in diesem Sinne und der (gewünschten) Funktion des Systems. Für eine Hilfestellung für Unternehmen zur Teilnahme am System wird auf die, insbesondere in Form von Loseblattwerken, zur Verfügung stehende Literatur verwiesen.

5.2
Die Grundzüge von EMAS

EMAS enthält die Beschreibung eines Systems verschiedener Akteure und die Bedingungen für die Teilnahme an diesem System. Dem Unternehmen, bzw. dem Standort kommt dabei die Hauptrolle zu (EMAS geht grundsätzlich vom Standort aus, der validiert werden kann. Das bedeutet jedoch nicht, daß ein Unternehmen nicht für mehrere Standorte ein übergreifendes Umweltmanagementsystem aufbauen kann. In der Novellierung der Verordnung, die derzeit erarbeitet wird, wird dieser Standortbezug zu Gunsten des Organisationsbegriffes, wahrscheinlich aufgegeben.). Aus Sicht des Unternehmens sind für die Teilnahme an EMAS die in Abbildung 5.1 dargestellten Schritte durchzuführen.

Die beiden aufwendigsten Schritte sind die erste Umweltprüfung und der Aufbau eines Umweltmanagementsystems. Demgegenüber erfordern die anderen Schritte viel weniger Aufwand, was jedoch nicht bedeutet, daß sie weniger bedeutend sind.

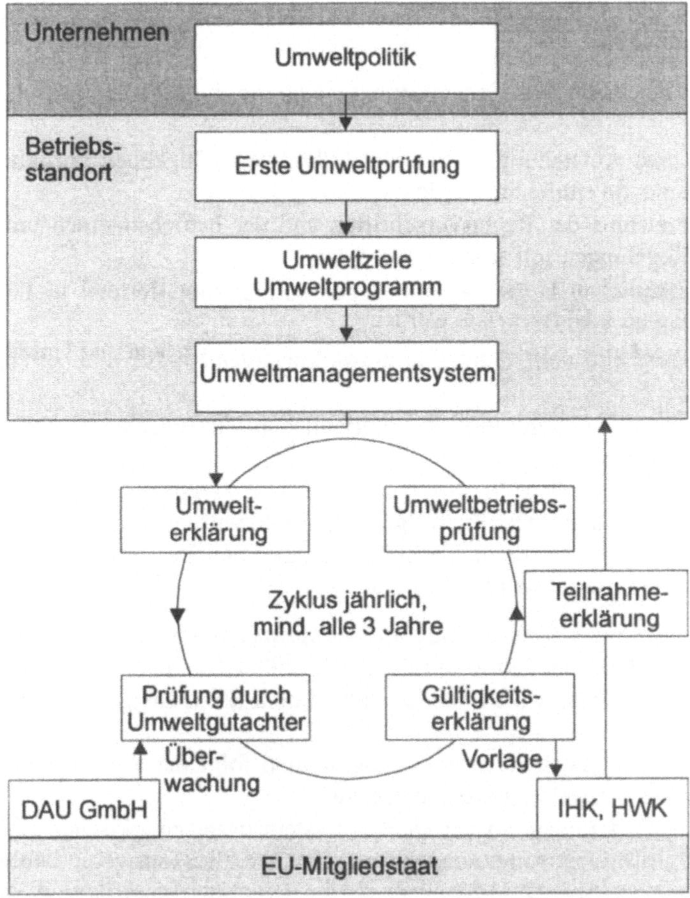

Abb. 5.1. Schritte zur Teilnahme an EMAS

Die Erarbeitung einer Umweltpolitik stellt die Grundlage des gesamten Umweltmanagements dar. Auf ein bis zwei Seiten werden hier die Grundsätze des Umweltschutzes im Unternehmen schriftlich festgehalten. Das hat auf der Grundlage
der „Guten Managementpraktiken" (siehe Anhang I D, EMAS) zu erfolgen.

In Bezug auf die Erarbeitung der Umweltpolitik bestehen sonst keine Vorgaben.

Beim nächsten Schritt, der Umweltprüfung, besteht ein Unterschied zwischen
den beiden Regelwerken. Diese Umweltprüfung ist von EMAS zwingend vorge-
schrieben, von der ISO 14001 nur vorgeschlagen. Eine *Umweltprüfung* ist eine
erste umfassende Bestandsaufnahme des Umweltschutzes an einem Standort
(engl. Bezeichnung „initial review"), sie ist nicht zu verwechseln mit der Umweltbetriebsprüfung. Die Anforderungen an die Umweltprüfung sind in EMAS
sehr kurz geraten. Es wird lediglich die Berücksichtigung der „zu behandelnden
Gesichtspunkte" (siehe Anhang I C, EMAS) gefordert. Die Deutsche Norm

DIN 33924 gibt aber eine Hilfestellung, was eine Umweltprüfung enthalten sollte. Einige Kernpunkte:

- Die zu behandelnden Gesichtspunkte sind deckungsgleich mit denen von EMAS.
- Es soll eine Aufstellung aller umweltrelevanten Tätigkeiten bezüglich dieser Gesichtspunkte erarbeiten werden.
- Ein Verzeichnis der Rechtsvorschriften und der betriebsinternen umweltrelevanten Regelungen soll aufgestellt werden.
- Alle wesentlichen Umweltauswirkungen sollen, zum Beispiel in Form einer Input-Output-Analyse, erfaßt werden.
- Ebenso wird eine Auflistung aller umweltrelvanten Risiken und Unfallgefahren gefordert.
- Die bestehende Organisation des betrieblichen Umweltschutzes soll beschrieben werden.
- Bei der Auswertung soll, soweit sinnvoll, ein Vergleich mit dem Stand der besten verfügbaren Technik erfolgen. Die beste verfügbare Technik ist ein Begriff für die fortschrittliche Technik, die unter den Bedingungen am Standort wirtschaftlich zumutbar ist.

Die *Entwicklung von Umweltzielen und -programmen* als nächster Schritt ist ein logischer Abschluß der Umweltprüfung. Es sollen konkrete Ziele mit Maßnahmen, Terminen, Verantwortlichkeiten und Mitteln (Zeit, Budget u.ä.) verabschiedet werden.

Nach diesen Umweltzielen und -programmen folgt der aufwendigste Schritt, der Aufbau des Umweltmanagementsystems.

In den Anforderungen an ein solches System bestehen zwischen EMAS und ISO 14001 große Übereinstimmungen (vgl. Tabelle 5.1). Der wesentlichste *Unterschied* besteht in den Anforderungen an die Öffentlichkeitsarbeit. Während die Öffentlichkeitsarbeit für EMAS ein zentraler Punkt ist, der auch eine Umwelterklärung, die an die Öffentlichkeit gerichtet ist, umfaßt, verlangt die ISO 14001 lediglich vom Unternehmen, daß es sich die Frage stellt, ob eine Öffentlichkeitsarbeit im Umweltschutz gemacht werden soll und die Dokumentation der Entscheidung.

Die weiteren inhaltlichen Unterschiede sind eher gering, so daß in dieser kurzen Darstellung auf eine Erläuterung verzichtet wird. Für eine tiefere Beschäftigung mit der Materie stehen verschiedene Loseblattwerke zur Verfügung, auf die verwiesen wird (Wruk u. Ellringmann 1998; Alijah u. Heuvels 1994; Döttinger et al. 1995). Strukturell bestehen jedoch noch Unterschiede, die zu erläutern sind:

- Die Formulierungen der EMAS sind zielorientiert. Sie geben damit wenig Hilfestellung in bezug auf das „Wie", lassen anderseits dem Unternehmen mehr Freiheiten. Demgegenüber enthält die ISO 14001 konkrete Forderungen nach festgeschrieben Verfahren für wesentliche Abläufe. Sie vernachlässigt jedoch damit tendenziell die Zielformulierung.
- Die ISO 14001 orientiert sich in ihrer Gliederung an der Grundstruktur der Normenreihe ISO 9000 ff. (Qualitätsmanagementsysteme), sie ist also elemen-

teorientiert. Das heißt die sachlichen Forderungen sind in Einzelelemente gegliedert (17 Elemente), die wiederum zu Gruppen zusammengefaßt sind. Das bedeutet jedoch nicht, daß diese Gliederung gleichzeitig als Inhaltsverzeichnis für das Umweltmanagementsystem zu verstehen ist. Eine gewisse Eignung dafür ist sicher vorhanden, aber nicht zwingend.

Die EMAS-Anforderungen an ein Umweltmanagementsystem (siehe Anhang I B EMAS) sind in sechs Blöcke gegliedert. Die Zuordnung der Einzelforderungen ist in einigen Fällen nicht recht nachvollziehbar.

Als Vorlage für eine Gliederung des eigenen Umweltmanagementsystems ist das Schema in EMAS ungeeignet. Dies wird in Tabelle 5.1, einer Gegenüberstellung von ISO 14001 mit EMAS, deutlich.

Tabelle 5.1. Systemelemente von Umweltmanagementsystemen

ISO 14001	EMAS
4.2 Umweltpolitik	1 Umweltpolitik, -ziele und -programme
4.3.1 Umweltaspekte	3 Auswirkungen auf die Umwelt
4.3.2 Gesetzliche und andere Forderungen	2 Organisation und Personal
4.3.3 Zielsetzungen und Einzelziele	1 Umweltpolitik, -ziele und -programme
4.3.4 Umweltmanagementprogramme	
4.4.2 Organisationsstruktur und Verantwortung	2 Organisation und Personal
4.4.3 Schulung, Bewußtsein und Kompetenz	
4.4.3 Kommunikation	
4.4.4 Dokumentation des Umweltmanagementsystems	5 Umweltmanagement-Dokumentation
4.4.5 Lenkung der Dokumente	
4.4.6 Ablauflenkung	4 Aufbau und Ablaufkontrolle
4.4.7 Notfallvorsorge und -maßnahmen	
4.5.1 Überwachung und Messung	
4.5.2 Abweichungen, Korrektur und Vorsorgemaßnahmen	
4.5.3 Aufzeichnungen	5 Umweltmanagement-Dokumentation
4.5.4 Umweltmanagementsystem-Audit	6 Umweltbetriebsprüfungen
4.6 Bewertung durch die oberste Leitung	1 Umweltpolitik, -ziele und -programme

Die Numerierungen in der Tabelle entsprechen denen in ISO 14001 bzw. EMAS.

In diesem Zusammenhang kann *Umweltmanagementsystem* als ein Ansatz zur sauberen und verläßlichen Organisation und Delegation umweltbezogener Aufgaben im Unternehmen beschrieben werden. Hinter dem Begriff „Mangagementsystem" verbirgt sich lediglich die übliche Technik zur Steuerung komplexer Abläufe mit den Hauptelementen Planung, Durchführung und Kontrolle, wie in Abbildung 5.2 dargestellt.

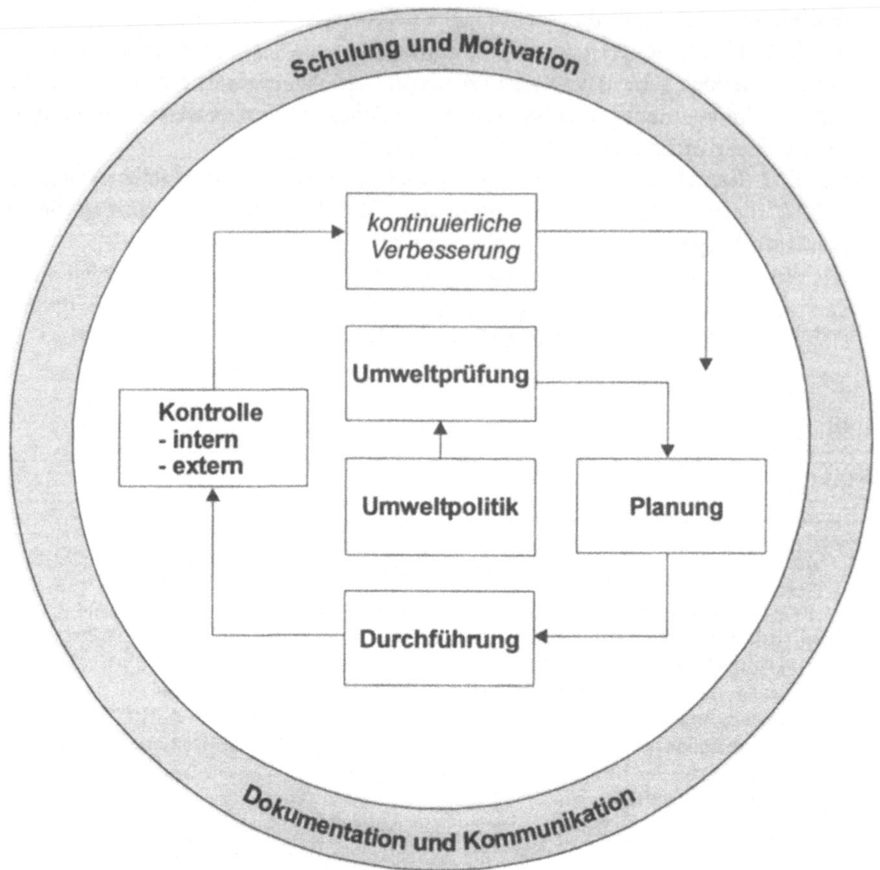

Abb. 5.2. Prinzip von Umweltmangagementsystemen

Die Abbildung entspricht in ihrer Aussage im wesentlichen der Abbildung 5.1, beleuchtet das System jedoch aus Sicht des Managementsystems. Die im Ablauf nach EMAS gesondert betrachteten Elemente, wie Umweltziele und -programme und die Kontrolle durch den Umweltgutachter, bzw. externen Auditor, sind hier in das System integriert. Diese Darstellung mit ihrem Regelkreis verdeutlicht den Systemcharakter.

Nach der Erstellung des Umweltmanagementsystems ist nach EMAS eine Umwelterklärung anzufertigen. Die ISO 14001 kennt – wie schon erläutert – diese Umwelterklärung nicht. Die *Umwelterklärung* enthält (entsprechend Artikel 5, EMAS):

– eine Beschreibung der Tätigkeiten des Unternehmens an dem betreffenden Standort,
– eine Beurteilung aller wichtigen Umweltfragen im Zusammenhang mit den betreffenden Tätigkeiten,

- eine Zusammenfassung der Zahlenangaben über Schadstoffemissionen, Abfallaufkommen, Rohstoff, Energie und Wasser,
- Verbrauch und gegebenenfalls über Lärm und andere bedeutsame umweltrelevante Aspekte, soweit angemessen,
- sonstige Faktoren, die den betrieblichen Umweltschutz betreffen,
- eine Darstellung der Umweltpolitik, des Umweltprogramms und des Umweltmanagementsystems des Unternehmens für den betreffenden Standort,
- den Termin für die Vorlage der nächsten Umwelterklärung,
- den Namen des zugelassenen Umweltgutachters.

Die Umwelterklärung bietet die Möglichkeit, die Umweltaktivitäten des Standortes nach außen zu kommunizieren. Ansprechpartner sind dabei neben dem zugelassenen Umweltgutachter, der die Umwelterklärung zu prüfen hat:

- Kunden,
- Lieferanten,
- Handelspartner,
- lokale und regionale Öffentlichkeit,
- Presse und andere.

Gegenüber den in den vergangenen Jahren vermehrt geschriebenen Umwelt*berichten* bietet die Umwelt*erklärung* einen entscheidenden Vorteil: Aufgrund der Prüfung der Umwelterklärung durch einen zugelassenen Umweltgutachter kann eine weitaus größere Akzeptanz erreicht werden, als mit Umweltberichten heute noch möglich ist, da dieses Medium leider in den vergangenen Jahren häufig zur Selbstdarstellung überstrapaziert wurde.

Entsprechend der Umwelt-Audit-Verordnung ist eine Umwelterklärung jährlich zu erstellen, in ausführlicher Form nach jedem Betriebsprüfungszyklus, also maximal drei Jahre, und in verkürzter Form jährlich innerhalb des Betriebsprüfungszyklusses.

Mit der fertiggestellten Umwelterklärung kann nach EMAS die Validierung des Standortes, also die Prüfung durch den zugelassenen Umweltgutachter erfolgen.

Der Umweltgutachter prüft:

- die Umweltpolitik,
- das Umweltprüfungs, bzw. Umweltbetriebsprüfungsverfahren (wurden sie korrekt durchgeführt),
- die Angemessenheit des Umweltprogramms,
- die Funktion des Umweltmanagementsystems und
- die Umwelterklärung (hinreichend detailliert und genau)

und erklärt dann die Umwelterklärung durch seine Unterschrift für gültig.

Vor einer Zertifizierung des Umweltmanagementsystems nach ISO 14001 ist zusätzlich ein *internes Audit* durchzuführen und das Umweltmanagementsystem muß seit mindestens drei Monaten Bestand haben. Diese Forderung geht allerdings nicht aus der ISO 14001 selbst hervor, sondern aus einem EAC-Guideline, der die Arbeit der Akkreditierungsorganisationen in Europa lenkt.

Nach EMAS wird das erste interne Audit, die Umweltbetriebsprüfung, erst vor Ablauf des Betriebsprüfungszyklusses (der in Abstimmung mit dem Umweltgutachter auf ein bis drei Jahre festzulegen ist) fällig.

Die Forderungen an die *Umweltbetriebsprüfung* sind in EMAS im wesentlichen im Anhang II verankert. Es handelt sich dabei um eine interne Überprüfung des Umweltmanagementsystems und auch der erreichten Erfolge im Umweltschutz.

Das interne Audit nach ISO 14001 kann auf das Umweltmanagementsystem beschränkt werden, soweit dies sinnvoll ist.

Die Anforderungen an ein internes Umweltmanagementsystem-Audit sind nicht in der ISO 14001 selbst, sondern in den Normen ISO 14010, 11 und 12 festgeschrieben. Sie gelten gleichermaßen für interne Audits, als auch für externe Zertifizierungsaudits.

Die *Zertifizierung* nach ISO 14001 schließt mit einer Zertifikatsvergabe durch den Zertifizierer ab.

Auch hier besteht ein Unterschied zu EMAS, wo über die zuständige IHK zunächst eine Rückfrage an die zuständigen Überwachungsbehörden erfolgt und dann, wenn von dort keine Einwände kommen, die Registrierung veranlaßt wird. Der Standort wird dann in einem zentralen europäischen Register geführt und die Umwelterklärung darf veröffentlicht werden.

Das nebeneinander der beiden konkurrierenden Regelwerke zum Umweltmanagement verursacht auch, daß zwei verschiedene Arten von externen Prüfern bestehen:

– Den zugelassenen Umweltgutachter, der persönlich geprüft und zugelassen wird. Hierfür zeichnet die Deutsche Akkreditierungs- und Zulassungsgesellschaft für Umweltgutachter (DAU GmbH Bonn) verantwortlich, die dafür eigens vom Staat beliehen wurde.
  Zugelassene Umweltgutachter dürfen sowohl nach EMAS validieren (also die Umwelterklärung für wahr erklären), als auch nach ISO 14001 zertifizieren. Die Zulassung für die Zertifizierung ist allerdings auf Deutschland begrenzt.
– Die akkreditierten Zertifizierungsorganisationen, die selbst für die Auswahl geeigneter Auditoren veranwortlich sind. Die Akkreditierung läuft über die Akkreditierungsorganisation der Normungsorganisationen, in Deutschland die *TGA*, Frankfurt.
  Diese Zertifizierungsorganisationen dürfen nur nach ISO 14001 zertifizieren, sind dabei aber nicht auf Deutschland begrenzt.

Die Möglichkeit der Teilnahme an EMAS besteht bislang nicht für alle Unternehmen. EMAS selbst sieht lediglich die Teilnahme gewerblicher Unternehmen vor, die über den sog. *NACE*-Code genau definiert sind. Seit März 1998 ist in Deutschland durch eine UAG-Erweiterungsverordnung auch anderen Unternehmen und Organisationen die Teilnahme ermöglicht. Auch hier besteht eine genaue Definition. In der Novellierung von EMAS wird aller Voraussicht nach auch diese Beschränkung fallen. Im vorliegenden Entwurf der EMAS II wird die Teilnahme jeder Organisation ermöglicht, wie es auch für die Zertifizierung nach DIN EN ISO 14001 der Fall ist.

5.3
Einordnung von EMAS ins deutsche Umweltrecht

Die bisherige Umweltpolitik in Deutschland ist regulativ, bestehend aus Geboten und Verboten. Sie ist „historisch gewachsen" und dadurch kompliziert und unübersichtlich. Insbesondere für kleine und mittlere Unternehmen stellt das deutsche Umweltrecht mit seiner Komplexität häufig ein „rotes Tuch" dar, das eine freiwillige Beschäftigung mit dem betrieblichen Umweltschutz eher behindert als fördert.

Die effektive Umsetzung des Umweltrechts erfordert einen hohen Überwachungsaufwand, der von den Behörden zunehmend nicht mehr gewährleistet werden kann. Für kleinere Unternehmen ist ein Überwachungsbesuch durch die Behörde zu einer Seltenheit geworden. Verbote und Gebote sind jedoch nur so wirksam, wie die Überwachung deren Einhaltung.

Ohne die Erfolge des Umweltrechts in der Vergangenheit verleugnen zu wollen, steht das Rechtssystem heute vor einer mit den herkömmlichen Instrumenten nicht lösbaren Aufgabe. Die Umweltprobleme haben sich gewandelt. Bei den Problemen der Vergangenheit, bei denen es um große Umweltprobleme durch eine überschaubare Anzahl von Verursachern ging, war der Vollzug des Rechts noch durchsetzbar. Anders heute, wo wir die Probleme in einer unüberschaubaren Vielfalt jeweils kleiner, für sich gesehen unbedeutender Emissionen als wesentlich ansehen müssen, was den notwendigen Überwachungsaufwand vervielfacht. Denken wir einerseits an die Emissionsbegrenzung in Großkraftwerken und andererseits an das Problem des Recyclings elektronischer Alltagsprodukte.

Mit EMAS wird hier nun ein grundsätzlich anderer und neuer Weg gegangen. Das Wirkgefüge dieses Systems ist in Abbildung 5.3 dargestellt.

Im Mittelpunkt des Systems steht, wie schon ausgeführt, das Unternehmen, bzw. dessen Standort, das ein Umweltmanagementsystem aufbaut und sich verpflichtet, seine umweltschutzbezogene Leistung kontinuierlich zu verbessern, sowie die „Guten Managementpraktiken" (siehe Anhang I D EMAS) einzuhalten. Die kontinuierliche Verbesserung wird über die Erarbeitung von Umweltzielen und -programmen verwirklicht. Dabei ist ein Unternehmen nicht an Handlungsfelder gebunden, die durch die Gesetzgebung vorgegeben sind, sondern kann über die Bereiche, in denen Aktivitäten sinnvoll sind, selbst entscheiden. Einschränkend muß gesagt werden, daß zuvor die Einhaltung aller gesetzlichen Regelungen verpflichtend ist und daß (mit den „zu behandelnden Gesichtspunkten" nach Anhang I C EMAS) Aspekte vorgegeben werden, die daraufhin zu prüfen sind, ob hier ein Handlungsbedarf besteht. Es handelt sich hierbei im wesentlichen um die verschiedenen Umweltbereiche, wie Energie und Rohstoffverbrauch, Abfallwirtschaft u. dgl.

Für die Öffentlichkeit ist anschließend eine Umwelterklärung zu verfassen, die in kurzer verständlicher Form die wesentlichen Umweltaspekte widerspiegeln soll.

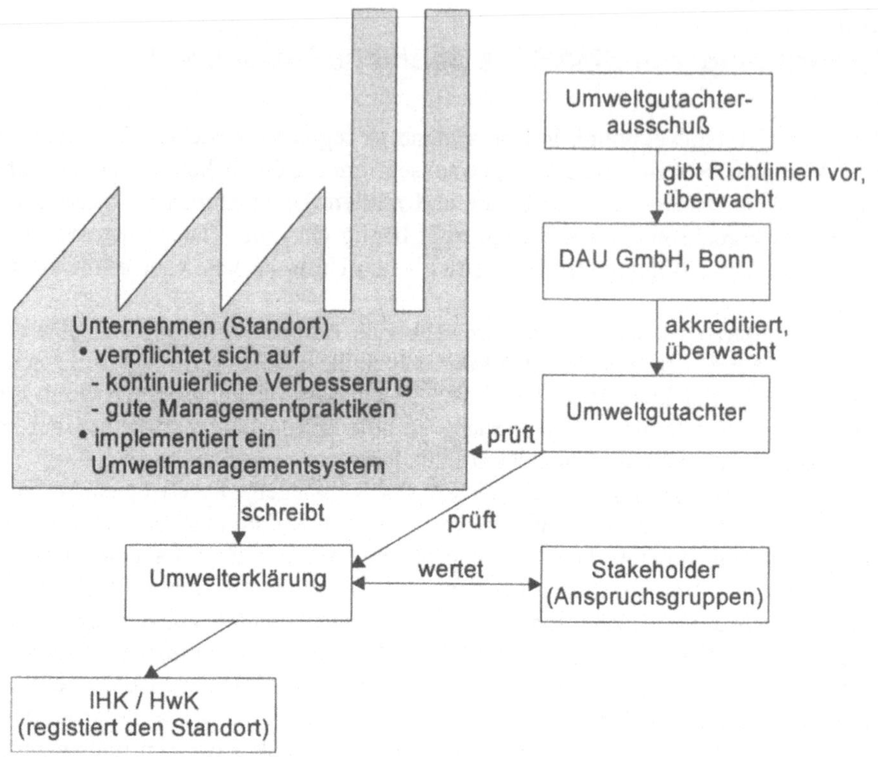

Abb. 5.3. EMAS Wirkungsgefüge

Die Aktivitäten des Unternehmens werden von einem zugelassenen Umweltgutachter geprüft, allerdings nach eher formalen Prüfaspekten. Der Umweltgutachter prüft insbesondere das Umweltmanagementsystem auf Eignung und Funktion. Darüber hinaus hat er die Verläßlichkeit der Daten und Fakten in der Umwelterklärung zu prüfen. Es hat zudem stichprobenartig die Einhaltung der bestehenden Gesetze zu prüfen. Damit übernimmt er zumindest teilweise eine Funktion der Überwachungsbehörden, trägt also zu deren Entlastung bei. Die Überwachungsbehörden sind in ihrer Überwachungstätigkeit allerdings keinen Weisungen unterlegen. Es liegt also in Ihrer Entscheidung, ob sie Ergebnisse von Prüfungen durch Umweltgutachter berücksichtigen oder nicht.

Der Umweltgutachter seinerseits unterliegt der Überwachung der eigens für diesen Zweck gegründeten DAU GmbH (Deutsche Akkreditierungs- und Zulassungsgesellschaft für Umweltgutachter) in Bonn, die wiederum durch den Umweltgutachterausschuß gelenkt wird.

Eine nicht unwesentliche Rolle in diesem Geflecht spielen die Stakeholder, also alle Gruppen, die durch ihr Verhalten Einfluß auf das Unternehmen nehmen können, das sind Kunden, Banken, Versicherungen, Nachbarschaft und viele mehr (vgl. Kapitel 4 des Buches).

Diese Gruppen können ihr Verhalten gegenüber dem Unternehmen an den Erkenntnissen ausrichten, die sich aus der Umwelterklärung ergeben, also zum Beispiel die Produkte des Unternehmens bevorzugen oder links liegen lassen. Das ist natürlich jedem Unternehmen bewußt. Deshalb ist (sozusagen im vorauseilendem Gehorsam) zu erwarten, daß Maßnahmen durchgeführt werden, die ohne diese Öffentlichkeitswirksamkeit nicht verwirklicht worden wären.

In diesem Wirkungsgefüge wird also die konkrete gesetzliche Verpflichtung (bzw. eine Fortschreibung der bestehenden Gesetzgebung) durch vom Unternehmen (in einem vorgegebenen Rahmen) frei zu wählende Umweltschutzmaßnahmen ersetzt, bzw. ergänzt.

Der Umweltgutachter achtet darauf, daß diese Maßnahmen den Bedingungen am Standort angemessen sind. In dieser Beurteilung kommt ihm große Bedeutung zu. Hier hat er seinen größten Ermessensspielraum. Gleichzeitig übernimmt der Umweltgutachter durch die stichprobenartige Kontrolle der Einhaltung bestehender Gesetze und Verordnungen eine staatsentlastende Aufgabe.

Staatliche Gebote und Verbote werden mit der Androhung von Sanktionen durchgesetzt. Auch hier geht EMAS einen anderen Weg: den der Belohnung. Die vom Umweltgutachter unterzeichnete Umwelterklärung ist ausdrücklich für werbliche Zwecke vorgesehen. Das Unternehmen kann damit seine Umweltschutzbemühungen gegenüber der Öffentlichkeit darstellen. Zudem darf die offizielle „Teilnahmeerklärung" genutzt werden, zum Beispiel auf dem Briefkopf des Unternehmens. Eine direkte Produktwerbung, die den Unternehmen natürlich am liebsten wäre, ist jedoch verboten. Eine Eintragung des/der geprüften Standorte in ein zentrales europäisches Register soll die Teilnahme am EG-System für jeden einsehbar machen.[1]

Ob diese Strategie zum gewünschten Erfolg führt, ist noch keineswegs klar. Es besteht ein Interessenkonflikt zwischen Wirtschaft und Staat, der derzeit noch nicht aufgelöst ist.

Die Wirtschaft verlangt vom Staat deutliche Zeichen eines Entgegenkommens, zum Beispiel in Form von Erleichterungen in Genehmigungsverfahren oder der Überwachung durch die Aufsichtsbehörden. Die Diskussion um diese Erleichterungen wird Deregulierungs- und Substituierungsdebatte genannt (vgl. Lange u. Schmihing „EMAS und Deregulierung" in Wruk u. Ellringmann 1998). Der Staat seinerseits erwartet vor wesentlichen Erleichterungen für die teilnehmenden Unternehmen den Beleg dafür, daß mit dem System tatsächlich Erfolge für den Umweltschutz erreicht werden, was sicherlich erst im Zuge der anstehenden Re-Validierungen erfolgen kann. Erst dann wird festgestellt, ob die Umweltziele und -programme tatsächlich zu einer Verbesserung geführt haben. Deshalb sind die bis jetzt zu verzeichnenden Aktivitäten für beide Seiten eher unbefriedigend. Auch die werbliche Wirkung, die für nicht wenige Unternehmen bei ihrer Entscheidung am System teilzunehmen, ausschlaggebend war, hat nicht zum gewünschten Erfolg geführt. Die Verordnung und die Bedeutung einer Validierung sind in der Öffentlichkeit weitgehend unbekannt. Die sich aus der Verordnung ergebende Verpflichtung des Staates, das System bekannt zu machen, ist bislang

---

[1] Siehe http://www.diht.de für Deutschland und http://www.emas.lu für Europa.

noch nicht eingelöst worden. Zudem hat sich die Umwelterklärung als ein zu „sperriges" Instrument für die Kommunikation erwiesen. Für die Novellierung von EMAS ist daher in dem bestehenden Entwurf der EMAS II die Möglichkeit vorgesehen, auch „Abstracts", soweit sie vom Umweltgutachter freigegeben sind, werblich zu nutzen. Das bedeutet eine deutliche Aufwertung der Umwelterklärung.

Der Erfolg von EMAS als Instrument des Umweltrechts hängt also von mehreren Faktoren ab:

- Nimmt die Wirtschaft die Chance an, eine Abwendung von der regulativen Umweltpolitik einzuleiten, nehmen also viele Unternehmen an dem System teil?
- Sind die flankierenden Maßnahmen, in Form von Deregulierung und Substituierung, von staatlicher Seite ausreichend, der Wirtschaft das System schmackhaft zu machen?
- Werden durch das System tatsächliche Erfolge im Umweltschutz erreicht, d. h. benutzen Unternehmen EMAS nicht vorrangig zu werblichen Zwecken, ohne wirkliche Fortschritte im Umweltschutz zu erzielen?

Können die Fragen mit Ja beantwortet werden, so bietet EMAS für den Umweltschutz große Chancen. Die innerbetriebliche Systematik, die von EMAS in Form eines Umweltmanagementsystems vorgeschlagen wird, bietet beim heutigen Stand der Praxis sicher ausreichend Potentiale für eine deutliche Verbesserung des Umweltschutzes und vielen Unternehmen ist daher auch die Diskussion um Deregulierung und Substituierung nicht so wichtig. Das Problem scheint darin zu liegen, daß sich diese innerbetrieblichen Potentiale erst im Rahmen der Arbeit beim Systemaufbau erschließen und daher als Triebfeder nicht das ihnen zukommende Gewicht haben.

Hinzu kommt, daß, geht es nur um das Umweltmanagementsystem, die konkurrierende DIN EN ISO 14001 „Leitfaden für Umweltmanagementsysteme" ebenso gute Instrumente bietet.

5.4
Was bringt ein Umweltmanagementsystem dem Unternehmen?

Die Erwartungshaltung an den Erfolg eines Unternehmens schwankt deutlich in Abhängigkeit von der Art des Unternehmens und natürlich auch von der Einstellung, mit der an dieses Projekt herangegangen wird. Das gleiche gilt für den tatsächlichen Erfolg, der sich aber nicht immer mit der vorherigen *Erwartungshaltung* deckt. Die folgende kleine Auflistung kann daher nur beispielhaft sein.

- Für viele Unternehmen steht die *Risikominimierung* im Vordergrund. Dabei ist Risikominimierung hinsichtlich persönlicher Risiken für Führungskräfte und hinsichtlich des Risikos umweltrelevanter Vorkommnisse zu verstehen. Eine saubere und dokumentierte Delegation risikorelevanter Aufgaben ist dazu natürlich bestens geeignet. Ob dieser Aspekt von Bedeutung ist, hängt selbstverständlich sehr stark vom Unternehmen ab.

- Ein Ergebnis, daß häufig erwartet und auch erreicht wird, ist *die Reduzierung der umweltrelevanten Kosten.* Das kann zum Beispiel über die Berücksichtigung des Umweltschutzes im Einkauf, bei der nicht nur die Anschaffungskosten, sondern auch Entsorgungskosten berücksichtigt werden oder durch eine Verringerung des Verschnittes aufgrund von Maßnahmen in der Ablaufsteuerung erfolgen.

- Nicht zu unterschätzen sind die Erfolge, die sich durch die saubere Organisation aller Aufgaben ergibt. Ein Umweltmanagementsystem ist kaum zu trennen von vielen Bereichen der Arbeitssicherheit und die Analyse der Umweltorganisation führt in aller Regel auch zum *Aufdecken von Verbesserungspotential* im allgemeinen Betriebsablauf. Dies ist zwar nicht so häufig die Triebfeder beim Entschluß ein Umweltmanagementsystem aufzubauen, stellt sich aber vielfach im Rückblick als wesentlicher Erfolg heraus, der für sich alleine gesehen den Aufwand mehr als rechtfertigt.

- *Verbesserungen im Behördenkontakt* werden auch recht häufig als Motivation angegeben. Diese ist auch tatsächlich erreichbar, allerdings nicht durch das Vorweisen einer Umwelterklärung oder eines Zertifikates, sondern eher dadurch, daß im Prozeß des Aufbaus des Umweltmanagementsystems Kontakt mit den Behörden aufgenommen wird.

In einer Zusammenstellung des Umweltbundesamtes vom Juli 1998 (Umweltbundesamt 1998), die auf einer Befragung von 271 Unternehmen beruht, werden die Hauptmotive für die Teilnahme an EMAS wie folgt angegeben:

- kontinuierliche Verbesserung des betrieblichen Umweltschutzes (76 %),
- Erhöhung der Rechtssicherheit (67 %),
- Erkennen von Schwachstellen (65 %).

Die erreichten Erfolge sind ebenfalls angegeben:

- verbesserte Organisation und Dokumentation (76 %),
- Imageverbesserung (68 %),
- erhöhte Rechtssicherheit (67 %).

Es werden aber auch die Forderungen der Unternehmen zur Verbesserung des Systems dargelegt:

- Stärkere Aufklärung der Öffentlichkeit hinsichtlich der Bedeutung und Relevanz von EMAS (89 %).
- Konstruktivere Haltung und verbesserte Anerkennung durch die Behörden; Nutzung von Ermessensspielräumen (85 %).
- Administrative Entlastung durch Reduzierung von gesetzlichen Meß- und Berichtspflichten (85 %).

Zusammengenommen ist die Beurteilung aller Unternehmen über den Erfolg eines Umweltmanagementsystems positiv. Unternehmen, die im Rückblick sagen, der Aufwand wäre nicht gerechtfertigt gewesen, sind eine Rarität.

5.5
Reviewfragen

1. Worin unterscheiden sich EMAS und ISO 14001 in ihrer rechtlichen Stellung voneinander?
2. Welche Schritte sind zur Teilnahme an EMAS durchzuführen?
3. Welche Kernpunkte sollte eine Umweltprüfung enthalten?
4. Die Formulierungen von EMAS sind zielorientiert. – Welche Konsequenzen ergeben sich daraus für das Umweltmanagement?
5. Welche Punkte werden vom Umweltgutachter bei einer Validierung nach EMAS überprüft?
6. Inwiefern ist das Umweltrecht gefordert, sich dem Wandel der Umweltprobleme anzupassen und welchen Beitrag leistet EMAS bei dieser veränderten Ausrichtung?
7. Erläutern Sie bestehende Interessenkonflikte zwischen Staat und Unternehmen hinsichtlich der Gestaltung der Zertifizierungsbedingungen nach EMAS.
8. Was ist unter einem Umweltmanagementsystem zu verstehen? Worin liegen die wichtigsten Vorteil von Umweltmanagementsystemen für das Unternehmen?

6 Finanzmarktorientiertes Umweltmanagement

S. Schaltegger, F. Figge
Institut für Umweltstrategien und Institut für Betriebswirtschaftslehre
Universität Lüneburg

6.1
Umweltmanagement und finanzieller Erfolg

In diesem Kapitel wird diskutiert, wie ein auf die heutigen Bedürfnisse der Finanzmärkte ausgerichtetes Umweltmanagement ausgestaltet sein muß. Der Einfluß der Finanzmärkte auf die Unternehmensleitung hat in den letzten Jahren beträchtlich zugenommen. In diesem Zusammenhang stellt sich die Frage, wie das Umweltmanagement im Hinblick auf die Finanzmarktanforderungen ausgestaltet werden sollte (vgl. Schaltegger u. Figge 1997, 1998).

Erste zentrale Fragestellung dieses Kapitels ist demnach, welche Zusammenhänge zwischen betrieblichem Umweltmanagement und finanziellem Unternehmenserfolg existieren. Aufbauend auf der These, daß nicht jede Art von betrieblichem Umweltschutz, sondern nur ein geschickt gestaltetes Umweltmanagement den finanziellen Unternehmenserfolg bzw. den Shareholder Value steigert (Abschnitt 6.1.2) und einer dem Verständnis der Finanzmärkte dienenden Darlegung von Philosophie und Ansatz des Shareholder Value Denkens (Abschnitt 6.2), wird im folgenden der Frage nach der geeigneten Ausrichtung und Ausgestaltung eines finanzmarktorientierten Umweltmanagements nachgegangen. Im Zentrum des Managementinteresses steht die Beantwortung der Frage, welche Art von Umweltmanagement den Shareholder Value steigert (Abschnitt 6.3) und welche Folgerungen für das betriebliche Umweltmanagement daraus gezogen werden können (Abschnitt 6.4).

6.1.1
Gegenseitige Relevanz von Umweltmanagement und finanziellem Erfolg

Eine intakte natürliche Umwelt ist ein angestrebtes Ziel, ein Ideal. Soll Umweltschutz erfolgreich sein, so darf er jedoch nicht ausschließlich Idealisten überlassen werden. Auf der einen Seite wird vielfach übersehen, daß Umweltschutz, will er nicht eine Utopie bleiben, nicht nur ökologisch, sondern auch ökonomisch nachhaltig sein muß. Ein ökonomisch nicht nachhaltiger Umweltschutz wird über kurz oder lang zu einem Verschwinden der Unternehmung aus dem Markt und damit auch ihrer „guten Taten für die Umwelt" führen. Schlimmer noch: „grüne Idealisten" werden nach anfänglichem Schulterklopfen zum abschreckenden Beispiel und nehmen ökonomisch erfolgreichen Unternehmen den Mut zu einem fortschrittlichen Umweltmanagement.

Vermag hingegen eine Unternehmung durch ein fortschrittliches Umweltmanagement ihren ökonomischen Erfolg auszubauen, so werden einerseits firmeninterne und -externe Verteilungskonflikte entschärft. Andererseits zwingen die Marktmechanismen andere Unternehmungen, diesem erfolgreichen Beispiel zu folgen.

Nur ökonomischer Umweltschutz kann sich nachhaltig durchsetzen. Fortschrittlicher und gleichzeitig wirtschaftlich erfolgreicher Umweltschutz erfordert ein gezieltes Management – das heißt ein effizientes Umweltmanagement. Betriebliches Umweltmanagement ist in diesem Verständnis eine gezielte, systematische Ausrichtung unternehmerischer Tätigkeiten auf die ökonomisch effizienteste Verminderung der Umwelteinwirkungen einer Unternehmung.

Auf der anderen Seite wird oft übersehen, daß *Umweltaspekte schon heute ökonomisch relevant sind,* es in Zukunft noch vermehrt sein werden und eine mangelnde Beachtung den wirtschaftlichen Erfolg beeinträchtigt. Umweltschutz ist schon seit einiger Zeit sowohl kostenrelevant (vgl. z. B. Ditz et al. 1995) als auch Marketingargument (vgl. z. B. Meffert u. Bruhn 1996). Er hat somit direkten Einfluß auf den wirtschaftlichen Erfolg einer Unternehmung. Dabei spielen die zunehmende Regulierungsdichte und das international immer noch steigende Umweltbewußtsein eine wesentliche Rolle.

In verschiedenen Branchen nehmen alleine schon die *Investitionen in nachgeschaltete Umweltschutzanlagen* einen beträchtlichen Anteil an den Gesamtinvestitionen ein.

Betroffen sind hiervon u. a. die Energie- und Wasserversorgungsbranche (20-25 %) oder die chemische Industrie (10-20 %). Wie Beispiele der chemischen Industrie zeigen, sind die ausgewiesenen Umweltschutzkosten über die Jahre vielerorts stark angestiegen (vgl. z. B. Fichter et al. 1997; Ditz et al. 1995).

Hinzu kommen die ständig steigenden *Kosten unterlassener Umweltschutzmaßnahmen,* also die Kosten der Abfallentsorgung, Abgaben auf Abwasser, administrative Kosten zur Einhaltung von Gesetzen u. dgl.

Es gibt heute Beispiele genug, wie auf Grundlage eines guten Rechnungswesens beträchtliche Kosteneinsparungen realisierbar sind (vgl. z. B. BMU u. UBA 1996; Fichter et al. 1997; Fischer et al. 1997; Schaltegger u. Barritt 2000; Schaltegger u. Müller 1997).

Auf der anderen Seite ermöglichen *ökologische Produkte* häufig selbst bei stagnierender Gesamtnachfrage *hohe Margen* und *steigende Umsatzzahlen.*

Herausstechende Beispiele finden sich im Einzelhandel für Nahrungsmittel (z. B. biologische Nahrungsmittel).

Diese einfachen Beispiele zeigen, daß den gegenseitigen Wirkungen von Umweltschutz und Unternehmenserfolg vermehrt Beachtung geschenkt und eine explizite Verbindung beider Ziele angestrebt werden sollte.

Im folgenden wird untersucht, inwiefern betriebliches Umweltmanagement zum wirtschaftlichen Erfolg einer Unternehmung beitragen kann.

6.1.2
Nicht jede Art von Umweltmanagement steigert den wirtschaftlichen Erfolg

Bezüglich der ökonomischen Wirkungen des betrieblichen Umweltschutzes herrschen zwei Meinungen vor. Erstens besteht die Ansicht, daß das erreichte Niveau an betrieblichem Umweltschutz immer öfter in *Konflikt* mit dem Ziel des wirtschaftlichen Erfolgs stehe (vgl. z. B. Lutz 1998). In Abbildung 6.1 wird dieser postulierte Zusammenhang durch die Linie WE_0-B wiedergegeben.

Demgegenüber wird zweitens die Ansicht vertreten (vgl. z. B. WBCSD 1997), daß sich das erreichte Niveau an betrieblichem Umweltschutz nicht nur halten läßt, sondern daß der von Unternehmen betriebene Umweltschutz sogar einen *positiven Einfluß* auf den wirtschaftlichen Erfolg habe (z. B. WE* bzw. Punkt C in Abbildung 6.1 könne durch die Menge U* an Umweltschutz erreicht werden).

Die oftmals erbittert geführte Auseinandersetzung um die vorhandenen Differenzen beider Positionen verdeckt die Gemeinsamkeit beider Aussagen, nämlich, daß betrieblicher Umweltschutz einen relevanten Einfluß auf den wirtschaftlichen Erfolg hat, dieser Einfluß aber sowohl ein positives als auch ein negatives Vorzeichen haben kann. Damit steht nicht nur die Quantität, sondern auch die Qualität des Umweltschutzes im Zentrum des Interesses. So kann zum Beispiel mit einem innovativen Umweltmanagement der Zusammenhang zwischen wirtschaftlichem Erfolg und der Menge an Umweltschutz verändert werden (Verschiebung der Kurve WE_0-C-D-E in Richtung der gestrichelten Kurve in Abbildung 6.1).

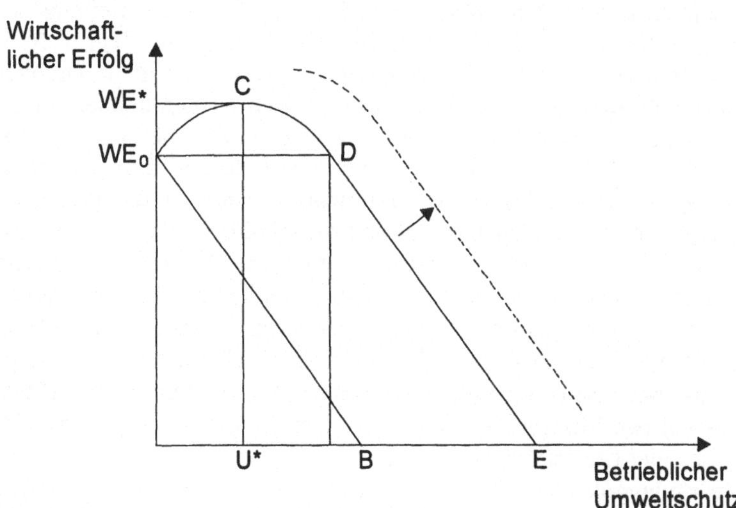

Abb. 6.1. Mögliche Zusammenhänge zwischen betrieblichem Umweltschutz und wirtschaftlichem Erfolg (Quelle: Schaltegger 1989)

Diesbezüglich ist zu beachten, daß aufgrund der relativen Offenheit der Anforderungen eine Zertifizierung nach ISO 14000 oder nach EMAS keine genügende Differenzierung des betrieblichen Umweltmanagements zuläßt und zur Beurteilung der ökonomischen Wirkungen folglich auch nicht genügt.

Im folgenden wird untersucht, welche Art von betrieblichem Umweltmanagement den wirtschaftlichen Erfolg einer Unternehmung verbessern kann. Der wirtschaftliche Erfolg wird dabei aus Sicht der Eigentümer einer Unternehmung, das heißt aufgrund des Shareholder Values, beurteilt.

Um die Frage beantworten zu können, inwiefern das betriebliche Umweltmanagement in Konkurrenz oder im Einklang mit dem Shareholder Value steht, genügt eine grobe Betrachtung der Grundphilosophie natürlich nicht. Hilfreicher dürfte eine Diskussion der Folgerungen sein, die sich aus dem Shareholder Value-Ansatz für das betriebliche Umweltmanagement ergeben.

6.2
Shareholder Value als Maßgröße zur Beurteilung der ökonomischen Wirkungen des betrieblichen Umweltmanagements

6.2.1
Philosophie und Konzept des Shareholder Values

Das Shareholder Value-Konzept hat sich in den letzten Jahren für die Bewertung von Unternehmen bzw. Finanzanlagen und damit für die Beurteilung des wirtschaftlichen Erfolges von Unternehmen vermehrt durchgesetzt (vgl. z. B. Volkart 1995). Zur Beurteilung, welche Folgerungen für das betriebliche Umweltmanagement aus dem Shareholder Value-Ansatz gezogen werden können, müssen der Einfluß von betrieblichen Umweltschutzmaßnahmen auf die sogenannten *Werttreiber* des Shareholder Value analysiert und konfliktäre Wirkungen gegeneinander abgewogen werden. Dabei ist zu beachten, daß sich die grundsätzlichen Überlegungen zu Umweltmanagement und Shareholder Value bzw. wirtschaftlichem Erfolg auch auf öffentliche Betriebe, öffentliche Verwaltungseinheiten und Unternehmungen übertragen lassen, die keine Aktiengesellschaften sind. Es ist allerdings zu beachten, daß eine Shareholder Value-orientierte Analyse des betrieblichen Umweltschutzes einerseits nur einen Teil des Umweltmanagements abdeckt und andererseits auch die Untersuchung der Wirkungen des Umweltmanagements auf den Shareholder Value nur einen Baustein einer Shareholder Value-Analyse einer Unternehmung bildet.

Die Beurteilung des wirtschaftlichen Erfolges von Unternehmen basiert oft auf Daten des Rechnungswesens, in erster Linie auf Umsätzen, Gewinnen und Buchwerten, auch wenn es barwertorientierte Verfahren zur Unternehmensbeurteilung bereits seit längerer Zeit gibt. Die Informationen des Rechnungswesens sind aber mit wesentlichen Problemen konfrontiert (vgl. z. B. Johnson u. Kaplan 1987): Sie sind vergangenheitsorientiert und stark abhängig von Rechnungswesenstandards (vgl. Beispiel unten). Genau genommen sind sie für eine Bewertung des *zukünftigen* ökonomischen Erfolgs von Unternehmen nur wenig geeignet.

Wie das bekannte Beispiel von Daimler AG zeigt, können die verwendeten Rechnungswesenstandards den ausgewiesenen ökonomischen Erfolg maßgeblich beeinflussen. 1993 ließ sich Daimler an der New Yorker Börse kotieren und mußte deshalb die amerikanischen Rechnungswesenstandards anwenden. Unter deutschen Rechnungswesenstandards wies Daimler einen Gewinn von $ 372 Millionen aus während die Firma bei Anwendung der amerikanischen Standards einen Verlust von $1.1 Milliarden im gleichen Jahr verbuchen mußte (The Economist 1997, 58 f.).

Die Vergangenheitsorientierung ist besonders auch aus ökologischer Sicht fragwürdig, erfolgt doch eine zukunftsgerichtete Bewertung und strategische Ausrichtung der Unternehmung auf der Basis vergangenheitsbezogener Daten, statt zukünftige Kosten zukünftigen Erträgen gegenüberzustellen. Zukünftige ökologieorientierte Veränderungen im unternehmerischen Umfeld fließen in der Logik solcher Beurteilungsverfahren erst ein, wenn sie zur unternehmerischen Vergangenheit gehören. Auch die starke Determinierung der ausgewiesenen Unternehmensergebnisse durch bestimmte Rechnungswesennormen ist aus ökologischer Sicht problematisch (vgl. z. B. Schaltegger et al. 1996).

Hier setzt das Shareholder Value-Konzept an. Im Kern handelt es sich um eine herkömmliche *Investitionsrechnung* zur Beurteilung von Finanzanlagen (bes. Aktien). Rein technisch betrachtet ist der Shareholder Value (SHV) der Gegenwartswert der zukünftigen freien Cash-flows einer Unternehmung (vgl. Copeland et al. 1993, S. 72 ff.; Rappaport 1995).

Das Shareholder Value-Konzept stellt auf die erwarteten Bargeldflüsse bzw. die erwarteten freien Cash-flows (FCF) ab, da nur diese zur Befriedigung der Kapitalgeber herangezogen werden können. Unter Free Cash Flow ist der Cashflow zu verstehen, der zur Befriedigung von Eigen- und Fremdkapitalgebern (Bruttomethode) oder der Eigenkapitalgeber (Nettomethode) zur Verfügung steht. Durch die Diskontierung der erwarteten Free Cash-flows wird der Unternehmenswert ermittelt.

$$\text{Unternehmenswert} = \sum_{n=1}^{n=\infty} \frac{FCF_n}{(1 + i)^n} \qquad (6.1)$$

Zieht man davon das Fremdkapital zum heutigen Zeitpunkt (FK) ab, so erhält man den Shareholder Value, das heißt den Wert, der prinzipiell den Aktionären zusteht.

$$SHV = \sum_{n=1}^{n=\infty} \frac{FCF_n}{(1 + i)^n} - FK \qquad (6.2)$$

Im Gegensatz zu den freien Cash-flows berücksichtigt beispielsweise der Gewinn nicht, daß ein Teil des Gewinns unter Umständen im Rahmen der Innenfinanzierung von Investitionen verwendet werden muß und damit der zur Befriedigung der Aktionäre zur Verfügung stehende Anteil reduziert wird.

6.2.2
Vorteile

Der Shareholder Value verfügt im Gegensatz zu Kennzahlen des finanziellen Rechnungswesens (wie z. B. Gewinn) über einen für das Umweltmanagement wesentlichen Vorteil: Er ist zukunftsorientiert und auf eine nachhaltige (langfristige) Wertsteigerung der Unternehmung ausgerichtet. Wie bei den meisten Umweltschutzmaßnahmen spielen auch beim Shareholder Value Investitionen eine zentrale Rolle. Mit der Fokussierung auf die Eigenkapitalrentabilität sind bei jeder Entscheidung auch die Opportunitätskosten, also die Kosten unterlassener alternativer Aktivitäten, mitzuberücksichtigen.

Ökologische Ziele finden weder im finanziellen Rechnungswesen noch im Shareholder Value-Ansatz explizit Eingang. Mit dem Fokus auf ökonomische Kenngrößen haben jedoch beide Konzepte einen starken direkten Einfluß auf die wirtschaftlichen Handlungen der Unternehmensführung und somit indirekt auch auf deren ökologische Auswirkungen. Dabei ist aber zu beachten, daß der antizipatorische Charakter der Shareholder Value-Philosophie, besonders die Zukunftsorientierung und die nachhaltige Wertsteigerung, mehr Gemeinsamkeiten mit dem Postulat der Öko-Effizienz (vgl. Kapitel 4) haben als das vergangenheitsorientierte und von künstlichen Normen geprägte finanzielle Rechnungswesen.

6.2.3
Probleme

Die Philosophie des Shareholder Value-Konzepts birgt aber auch bedeutende Probleme. So spielen die Erwartungen von Investoren und Management eine wesentliche Rolle bei der Bestimmung des anzuwendenden Diskontsatzes und der Abschätzung zukünftiger Cash-flows. Vermögen die Erwartungen die Zukunft nicht ausreichend zu antizipieren (z. B. durch Vernachlässigung der zukünftigen finanziellen Auswirkungen von heute verursachten Altlasten), so entspricht der berechnete nicht dem tatsächlichen Shareholder Value. Auch Werte, die in ferner Zukunft liegen, werden meist nicht ausreichend berücksichtigt. Dies weil aufgrund der Wirkung der Diskontierung in der Praxis eine grundsätzliche Beschränkung des Betrachtungszeitraumes auf fünf bis max. zehn Jahre erfolgt. In diesem Fall besteht die Gefahr von Management- und Investitionsfehlentscheidungen. Es ist deshalb vor einer unreflektierten Anwendung des Shareholder Value-Konzepts zu warnen.

In der unternehmerischen Praxis hat das Shareholder Value-Konzept stark an Bedeutung gewonnen (vgl. z. B. Volkart 1995). Dies beruht auf der impliziten Einschätzung, daß Erwartungsfehler ein geringeres Problem darstellen als die Vergangenheitsorientierung und die (potentielle) Informationsverzerrung des Rechnungswesens. Diese Einschätzung dürfte im wesentlichen durch die unterschiedliche Transparenz der Informationsentstehung begründet sein. So sind beim Rechnungswesen die Wirkungen einer Vielzahl von Normen und Praktiken gesamthaft zu beurteilen. Beim Shareholder Value müssen jedoch nur wenige Variablen (Prognose der freien Cash-flows, Diskontierungs-, Zins- und Risikofaktor) beachtet werden, wodurch die Übersicht steigt. Die Wirkungen der Rechnungswesenstandards auf das Unternehmensergebnis sind fast nur durch ausgewiesene Rechnungswesenfachleute analysierbar (vgl. z. B. Tabakoff 1995, S. 30). Für die Investoren und die Unternehmensführung besteht demgegenüber mehr Transparenz bei den der Berechnung des Shareholder Value zugrundegelegten Annahmen.

6.3
Welche Art betrieblichen Umweltmanagements steigert den Shareholder Value?

6.3.1
Werttreiber

Im folgenden wird untersucht, welche Art von betrieblichem Umweltmanagement entweder zu einer Steigerung oder einer Minderung des Shareholder Values führt. In letzterem Fall geht es darum, die „Vernichtung" von Shareholder Value möglichst klein zu halten.

Mit seiner strikten Ausrichtung auf Effizienz bevorzugt das Shareholder Value-Konzept grundsätzlich ökonomisch effizienten Umweltschutz. Dieser zeichnet sich dadurch aus, daß der gewünschte Schutz der Umwelt mit möglichst geringen Kosten oder Kosteneinsparungen oder gar zusätzlichen Gewinnen erreicht wird. Dies entspricht dem Postulat der Öko-Effizienz. Eine Umweltschutzmaßnahme ist dann öko-effizient, wenn eine möglichst große Umweltentlastung pro Geldeinheit Umweltschutzkosten erzielt wird.

Folgen wir dem Konzept von Rappaport (1995), so kann eine Beurteilung von unternehmerischen Maßnahmen anhand der sogenannten „Werttreiber" (Value Drivers) und den damit zusammenhängenden Managemententscheidungen bezüglich Investitionen, operativem Management und Finanzierung erfolgen (Abbildung 6.2).

Zu den Werttreibern des Shareholder Value gehören:

– Investitionen ins Anlagevermögen
– Investitionen ins Umlaufvermögen
– Umsatzwachstum
– Betriebliche Gewinnmarge und Gewinnsteuersatz
– Dauer der Wertsteigerung
– Kapitalkosten

Die Werttreiber werden je nach Unternehmensart und -größe unterschiedlich stark durch ökologische Aspekte beeinflußt (Ellipson 1995, 1996). Ökologisch induzierte Investitionen sind zum Beispiel Kläranlagen (Anlagevermögen), aber auch die dazugehörigen Betriebsmittel wie Natronlaugen zur Neutralisierung von Säuren (Umlaufvermögen).

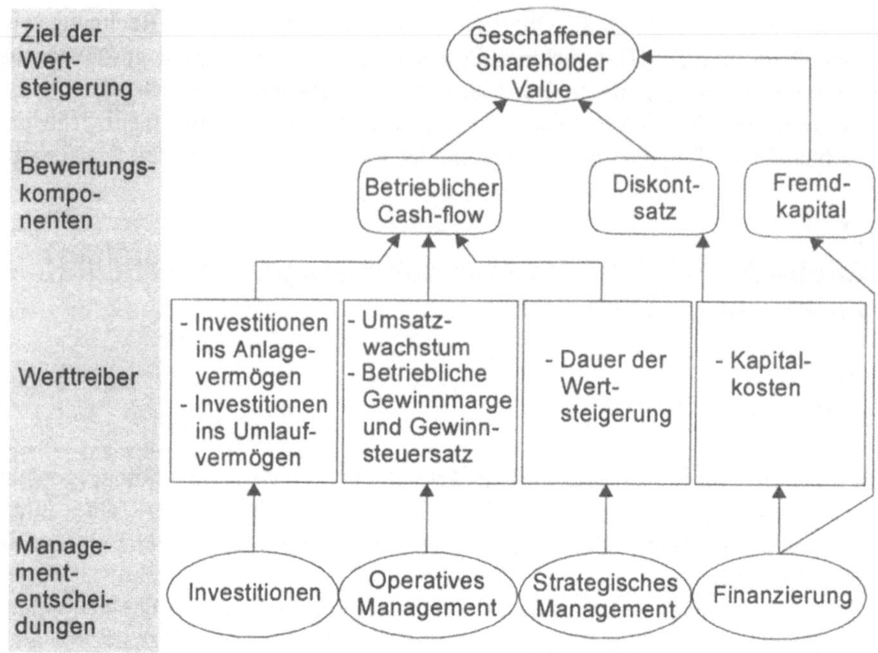

Abb. 6.2. Werttreiber des Shareholder Value (vgl. Rappaport 1995)

Das Umsatzwachstum und die betriebliche Gewinnmarge können zum Beispiel durch „grüne" Produktlinien beeinflußt werden. Ergänzend bemißt sich die Dauer der Wertsteigerung an der Frage, wie lange eine über der Marktrendite liegende Rendite, eine sogenannte *Überrendite*, erzielt werden kann (vgl. Rappaport 1995). Im Unterschied zu diesen Werttreibern beeinflussen die Kapitalkosten nicht die Bewertungskomponente Cash-flow, sondern den Diskontsatz. Die gewichteten Kapitalkosten werden als „Weighted Average Costs of Capital" (WACC) aus Fremdkapitalzinsen und Eigenkapitalkosten berechnet. Bei der Ermittlung der Kapitalkosten wird das eingegangene, auch das ökologisch induzierte Risiko durch die Höhe des Diskontierungsfaktors implizit berücksichtigt.

6.3.2
Investitionen

Im Rahmen des betrieblichen Umweltmanagements haben Investitionsentscheidungen eine große Bedeutung. Dies nicht nur, weil sie viel Kapital binden, sondern auch, weil sie einen langfristigen strukturellen Einfluß auf Produktionsweisen und damit Arbeitsabläufe, Entscheidungswege, Fachkompetenzen usw. haben. Investitionsentscheidungen spiegeln immer auch die unternehmerische Einschätzung der Zukunft der ökologischen Rahmenbedingungen wider.

Die Wirtschaftlichkeit des betrieblichen Umweltschutzes kann grundsätzlich anhand von *Kostenwirksamkeitsanalysen* beurteilt werden. Dabei werden die Kosten pro reduzierte Umweltverschmutzungseinheit verglichen (Es sind selbstverständlich neben den Investitionen auch die direkten und indirekten Betriebskosten zu berücksichtigen.). Im Fall von bestimmten Einzelemissionen wäre die vergleichende Maßgröße zum Beispiel Kilogramm Schwefeldioxid pro Euro Kosten. Schwieriger wird der Vergleich, wenn mit einer Umweltschutzmaßnahme nicht nur eine, sondern eine Anzahl von Emissionen reduziert wird. Dann empfiehlt sich eine Gewichtung der reduzierten Emissionen im Hinblick auf das anvisierte Umweltproblem (vgl. z. B. Heijungs et al. 1992; Schaltegger u. Sturm 1994).

Eine ausschließliche Betrachtung der Kosten von Umweltschutzmaßnahmen kann allerdings zu einer Vernachlässigung der aus Sicht der Eigentümer relevanten Kapitalrentabilität führen. Deshalb empfiehlt sich eine Analyse der Wirkungen von Umweltschutzinvestitionen auf die Werttreiber des Shareholder Values, insbesondere auf die Investitionen ins Anlagevermögen und die Investitionen ins Umlaufvermögen.

6.3.2.1
Investitionen ins Anlagevermögen

Investitionen vermögen dann den Shareholder Value zu steigern, wenn sie eine Rendite abwerfen, die über den Kapitalkosten liegt.

Damit wird deutlich, daß vor allem kapitalintensive Investitionen in sogenannte End-of-the-pipe-Technologien, wie nachgeschaltete Luftfilter und Kläranlagen, den wirtschaftlichen Erfolg einer Unternehmung schmälern. Dies einerseits, weil sie einen hohen Kapitalbedarf aufweisen (z. B. Installation eines Elektrofilters) und andererseits, weil sie in der Regel hohe Betriebskosten verursachen (z. B. Stromkosten und Sondermüllgebühren zur Entsorgung des Filterstaubs) und meist keinen Erlös erzielen.

Die Shareholder Value-Konzeption bevorzugt gemäß diesem Werttreiber einen *kapitalextensiven Umweltschutz.* Bei Umweltschutzinvestitionen sollte deshalb der Fokus tendenziell auf Maßnahmen mit geringem Anlagevermögen liegen. Bei anlagenintensive Maßnahmen ist auf eine entsprechend hohe Rentabilität zu achten.

6.3.2.2
Investitionen ins Umlaufvermögen

Ein weiterer Werttreiber des Shareholder Values sind die Investitionen ins Umlaufvermögen. Auch Maßnahmen, die Materialkosten (Einkauf), Lagerkosten, Verschleiß von Produktionsanlagen, usw. reduzieren, haben einen Einfluß auf den Shareholder Value. Dies ist besonders im Zusammenhang mit integrierten Umweltschutztechnologien wie Prozeßoptimierungen von Bedeutung. Kann eine *Produktivitätserhöhung* durch einen geringeren Verbrauch von Rohstoffen und Halbfabrikaten und demnach einer *geringeren Durchlaufmenge (Throughput)* durch die Produktionsanlagen erzielt werden, so lassen sich ökonomische und ökologische Effizienzsteigerungspotentiale ausschöpfen (vgl. z. B. BMU u. UBA 1996; Fichter et al. 1997; Schaltegger et al. 1996a; Schaltegger u. Müller 1997).

Gemäß Shareholder Value-Konzept besonders attraktiv sind demnach kapitalextensive Investitionen zur Steigerung des Wirkungsgrades bzw. der Produktivität von Fertigungsverfahren.

6.3.3
Operatives Management

Der Einfluß des operativen Managements auf den Shareholder Value wird in erster Linie durch die *Entwicklung des Umsatzes*, die *betriebliche Gewinnmarge* und den *Gewinnsteuersatz* bestimmt. Von ausschlaggebender Bedeutung ist dabei die Kombination dieser Faktoren. So kann sich beispielsweise auch bei steigenden Umsätzen unter der Annahme gleichbleibender Besteuerung der Shareholder Value verringern, wenn der Umsatzzuwachs von einem Margenverfall begleitet ist. Gleichzeitig darf aber auch nicht automatisch von rückläufigen Umsätzen auf ein Sinken des Shareholder Values einer Firma geschlossen werden.

Die Erhöhung des Umsatzes und der Gewinnmarge bedingen eine Nutzensteigerung für die Abnehmer oder ein Marktwachstum. Dabei können ökologische Attribute besonders im Konsumgütermarkt einen wesentlichen Beitrag leisten. Umsatzwachstum und betriebliche Gewinnmarge werden von der *allgemeinen Entwicklung der Branche* und der *Wettbewerbsposition der Unternehmung* innerhalb der Branche bestimmt (vgl. Porter 1989). Beide Faktoren können durch ökologische Faktoren nachhaltig beeinflußt werden (vgl. z. B. Dyllick et al. 1994).

Boomende Branchen führen in der Regel auch bei den jeweiligen Unternehmen der Branche zu steigenden Umsätzen und hohen Margen. Unternehmen, die sich in stagnierenden Branchen befinden, haben in der Regel hingegen auch mit Umsatzverlusten und meist, bedingt durch zunehmende Konkurrenz, mit einem Margenverfall zu kämpfen.

Einzelne Unternehmen können ihren Shareholder Value durch eine Verbesserung ihrer Wettbewerbsposition zusätzlich steigern. In Anlehnung an Porter (1989) kann grundsätzlich zwischen den Strategien der *Preisführerschaft* und der *Differenzierung* zur Verbesserung der Wettbewerbsposition gegenüber den Konkurrenten einer Branche unterschieden werden. Ökologische Faktoren können einen materiellen Einfluß auf beide Strategien haben.

Eine *Preisführerschaft* kann unter anderem durch Kostensenkungen erreicht werden, die Spielraum für eine kompetitive Preisgestaltung geben. In dem Maße, in dem es zu einer zunehmenden Internalisierung externer ökologieinduzierter Kosten, das heißt zu einer Kongruenz von gesamtgesellschaftlichen und betrieblichen Kosten kommt, harmoniert das betriebswirtschaftliche Ziel einer Kostenreduktion mit dem ökologischen Ziel einer Umweltentlastung. Es kann daher davon ausgegangen werden, daß, eine entsprechende zukünftige Internalisierung externer Kosten vorausgesetzt, die Strategie der Preisführerschaft durch entsprechendes Umweltmanagement in Zukunft an Bedeutung gewinnen wird.

Besonders in sehr kompetitiven Märkten kann einem Margenverfall durch die Strategie der *Differenzierung* entgegengewirkt werden. Gerade in einer Zeit erhöhten Umweltbewußtseins, die sich durch eine größere Zahlungsbereitschaft für umweltfreundliche Produkte auszeichnet, bietet sich in etlichen Märkten eine „grüne" Differenzierung an. In bestimmten Fällen kann sich eine Unternehmung durch eine Zertifizierung nach ISO 14000 oder nach EMAS gegenüber der Konkurrenz abheben. So stellen beispielsweise immer mehr Unternehmungen entsprechende Anforderungen an ihre Lieferanten.

Des weiteren erhalten besonders fortschrittliche umweltfreundliche Technologien („Clean Technologies") oft *steuerliche Vergünstigungen* (schnellere Abschreibung, Subventionen usw.). Diese zusätzlichen Einnahmen oder reduzierten Kosten führen ebenfalls zu einer verbesserten Gewinnmarge.

Ökologische Faktoren können auch einen substantiellen Einfluß auf die *steuerliche Belastung* von Unternehmen haben. Gewinnsteuern spielen in diesem Zusammenhang in der Regel nur eine sekundäre Rolle, da eine steuerliche Differenzierung zwischen den Erträgen umweltfreundlicher und umweltbelastender Unternehmen (noch) nicht stattfindet.

Andere Steuern und Abgaben, wie beispielsweise Gewerbekapital- und Energiesteuern oder Stickstoffabgaben, können neben einer ökologischen auch eine ökonomische Relevanz haben.

So kann beispielsweise der Einbau eines nachgeschalteten Filters nicht nur zu einem Ansteigen des Anlagevermögens, sondern auch zu steigenden Unterhalts-, Wartungs- und Entsorgungskosten führen.

Die steuerliche Belastung von Gewerbekapital kann somit eine weitere ökologieeinduzierte Verminderung des Shareholder Values nach sich ziehen.

Daß sich aber auch bei den heutigen umweltpolitischen Rahmenbedingungen Kosten durch Umweltschutzmaßnahmen sparen lassen, hat in den letzten Jahren zum Beispiel die chemische Industrie gezeigt.

Die chemische Industrie konnte durch starke Effizienzsteigerungen heutige und zukünftige Kosten- und Umweltbelastungen reduzieren. Generelle Beispiele wären Kosteneinsparungen durch Abfallvermeidungs- sowie Energie- und Wassersparmaßnahmen.

Um den Einfluß der Realisierung oder Unterlassung unterschiedlicher Umweltschutzmaßnahmen auf den wirtschaftlichen Erfolg einer Unternehmung berechnen zu können, ist eine *moderne Kostenrechnung* und ein darauf aufbauendes Öko-Controlling eine „conditio sine qua non" (vgl. z. B. Günther 1994; Hallay u. Pfriem 1992/95; Hummel 1997; Schaltegger u. Kempke 1996; Schaltegger u. Sturm 1995). Daß besonders integrierte Umweltschutzmaßnahmen durchaus beträchtliche und auch für das Management oft unerwartete Kosteneinsparpotentiale haben können, wurde in den letzten Jahren mit der Entwicklung von Umweltkostenrechnungsmethoden und ihrer Anwendung in der Praxis aufgezeigt (vgl. z. B. BMU u. UBA 1996; Epstein 1996; Fichter et al. 1997; Fischer et al. 1997; Schaltegger u. Barritt 2000; Schaltegger et al. 1996a). Von besonders großer Bedeutung sind dabei die durch Reststoffe verursachten indirekten Produktionskosten.

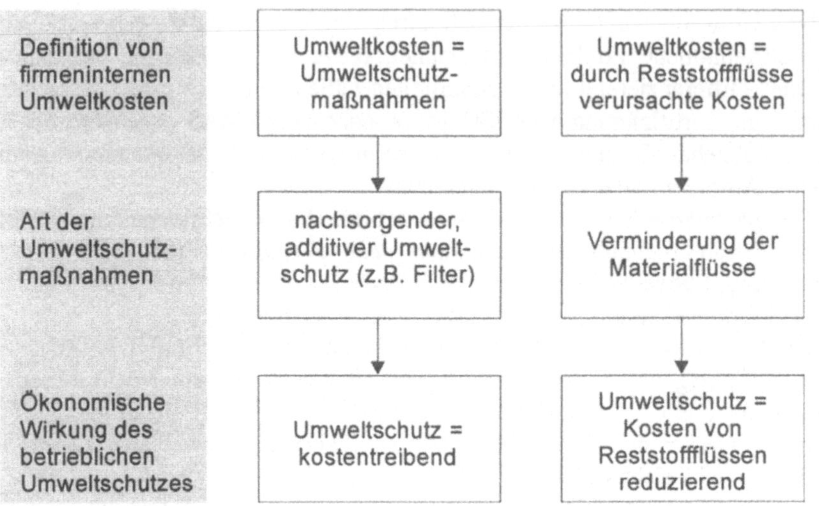

Abb. 6.3. Unterschiedliche Perspektiven von Umwelt- und Umweltschutzkosten

Definiert das Management, wie es in vielen Unternehmungen üblich ist, die innerbetrieblich anfallenden Umweltkosten als die *Kosten des nachsorgenden, additiven Umweltschutz* (vor allem End-of-the-pipe-Anlagen) und wird die Kostenrechnung entsprechend ausgestaltet, so wird jede Umweltschutzmaßnahme als kostentreibend ausgewiesen und empfunden (vgl. Abbildung 6.3). Aus dieser Perspektive ergibt sich nur die ökonomische Folgerung, weitere Umweltschutzmaßnahmen zu verhindern.

Diese Sichtweise vernachlässigt jedoch den Tatbestand, daß auch betriebliche Umwelteinwirkungen (vielfach sehr große) Kosten verursachen (z. B. durch Materialeinkauf, Handling, Gebühren usw.) und daß diese Kosten in den letzten zwei Jahrzehnten maßgeblich angestiegen sind. Des weiteren verhindert dieser Kostenrechnungsansatz schon konzeptionell eine Steigerung der Öko-Effizienz, das heißt einer gleichzeitigen Verbesserung der ökonomischen und ökologischen Performance einer Unternehmung.

Werden hingegen *die durch Reststoffflüsse (z. B. Abfälle, Emissionen) verursachten Kosten als Umweltkosten* definiert, so ist jede Maßnahme, die zu einer Verminderung der Materialflüsse (des Throughput) führt, als Umweltschutzmaßnahme zu deklarieren. Solche Umweltschutzmaßnahmen führen damit sowohl zu einer Entlastung der unternehmensexternen Umwelt, wie auch der unternehmensinternen Kostenrechnung. Dabei handelt sich um eine Vielzahl von Kostenfaktoren bestehend aus Kosten des Einkaufs, der Lagerung, der Logistik und der Behandlung von Materialien, die im Leistungserstellungsprozeß zu Abfall werden. Diese Kosten übertreffen die Kosten des nachsorgenden Umweltschutzes in der Regel um ein Vielfaches (vgl. z. B. Fischer et al. 1997; Schaltegger u. Müller 1997). Der wesentliche Vorteil dieser zweiten Perspektive ist, daß innovativer Umweltschutz und eine Steigerung der betrieblichen Öko-Effizienz immer dann gefördert wird, wenn die Kosten einer Umweltschutzmaßnahme kleiner sind als die tatsächlichen Kosteneinsparungen durch die Reduktion von Materialflüssen (Throughput).

6.3.4
Finanzierung

Die Finanzierungskosten und -möglichkeiten können einen großen Einfluß auf den Shareholder Value ausüben. Die diesbezügliche Bedeutung des betrieblichen Umweltschutzes wurde von den Banken und Versicherungen in der Vergangenheit stark unterschätzt. Neue Umweltschutzregulierungen und verschärfte Haftungsregelungen haben in den letzten Jahren besonders in den Vereinigten Staaten zu einer ökologieinduzierten Erhöhung der Kosten und Risiken der Kreditvergabe geführt. Eine verstärkte Differenzierung zwischen umweltfreundlichen und umweltbelastenden Unternehmen durch die Kreditinstitute zeichnet sich ab. Durch staatlich subventionierte Kredite und Förderprogramme werden die Unterschiede zwischen den Konditionen bei der Fremdfinanzierung von Unternehmen weiter verschärft. Auch haben etliche Investoren begonnen, ökologische Aspekte im Anlagegeschäft zu berücksichtigen.

Der Diskontierungssatz zur Berechnung des Shareholder Values entspricht den gewichteten Kapitalkosten und setzt sich aus den gewichteten Kosten des Fremdkapitals (FK) nach Steuern und des Eigenkapitals (EK) zusammen:

$$\text{Gewichtete Kapitalkosten} = \frac{FK}{FK + EK}\ FK - Kosten + \frac{EK}{FK + EK}\ EK - Kosten \qquad (6.3)$$

Naheliegendes Beispiel zur Senkung der Fremd- und Eigenkapitalkosten durch besondere Umweltfreundlichkeit sind die geringeren Zinskosten von Umweltkrediten, die Aufnahme in Umweltfonds, ethische Anlagen usw. Dieser durch ein gutes Umweltmanagement erzielbare Kostenvorteil kann als „grüner Bonus" umschrieben werden. Allerdings bedeutet der in der Vergangenheit stark betonte Effekt, daß die Investoren freiwillig einen Renditeverzicht in Kauf nehmen. Dies ist jedoch keiner auf dem Konzept der Öko-Effizienz beruhender Zusammenhang.

Von wesentlich größerer Bedeutung ist demnach der unmittelbare Einfluß von Umweltrisiken auf die Kapitalkosten (vgl. zum Beispiel Vaughan 1994). Drohende Umweltrisiken können zu einer Erhöhung der Fremdkapitalzinsen und damit zu einem höheren Diskontierungssatz und niedrigerem Shareholder Value führen. Das Umweltrisiko einer Unternehmung findet allerdings auch in den Eigenkapitalkosten der Unternehmung seinen Niederschlag. Dabei muß zwischen *systematischen* und *unsystematischen* Risiken unterschieden werden.

Unsystematische Risiken können wegdiversifiziert werden und werden daher, laut dem Capital Asset Pricing Modell (CAPM), vom Kapitalmarkt nicht entschädigt (vgl. zum Capital Asset Pricing Modell Sharpe 1964 und Lintner 1965). Dies ist darauf zurückzuführen, daß es durch die Kombination einer ausreichend großen Anzahl von Risiken zu einem Risikoausgleich kommt und für den Investor aus einer Menge risikobehafteter Titel ein sicheres Portefeuille wird. Liegt nun aber in bezug auf das ganze Portefeuille eine Situation der Sicherheit vor, ist eine Preisdifferenzierung zu einer einzelnen sicheren Wertschrift nicht mehr nötig. Die für das ganze Portefeuille geforderte Rendite entspricht der Rendite einer sicheren Wertschrift.

Daß die Eigenkapitalkosten nun aber meist über dem Zinssatz für eine risikofreie Anlage liegen, ist darauf zurückzuführen, daß sich in der Regel auch durch die Zusammenstellung eines ausreichend großen Portefeuilles nicht alle Risiken (z. B. Konjunkturrisiken) wegdiversifizieren lassen. Der Grund hierfür sind *systematische* Risiken (vgl. Figge 1997). Systematische Risiken entstehen dadurch, daß verschiedene Unternehmen gleichartigen Risiken ausgesetzt sind. Materialisiert sich ein solches Risiko bei einem Unternehmen, steigt auch die Wahrscheinlichkeit, daß sich ein gleichartiges Risiko bei einem zweiten Unternehmen niederschlägt (der Grad der Systematisierung, d. h. das Ausmaß, in dem ein Unternehmen auf solche gemeinsamen Risiken reagiert, wird hierbei durch das sogenannte „Beta" wiedergegeben).

Volatile Energiepreise stellen beispielsweise aus ökonomischer Sicht ein Risiko dar. Dieses Risiko hat einen stark systematischen Charakter, da ein Ansteigen des Preises eines Energieträgers (z. B. durch eine CO_2- oder Energiesteuer) meist durch Preisanstiege anderer Energieträger begleitet wird. Dies gilt, wegen der zunehmenden Nachfrage, auch für regenerative Energieträger. Praktisch alle Unternehmen brauchen zur Erstellung ihrer Produkte oder Dienstleistungen nun aber Energie. Von steigenden Energiepreisen werden daher (fast) alle Unternehmen eines Marktes simultan ökonomisch betroffen. Ein solches Risiko läßt sich daher nicht vollständig wegdiversifizieren und wird, abhängig vom Ausmaß, in dem die Unternehmen von diesem systematischen Risiko betroffen sind, zu einer Erhöhung der Eigenkapitalkosten führen.

Es wird in diesem Zusammenhang meist übersehen, daß sich besonders *ökologieinduzierte Risiken* durch einen *hohen systematischen Anteil* auszeichnen (vgl. Figge 1996, 1997). Die einzige Möglichkeit, die ökonomischen Folgen systematischer Risiken zu reduzieren, ist, das Ausmaß mit dem eine Unternehmung von einem systematischen Risiko betroffen ist, zu vermindern. Im betrieblichen Umfeld kann dies wiederum durch Effizienzsteigerungen erreicht werden.

Die Einführung einer Energiesteuer (wie auch anderer Umweltsteuern, Gebühren usw.) stellt daher ein solches systematisches ökonomisches Risiko dar, das durch Diversifizierung nur sehr beschränkt beseitigt werden kann. Eine wirksame, kosteneffiziente Absicherung dieses Risikos ist in der betrieblichen Praxis deshalb nicht möglich. Besonders energieintensiv wirtschaftende Unternehmen sind der Gefahr wechselnder Energiepreise folglich besonders ausgesetzt. Die einzige Shareholder Value-steigernde Möglichkeit des Umgangs mit diesem Risiko ist es, weniger energieintensiv zu produzieren. Dies kann am besten durch eine Steigerung der Energieeffizienz erreicht werden.

6.3.5
Dauer der Wertsteigerung

Als zukunftsorientiertes Konzept berücksichtigt der Shareholder Value-Ansatz auch zukünftige Preis-, Absatz- und Kostenentwicklungen. Hierbei wird davon ausgegangen, daß sich die erzielbaren Renditen einer Strategie oder Investition langfristig den Kapitalkosten annähern werden und damit ab einem gewissen Zeitraum keine Steigerung des Shareholder Value mehr möglich ist. Neben der Höhe der erzielbaren Renditen muß daher auch die Zeitdauer bestimmt werden, während der sich eine die Marktrendite übersteigende Rendite (sog. Überrendite) realisieren läßt.

Eine weitere Möglichkeit, den ökonomischen Erfolg einer Unternehmung zu steigern, ist daher, die Dauer der Wertsteigerung zu erhöhen. Diesem Faktor kommt gerade im ökologischen Bereich große Bedeutung zu. Unökologische Produkte, die heute die Erzielung von Überrenditen erlauben und damit Shareholder Value-steigernd sind, können sich schon morgen als Belastung für den Shareholder Value herausstellen, wenn früher als erwartet ökologieinduzierte Preis- und Absatznachlässe hingenommen werden müssen. Gelingt es auf der anderen Seite, den Zeitraum zu verlängern, während dessen sich eine Überrendite erzielen läßt (z. B. durch ökologische Innovationen, die eine Preisprämie erlauben), so resultiert eine Steigerung des Shareholder Values.

6.4
Folgerungen für das betriebliche Umweltmanagement

6.4.1
Folgerungen für das operative Umweltmanagement

Soll das Umweltmanagement den wirtschaftlichen Erfolg einer Unternehmung gezielt steigern, so muß es auf die Werttreiber des Shareholder Values ausgerichtet werden. Shareholder Value-steigernder Umweltschutz entspricht auch dem Postulat der Öko-Effizienz.

Anhand einer Shareholder Value-orientierten Analyse der betrieblichen Umweltschutzes können einerseits operative Folgerungen für das betriebliche Umweltmanagement gezogen werden und andererseits können unterschiedliche ökonomische Wirkungen von Umweltschutzmaßnahmen quantitativ beurteilt und gegeneinander abgewogen werden (für ein Beispiel Müller u. Wittke 1998).

Ein fortschrittliches betriebliches Umweltmanagement kann den wirtschaftlichen Erfolg, gemessen am Shareholder Value, um so mehr erhöhen je:

– mehr Kostenwahrheit besteht, das heißt externe Kosten internalisiert sind (z. B. über Lenkungsabgaben usw.) und je
– besser eine zukünftige Internalisierung von Umweltrisiken antizipiert wird (z. B. zukünftig anfallende Kosten einer in Zukunft zu sanierenden Altlastendeponie).

Der Shareholder Value-Ansatz bewertet selbstverständlich nur Maßnahmen positiv, die sich tendenziell durch folgende Eigenschaften kennzeichnen:

- *Kapitalextensiv:* Software statt Hardware („intelligentere", kleinere, billigere Anlagen, integrierter Umweltschutz),
- *Materialarm:* Reduktion der Durchlaufmenge (geringere Einkaufs-, Lager- und Abschreibungskosten),
- *Umsatzsteigernd:* Nutzen- und Interessesteigerung bei Nachfragern (wünschenswertere Leistungen für mehr Nachfrager),
- *Margenerhöhend:* Nutzensteigerung für Nachfrager und Senkung der Kosten der Leistungserstellung (höhere Preise durch Nutzensteigerung und geringere Betriebskosten durch Steigerung der betrieblichen Effizienz),
- *Finanzzuflußsichernd:* Vertrauen des Kapitalmarktes (geringere und weniger systematische Risiken sowie unter Umständen „grüner Bonus"),
- *Langfristig wertsteigernd:* Antizipierung zukünftiger Kosten- und Ertragspotentiale.

6.4.2
Gesamtheitliche Beurteilung unterschiedlicher ökonomischer Wirkungen des Umweltmanagements

Der Einbezug des Shareholder Value-Konzepts bei der Ausgestaltung des betrieblichen Umweltmanagements ermöglicht die Integration der relevanten Parameter einer ökonomischen Entscheidung in *ein* Konzept.

Bei der Beurteilung des Cashzu- und des Cashabflusses durch alternative Maßnahmen ist der Einfluß auf die verschiedenen Werttreiber bzw. auf folgende drei Parameter zu berücksichtigen (Abbildung 6.4):

- Prognostizierter/geplanter Kapitaleinsatz,
- Diskontierungsfaktor,
- Prognostizierter Cash Flow.

Legt das Management beispielsweise seinen Entscheidungen ausschließlich den erwarteten Ertrag zugrunde, so riskiert es erstens, eine Investition zu tätigen, die zwar den absolut höchsten, im Vergleich zum erforderlichen Kapitaleinsatz aber nur einen niedrigen Ertrag erwarten läßt und somit nur eine schlechte Rendite aufweist. Es ist zweitens möglich, daß mit einer Investition nicht nur ein hoher Ertrag, sondern auch ein hohes Risiko verbunden ist, das durch den Ertrag womöglich nicht ausreichend entschädigt wird.

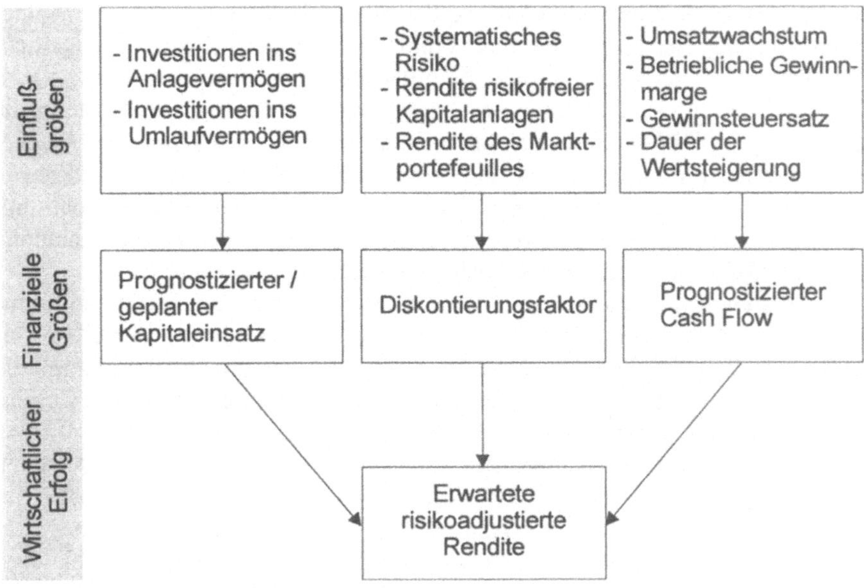

Abb. 6.4. Integrierte ökonomische Beurteilung von Umweltschutzmaßnahmen

Der zusätzliche Unternehmenswert wird nicht so sehr durch den absoluten zusätzlichen Ertrag oder Gewinn, sondern vielmehr durch die relative, um das erwartete Risiko adjustierte zusätzliche Rendite bestimmt. Der wirtschaftliche Erfolg wird immer dann gesteigert, wenn eine Rendite erzielt wird, die über den Kapitalkosten liegt. Diesbezüglich bietet das Shareholder Value-Konzept eine ex ante Bewertungsmethodik zur impliziten Integration relevanter ökonomischer Entscheidungsparameter.

Zusammenfassend können wir festhalten, daß zu den besonderen Erkenntnissen eines auf eine Steigerung des Shareholder Values ausgerichteten Umweltmanagements einerseits die Systematik gehört, mit der anhand der Werttreiber die ökonomischen Wirkungen des Umweltmanagements beurteilt werden können. Wichtig ist andererseits auch die Möglichkeit, konfliktäre finanzielle Wirkungen ex ante quantitativ zu beurteilen und gegeneinander abzuwägen.

6.4.3
Grenzen eines Shareholder Value-orientierten Umweltmanagements

Ein Shareholder Value-steigerndes Umweltmanagement steht in Einklang mit einer marktwirtschaftlichen Umweltpolitik und dem Postulat der Öko-Effizienz. Es führt allerdings nicht zu einem ökologisch weitreichenderem Umweltschutz als es die rechtlichen, politischen und marktlichen Rahmenbedingungen zulassen.

Gerade im Zusammenhang mit dem betrieblichen Umweltmanagement ist das Shareholder Value-Konzept aber auch mit ökonomisch und gesellschaftlich bedingten Problemen konfrontiert (vgl. auch Volkart 1995). Neben dem Umstand, daß die finanzielle Liquidität nicht explizit in die Berechnung des Shareholder Values Eingang findet, können auch Probleme auftreten, wenn eine Unternehmung gewisse Risiken zum Beispiel aufgrund ihrer Größe nicht wegdiversifizieren kann. Handelt es sich hierbei um unsystematische Risiken, fließen sie in die Berechnung des Diskontierungsfaktors nicht mit ein, da sie aus Sicht der Anleger wegdiversifiziert werden können und somit nicht relevant sind. Diese Risiken können aus Sicht des Managements gleichwohl relevant sein, wenn sie nicht unternehmensintern ausgeglichen werden können und den Erfolg der Unternehmung im selben Maße wie systematische Risiken beeinflussen.

Das Shareholder Value-Konzept berücksichtigt des weiteren nur ökonomische Risiken. Unternehmungen sind aber auch mit Risiken aus einem eventuellen Verlust der gesellschaftlichen Akzeptanz, das heißt der Legitimität unternehmerisch tätig zu sein, des Arbeitsklimas in der Firma usw. konfrontiert. In diesem Zusammenhang stellt die Tatsache, daß es keine explizite Analyse der sozialen Aspekte des betrieblichen Umweltschutzes und der betrieblichen Lernprozesse unterstützt, einen Mangel dar. Der Shareholder Value-Ansatz steht dem Postulat des Sustainable Development vor allem dann im Weg, wenn er als vorgeschobenes politisches Argument für einen Umverteilungskampf zwischen sozialen und ökologischen Interessen einerseits und Interessen der Kapitalgeber andererseits mißbraucht wird.

Die Unternehmungsführung, will sie im Markt und in der Gesellschaft erfolgreich sein, muß ihre Legitimität sicherstellen. Dies bedingt unter Umständen einen Verzicht auf Maßnahmen, die rein rechnerisch zur größten Steigerung des Shareholder Values führen. Selbst bei einer strikten ökonomischen Betrachtungsweise ist deshalb neben einer Shareholder Value Perspektive auch immer der *Optionswert* (vgl. Brearly u. Meyers 1991; Dixit u. Pindyck 1993), weiterhin unternehmerisch tätig sein zu können, zu berücksichtigen.

6.5
Zusammenfassung

Die Gleichung „mehr betrieblicher Umweltschutz führt zu mehr wirtschaftlichem Erfolg" ist in dieser generellen Form falsch. Nur ein an den Werttreibern des Shareholder Values und auf Öko-Effizienz ausgerichtetes orientiertes betriebliches Umweltmanagement vermag den wirtschaftlichen Erfolg einer Unternehmung zu steigern. Dies erfordert eine systematische Analyse des Einflusses des betrieblichen Umweltmanagements auf die Werttreiber des Shareholder Values.

Dabei ist zu beachten, daß zu weiten Teilen *kein prinzipieller* Konflikt zwischen Shareholder Value und Umweltschutz besteht. Wird das Shareholder Value-Konzept in seinem eigentlichen Sinn als Methode zur Beurteilung des Unternehmenswertes verstanden und mit den herkömmlich verwendeten Kenngrößen des Rechnungswesens verglichen, so stellt es auch in seiner Bedeutung für das betriebliche Umweltmanagement eine wesentliche Annäherung an die Grundprinzipien der starken Öko-Effizienz dar. Ein richtig verstandenes Shareholder Value-kompatibles Umweltmanagement vermag bestehende Konfliktpotentiale zwischen

Umweltzielen und finanziellen Zielen einer Unternehmung zu reduzieren. Auch gibt das Konzept klare Anhaltspunkte, welche Art von Umweltschutzmaßnahmen weshalb nachhaltig unternehmenswertsteigernd, deshalb prioritär umzusetzen und erwartungsgemäß mit weniger Vollzugsproblemen konfrontiert sind. Der vermehrte Einzug marktwirtschaftlicher Ansätze in die Umweltpolitik wird zu einer Vergrößerung der Überlappungsbereichs zwischen reiner Shareholder Value-Orientierung und Umweltschutz führen. Dabei ist allerdings zu beachten, daß in vielen Unternehmungen schon heute große Potentiale zur Verbesserung der Öko-Effizienz und zur Steigerung des wirtschaftlichen Erfolges genutzt werden können.

Zu den erforderlichen Voraussetzungen eines den wirtschaftlichen Erfolg einer Unternehmung steigernden Umweltmanagements gehören eine *moderne Kostenrechnung*, die die ökologieinduzierten finanziellen Wirkungen auf die Unternehmung korrekt ausweist. Werden die Kosten von Reststoffflüssen als Umweltkosten betrachtet, so vermögen materialflußmindernde Umweltschutzmaßnahmen deutliche größere Kostenreduktionen zu bewirken als in der Kostenrechnung bis anhin oft ausgewiesen wird. Problematisch ist besonders, wenn die indirekt verursachten Kosten von betrieblichen Umwelteinwirkungen (Einkauf, Handling und Behandlung von Material, das zu Abfall oder Emissionen wird) vernachläßigt werden.

Des weiteren ist eine Ausrichtung des betrieblichen Umweltschutzes auf den Shareholder Value notwendig. Bei der Beurteilung von unternehmensstrategisch bedeutenden Maßnahmen (bes. Investitionen) sind allerdings auch die konzeptionellen Mängel des Shareholder Value-Konzepts zu beachten. Besonders wichtig ist die zusätzliche Berücksichtigung der Legitimität der Unternehmung und des Optionswerts weiterhin unternehmerisch tätig zu sein.

6.6
Reviewfragen

1. Weshalb muß das Management auch bei der Ausgestaltung des betrieblichen Umweltschutzes die Anforderungen der Finanzmärkte beachten? Was ist unter „Shareholder Value" zu verstehen?
2. Worin besteht aus ökologischer Sicht ein wichtiger Vorteil des Sharholder Value-Konzeptes gegenüber herkömmlichen Bewertungen des wirtschaftlichen Erfolges?
3. Worin liegen die ökonomischen und ökologischen Probleme bei der Anwendung des Shareholder Value-Konzepts?
4. Beschreiben Sie die wesentlichen Werttreiber des Shareholder Value.
5. Worauf ist bei Investitionsentscheidungen in Umwelttechnologien im Hinblick auf die Steigerung des Unternehmenswertes zu achten?
6. Welche Rolle spielt die Wettbewerbsposition bei der Formulierung Shareholder value-gerichteter Umweltstrategien?
7. Skizzieren Sie den Zusammenhang zwischen Umweltrisiken und Fremdkapitalkosten.
8. Nennen Sie zusammenfassend die Eigenschaften jener Umweltschutzmanahmen, die den Shareholder Value positiv beeinflussen.

7 Gütermarktorientiertes Umweltmanagement

H. Petersen, S. Schaltegger
Institut für Umweltstrategien und Institut für Betriebswirtschaftslehre
Universität Lüneburg

7.1
Einführung

Ein finanzorientiertes Umweltmanagement kann nur erfolgreich sein, wenn die Unternehmens- und Umweltmanagementstrategie Anklang auf dem Gütermarkt findet. Während die Chancen des finanzmarktorientierten Umweltmanagements vor allem (aber nicht nur) in der effizienteren Ressourcennutzung liegen, liegt der Fokus des gütermarktorientierten Umweltmanagements auf der frühzeitigen Positionierung in einem global wachsenden Markt für ökologische Produkte und Dienstleistungen. Eine ökologische Qualitätsprofilierung ist erfolgreicher, je mehr die reglementarischen und marktlichen Umweltschutzanforderungen global konvertieren. In der Erzielung höherer Gewinnmargen, der Sicherung einer längeren Wertsteigerungsdauer und der Steigerung des Umsatzes für die eigene Unternehmung liegt ein wesentlicher Verknüpfungspunkt der finanz- und gütermarktorientierten Ausrichtung des Umweltmanagements. Während das finanzmarktbezogene Umweltmanagement ganz auf Effizienzsteigerungen gerichtet ist, spielt bei der gütermarktorientierten Ausrichtung auch die Effektivität bzw. die Höhe der Nutzenstiftung für die Abnehmer eine zentrale Rolle.

Ausgangslage für ein gütermarktorientiertes Umweltmanagement ist der in 7.2 diskutierte Prozeß des strategischen Öko-Marketings. Dabei geht es um die fundierte Abklärung der Marktchancen und -gefahren und die Gegenüberstellung mit den unternehmenseigenen Stärken und Schwächen. Aus dieser Analyse sollte eine eindeutige Positionierung der unternehmischen Leistungen resultieren. Dies bedingt auch eine klare Festlegung des Zielmarkts für die ökologischen Leistungen. Ein einfaches „Green Labeling" reicht für eine erfolgreiche Marktbearbeitung nicht aus. Damit die Zielkunden einen Mehrwert im Angebot erfahren, ist eine spezifische Ausgestaltung der Marketinginstrumente, das heißt des Marketing-Mix, erforderlich.

7.2
Ökologie und Marketing

7.2.1
Führungsanspruch des Marketings und ökologische Kritik

Der Marketingbegriff, seit nunmehr 30 Jahren im deutschen Sprachraum gebräuchlich, steht nicht allein beispielhaft für den Austausch deutscher Bezeichnungen durch Amerikanismen. Er verkörpert als Management-Konzeption eine Neubewertung der vormaligen „Absatzfunktion" als Angelpunkt zur Ausrichtung des gesamten betriebswirtschaftlichen Handelns. Historisch durch die zunehmende Sättigung der Gütermärkte bedingt, kennzeichnet das Marketing das Umsatzpotential als wesentlichen Engpaßfaktor des betriebswirtschaftlichen Erfolges und begründet damit seinen Führungsanspruch unter den Managementfunktionen (vgl. Kotler u. Bliemel 1999; Meffert u. Bruhn 1996; kritisch: Hansen u. Stauss 1995/83).

Die Orientierung an den marktfähigen Bedürfnissen potentieller Kunden wird zur zentralen Zielgröße erhoben, um durch Kundenzufriedenheit, Kundenbindung und Kundenkompetenz die Legitimation der eigenen Unternehmung am Markt dauerhaft zu sichern (vgl. Kotler u. Bliemel 1999). Obwohl Marketing nach diesem Selbstverständnis seiner Wegbereiter somit auf die Verwirklichung von *Lebensqualität* gerichtet ist, sind die entsprechenden Konzepte fortdauernder Kritik ausgesetzt, die in Amerika bis weit in die 60er Jahre zurück reichen (insbesondere Packard 1966/60). Im Mittelpunkt der Kritik steht der Vorwurf, im eigenen Absatzinteresse Bedürfnisse und neue Wünsche zu wecken bzw. zu schüren und damit tendenziell auf die *Unzufriedenheit* potentieller Kunden hin zu wirken. Das gesteigerte Kaufinteresse trage schließlich maßgeblich zum derzeitigen Konsumverhalten bei, das durch Ressourcenverschwendung und Abfallproduktion gekennzeichnet sei (vgl. z. B. Scherhorn 1995; Beier 1993).

Die Auseinandersetzung mit derartigen Vorwürfen hat unter anderem dazu geführt, daß die Umweltproblematik in aktuellen Standardwerken des Marketings als wichtige Herausforderung wahrgenommen wird (vgl. z. B. Bruhn 1995; Kotler u. Bliemel 1999; Becker 1998; Meffert 1998). Vielleicht auch deshalb, weil der außen- und bedürfnisorientierte Blickwinkel der Marketer darauf gerichtet ist, Problemäußerungen aus der Unternehmensumwelt als eigene Chance *positiv* zu interpretieren. In diesem Sinne steht das Öko-Marketing vor der Aufgabe, im Hinblick auf die Lösung, der durch die stetige Gütermehrung verursachten Umweltprobleme, Umsatzmöglichkeiten für neue umweltfreundliche bzw. ökologisch modifizierte Leistungen zu entdecken.

7.2.2
Veränderungsanspruch des Öko-Marketings

Öko-Marketing läßt sich jedoch nicht auf „Marketing für umweltfreundlichere Produkte" reduzieren. Ziele und Methoden gehen über herkömmliche Ansätze hinaus. Zu den erweiterten Aufgaben zählen Meffert und Kirchgeorg (1998) die *„Verantwortungsintegration"* zur Vermeidung und Verminderung von Umweltbelastungen während der gesamten Lebensdauer eines Produktes. In dieser Hinsicht steht das Öko-Marketing vor besonderen *Informationsaufgaben* über Produktqualitäten, Produktanwendung, -pflege, -entsorgung oder -reparatur. Öko-Marketing erfordert neue Formen der vertikalen und horizontalen *Kooperation* zur Etablierung geeigneter Produktstandards und Absatzkanäle (vgl. Meffert u. Kirchgeorg 1998; Flieger 1992).

Obgleich *Bedürfnisorientierung* auch nach traditionellen Marketingkonzepten als zentrale Voraussetzung gilt, orientiert sich das Öko-Marketing doch stärker am *langfristigen Kundennutzen* und an der *Glaubwürdigkeit* der leistungsbezogenen Argumentation. Verbunden ist damit unter anderem eine deutlichere Hinwendung zum *Beziehungsmarketing,* dessen Ziel über den einfachen Güterkauf hinausgeht und statt dessen Vertrauensbildung und längerfristige Austausch- und Dienstleistungsbeziehungen in den Vordergrund stellt (vgl. Bruhn 1995, 1997; Meffert 1998; Deutsch 1994). Dieser Austausch schließt den Dialog über konkrete Bedürfnis- und Nutzendefinitionen mit ein, so daß die Qualität des Öko-Marketing auch an seiner *Dialogorientierung* gemessen werden kann (vgl. Balderjahn 1996; Bergmann 1996).

Gelingt es der Unternehmung, durch die kreative Umsetzung dieser Ansprüche, Zahlungsbereitschaft potentieller Kunden zu aktivieren, bietet das Öko-Markting Differenzierungsmöglichkeiten, die über klassische Marketingkonzepte hinaus reichen. Öko-Marketing darf sich dabei nicht auf die Bedürfnisse potentieller Abnehmer beschränken, sondern bezieht die Interessen nichtmarktlicher Stakeholder, insbesondere in der Öffentlichkeitsarbeit, mit ein (vgl. Abschnitt 4.3.4; Hansen 1996).

7.3
Der Prozeß des strategischen Öko-Marketings

7.3.1
Grundzüge des Prozesses

Im strategischen Marketingprozeß steht das Management vor der Herausforderung, Chancen und Gefahren aus ökologischen Ansprüchen und Forderungen für das Unternehmen zu erkennen, zu analysieren und zu beeinflussen.

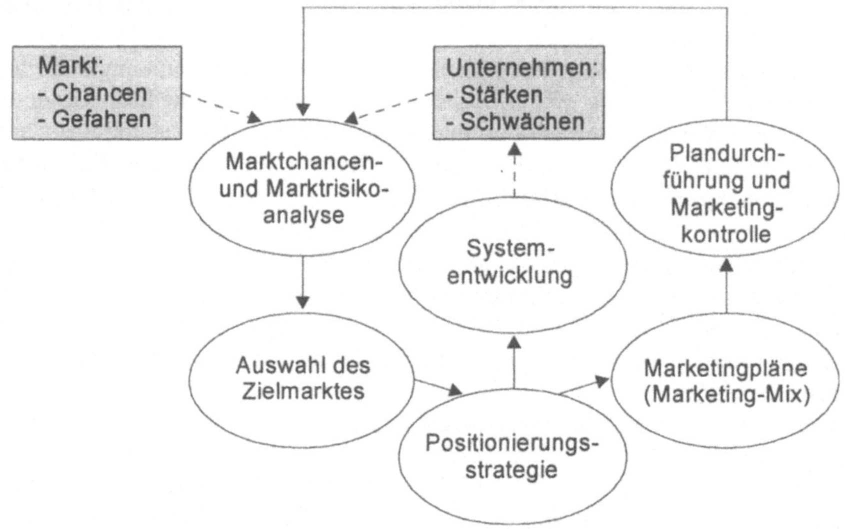

Abb. 7.1. Prozeß des strategischen Öko-Marketings

Wie in Abbildung 7.1 dargestellt, ist die unternehmensbezogene Marktchancen- und Marktgefahrenanalyse Ausgangspunkt des Prozesses des strategischen Marketings. Dies ermöglicht die Auswahl des Zielmarkts. Darauf aufbauend sind die Wettbewerbsplazierung und Positionierung sowohl für die Unternehmung als Ganzes als auch für die einzelnen strategischen Geschäftsfelder festzulegen. Danach können die Marketingpläne mit der Ausgestaltung des Marketing-Mix erstellt und die Pläne durchgeführt werden. Um sicherzustellen, ob das strategische Marketing auch nach einiger Zeit der Erreichung der angestrebten Ziele dient, ist eine periodische Systemüberprüfung notwendig. Die Marketingkontrolle dient auch als Ausgangslage zur periodischen Überprüfung der Marktchancenanalyse.

Die festgelegte Positionierungsstrategie dient nicht nur der Entwicklung der Marketingpläne, sondern auch der Überprüfung und Weiterentwicklung des Marketingsystems (z. B. Informationssysteme, Marktforschungsorganisation, Absatzlogistik usw.), wodurch die Stärken und Schwächen des Marktauftritts der Unternehmung beeinflußt werden.

7.3.2
Marktchancen- und Marktgefahrenanalyse

Primäre Aufgabe des Marketings ist nicht die Förderung des Umweltbewußtseins, sondern die Überwindung von Handlungsbarrieren und Informationslücken, um die Schubkraft des vorhandenen Umweltbewußtseins potentieller Kunden zu erschließen (vgl. Hopfenbeck 1995). Latente ökologische Ansprüche sind als Marktchancen zu erkennen und in marktfähige Leistungen zu überführen. Bei Marktchancen ist es wichtig, zwischen *marktlichen Umweltchancen* und *realisierbaren Unternehmenschancen* zu unterscheiden.

Marktliche Umweltchancen, wie aus der potentiellen Nachfrage nach umweltfreundlichen Lebensmitteln, nachhaltiger Mobilität usw., gibt es unbeschränkt viele. Die für das Öko-Marketing relevanten Marketingchancen ergeben sich aus dem Zusammentreffen der spezifischen Stärken der Unternehmung auf der einen Seite und den entdeckten Umweltchancen auf der anderen Seite. Eine Marketingchance ist somit ein wirtschaftlich attraktiver Bereich, in dem gezielte Marketingaktivitäten dem Unternehmen mit großer Wahrscheinlichkeit einen Wettbewerbsvorteil verschaffen (Kotler u. Bliemel 1999).

Zentrale Logik der Marketingkonzeption ist dabei, daß jede Umweltchance gewisse Erfolgsvoraussetzungen bietet und jedes Unternehmen über spezielles Wissen, besondere Kompetenzen und spezifische Technologien verfügt. Ein Unternehmer kann nur dann mit großer Wahrscheinlichkeit eine Umweltchance zu einem Wettbewerbsvorteil umwandeln, wenn seine Ideen und Kompetenzen den mit der Umweltchance verbunden Voraussetzungen besser entsprechen als die der potentiellen Wettbewerber (Kotler u. Bliemel 1999). Im Unterschied zur herkömmlichen Managementliteratur betonen Ansätze zum „Entrepreneurship" dabei, daß der persönlichen Motivation und Befähigung des Unternehmers mehr Bedeutung zukommt als seiner Kapitalausstattung, wenn es ihm dank seiner persönlichen Integrität gelingt, Venture Capital zu mobilisieren (Schaltegger et al. 2000).

Um eine ökologiebezogene Marketingchance zu erkennen sind detaillierte Kenntnisse über die entsprechenden Präferenzen der Marktteilnehmer erforderlich. Ausgangspunkt des gütermarktorientierten Umweltmanagements sind demnach zum einen Marktforschungsergebnisse zum Wissensstand, zur Motivation und zum konkreten Kaufverhalten der Abnehmer und zum anderen Erfahrungen, geäußerte Bedürfnisse und Hinweise, die sich aus persönlichen Kundenkontakten ergeben können (vgl. Simon 1996, S. 84 ff.). Die drei Panels in Abbildung 7.2 stellen die zeitliche Entwicklung umweltbezogener Indikatoren für Deutschland dar.

Die drei Panels zeigen, daß sowohl Wissensstand und Einstellung als auch tatsächliches Kaufverhalten sich in Richtung zu mehr Umweltbewußtsein entwickelt haben. Dieser Trend konnte sich in den letzten Jahren weitgehend halten. Für die Realisierung von Marketingchancen relevant ist dabei, daß die Gruppen der überragend und sehr umweltbewußten Käufer größer geworden sind. Ähnliche Entwicklungen, wenn großteils auch auf einem tieferen Niveau, lassen sich in den meisten entwickelten Ländern der Welt feststellen. Dabei kann der deutsche Sprachraum in vielen Fällen als ein Vorreiter dieses Ökologisierungstrends gesehen werden. Gelingt einer Unternehmung nun die frühzeitige Positionierung im europäischen Binnenmarkt, so kann sie sich im Prinzip auch einen Wettbewerbsvorteil bzw. eine gute Ausgangslage auf dem global wachsenden Markt für ökologische Produkte und Dienstleistungen erarbeiten. Dabei ist eine ökologische Qualitätsprofilierung erfolgreicher, je mehr die reglementarischen und marktlichen Umweltschutzanforderungen europaweit und global konvertieren.

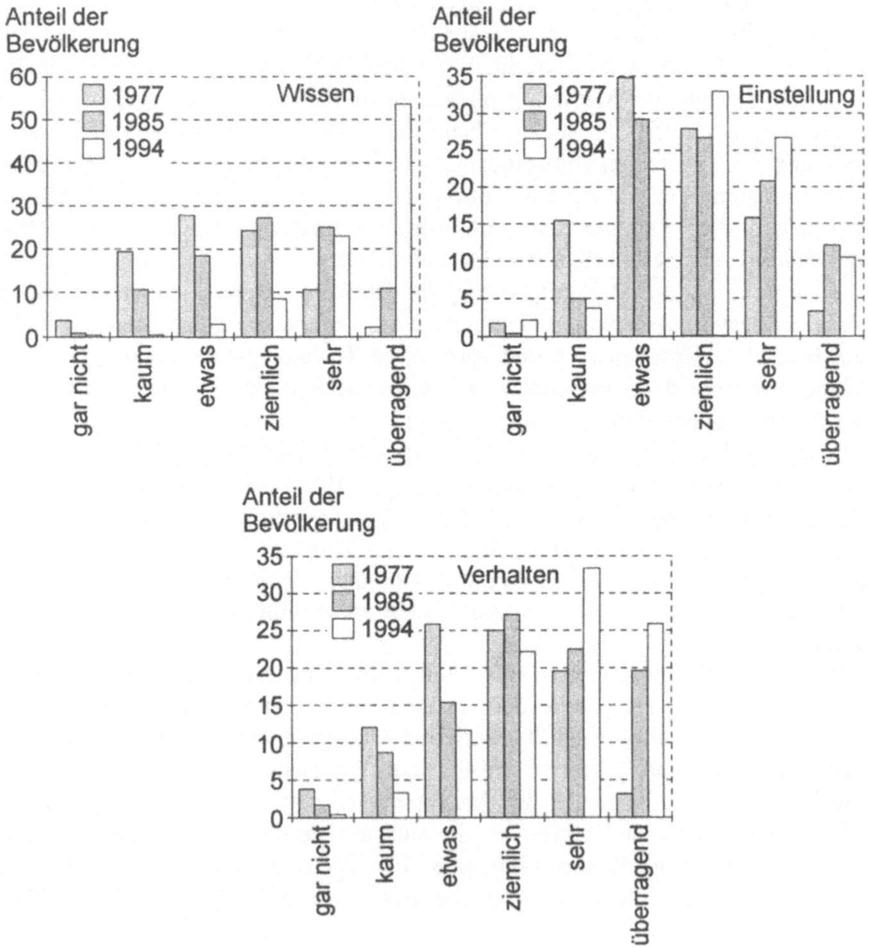

Abb. 7.2. Zeitliche Entwicklung von umweltbezogenem Wissensstand, Motivation und Kaufverhalten in Deutschland (zusammengestellt aus Meffert u. Bruhn 1996)

Das Umweltbewußtsein äußert sich je nach Produkt und Dienstleistungsart jedoch sehr unterschiedlich. Während das Umweltbewußtsein zum Beispiel im Nahrungsmittelbereich teilweise schon bedeutende Marktanteile beeinflußt, hat es geringere Auswirkungen auf das Verkehrsverhalten. Im Rahmen der Marktchancenanalyse besteht die Aufgabe des Marketingmanagements darin, zu untersuchen, inwiefern das grundsätzliche Marktpotential für ein erfolgreiches Öko-Marketing gegeben ist. Dabei wird auch das Umsatzpotential jeder Marktchance abgeschätzt.

- Wer würde ökologisch optimierte Leistungen nachfragen?
- Welche Eigenschaften und Qualitätsmerkmale sollte das Leistungsprogramm für dieses Käufersegment besitzen?
- Welche Zahlungsbereitschaft besteht? usw.

Aus diesen Fragen ergibt sich die in Abbildung 7.3 dargestellte Reihenfolge einzelner Marktforschungsschritte.

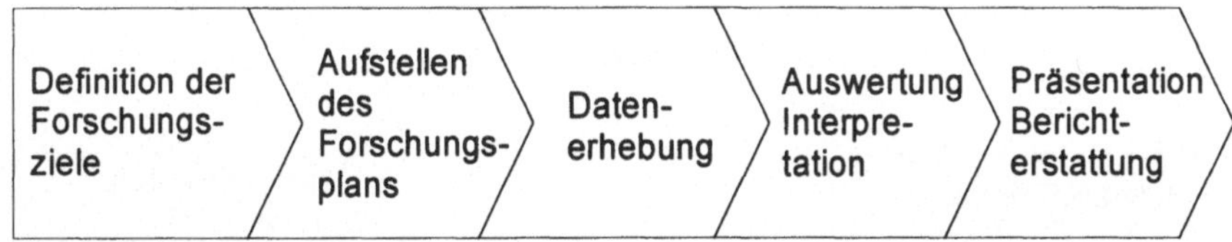

Abb. 7.3. Schritte des Marktforschungsprozesses (vgl. Kotler & Bliemel 1999, S. 192)

Das *Aufstellen des Forschungsplanes* beinhaltet mehrere Entscheidungen zur effizienten Deckung des Informationsbedarfs. Am Anfang steht die Wahl der Datenquellen (Abbildung 7.4). Dabei kann zwischen primären und sekundären Quellen unterschieden werden.

Neben der Wahl der geeigneten Quelle ist zu entscheiden, welche Informationen selbst erhoben werden können und in welchem Umfang externe Marktfoschungsspezialisten herangezogen werden sollen. Die Erhebung von Primärdaten wird häufig bei Marktforschungsinstituten oder Hochschulen in Auftrag gegeben. Zum Teil veröffentlichen die Marktforschungsinstitute auch allgemeine Ergebnisse wie das GfK-Panel (GfK = Gesellschaft für Konsumentenforschung) zum Umweltbewußtsein in bestimmten Märkten. Damit werden diese Quellen auch für die Sekundärerhebung zugänglich. Marktforschungsberater unterstützen das Management bei der Suche nach den passenden Quellen und Forschungsinstituten. Informationsbroker haben sich darauf spezialisiert, im Dickicht des Internet und anderen Online-Medien nach geeigneten Informationen zu recherchieren.

Für die Ausgestaltung der Marketingstrategie ist auch die Analyse von ökologieinduzierten Marktgefahren relevant. Darunter sind ökonomische Gefahren oder Risiken zu verstehen, die sich aus dem verstärkten (oder abnehmenden) Umweltbewußtsein der Kunden für die bestehende Angebotspalette (oder die umweltfreundlicheren Alternativen) ergeben. Besonders problematisch sind diese Gefahren, wenn sie auf Unternehmensschwächen, wie zum Beispiel die mangelnde Fähigkeit, eine ökologische Produktvariante anzubieten, stoßen. Für eine stark ökologisch orientierte Unternehmung ist demgegenüber zu beachten, daß sie nur erfolgreich sein können, wenn ihre Umweltleistungen erkannt werden und bei den Abnehmern einen erfahrbaren bzw. glaubhaften Zusatznutzen stiften. Dies kann in gewissen Fällen bedeuten, daß aus wirtschaftlicher Sicht ein sukzessives Herantasten an die ökologisch beste Variante über einen bestimmten Zeitraum erforderlich ist.

Abb. 7.4. Informationsbeschaffung im Rahmen der Marktforschung

Sind neue Konsummuster oder Verhaltensweisen erforderlich, so müssen die Abnehmer erst informiert und vorbereitet werden, damit die ökologischen Produkte in einem nächsten Schritt auch akzeptiert werden. In anderen Fällen ist aus Glaubwürdigkeitsgründen nur eine direkte und sehr klare Ausrichtung auf das möglichst ökologische Angebot erforderlich.

7.3.3
Definition der Geschäftsfelder und Auswahl des Zielmarktes

Parallel zur Marktforschung steht die Definition von Geschäftsfeldern häufig am Anfang der strategischen Planung. Nach ihr werden die organisatorischen Geschäftseinheiten benannt. Nach Ansoff (1966) besteht ein Geschäftsfeld aus der Kombination von Produkt und Zielmarkt, auf dem das Produkt zu positionieren ist. Insbesondere für das Öko-Marketing greift diese Sichtweise zu kurz. Abell (1980) bestimmt *drei* Dimensionen aus der sich die Geschäftsfelder einer Unternehmung ableiten:

- *Customer groups*: Die potentielle Abnehmergruppe,
- *Customer functions*: Der Nutzen bzw. die Funktionen der angebotenen Leistung für den Abnehmer,
- *Alternative technologies*: Einsetzbare Technologien und Kompetenzen, um den nachgefragten Nutzen für die Abnehmergruppe bereitzustellen.

Die dreidimensionale Geschäftsfeld-Definition vermeidet die gedankliche Einengung auf bestehende (materielle) Produkte und öffnet den Blick für die dahinterstehenden Funktionen und Bedürfnisse, die häufig mit unterschiedlichen Technologien zu befriedigen sind.

Für nachhaltige Unternehmer leitet sich die geeignete Technologie einerseits aus ihrem *Potential zur ökologischen Schadensvermeidung* und andererseits aus *Kompetenz- und Technologievorsprüngen* gegenüber den Wettbewerbern ab.

Da keine Unternehmung die gesamte Vielfalt an Kundenbedürfnissen befriedigen kann, ist eine Marktsegmentierung notwendig (Abbildung 7.5). Das heißt, der Markt ist in logische Teilmärkte aufzuteilen, die sich in Bezug auf Kaufgewohnheiten und Angebotsvoraussetzungen unterscheiden. Dies kann anhand von Portfolios erfolgen, in denen zum Beispiel die Kundenbedürfnisse „wenig Gewicht", „bedienungsfreundlich" und „kostengünstig" eines umweltfreundlichen Waschmittels den Kundengruppen private Kleinhaushalte und Großhaushalte gegenübergestellt werden.

Je nach Produkteigenschaften, Voraussetzungen des Anbieters und Größe der Kundengruppen kann ein Zielmarkt ausgewählt und zum Beispiel nach geographischen Räumen und Absatzwegen (Supermarkt, Drogerien, Direktversand usw:) weiter untergliedert werden. Für die Bestimmung des Zielmarkts steht das Management vor der Wahl der Marktabdeckungsstrategie.

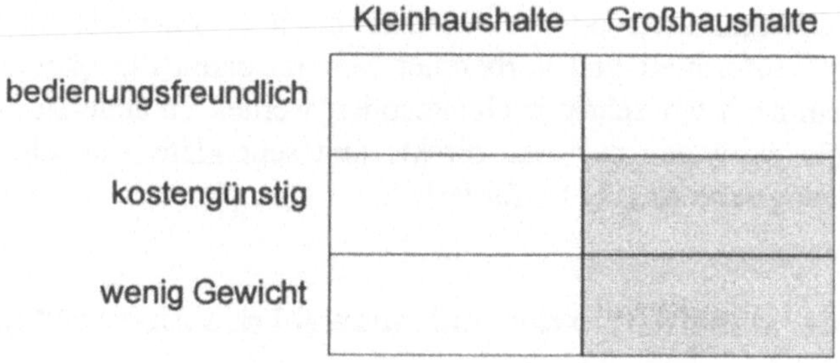

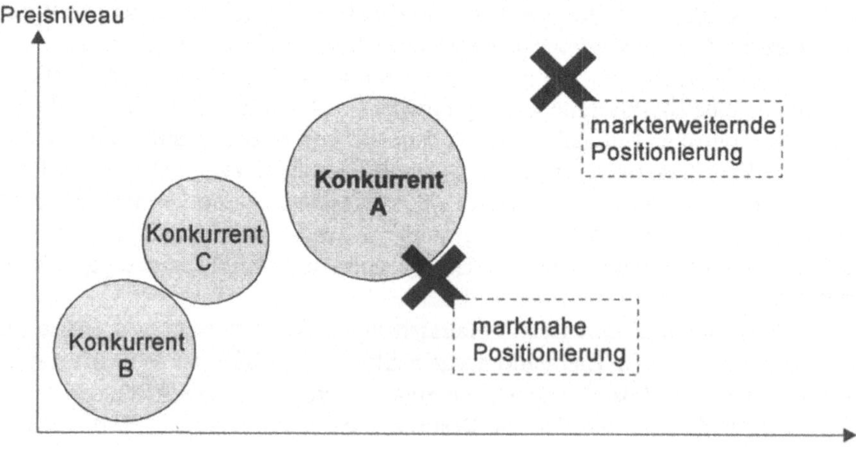

<table>
<tr><td></td><td>Kleinhaushalte</td><td>Großhaushalte</td></tr>
<tr><td>bedienungsfreundlich</td><td></td><td></td></tr>
<tr><td>kostengünstig</td><td></td><td></td></tr>
<tr><td>wenig Gewicht</td><td></td><td></td></tr>
</table>

Abb. 7.5. Portfolio zur Bestimmung des Zielmarkts für ein umweltfreundliches Waschmittel

Dabei kann entweder eine umfassende Abdeckung von Kundengruppen (z. B. Großhaushalte), Produkteigenschaften (z. B. kostengünstige Öko-Waschmittel) oder Marktgebieten (z. B. Europa) erfolgen oder eine Spezialisierung auf bestimmte Felder (z. B. kostengünstige, bedienungsfreundliche Öko-Waschmittel für Großhaushalte in Norddeutschland) angestrebt werden.

7.3.4
Positionierung

Im nächsten Schritt des strategischen Marketingprozesses geht es um die Wettbewerbsplazierung, das heißt um die Ausrichtung des Angebots im Vergleich zur Konkurrenz. Die Marketer untersuchen dabei, welche Wettbewerber im gleichen Zielmarkt auftreten. Die Unternehmung kann sich entweder in der Nähe vorhandener Anbieter positionieren oder ein Feld suchen, das bisher (noch) nicht bedient wird (Abbildung 7.6).

Abb. 7.6. Positionierung

Eine Positionierung in der Nähe vorhandener Anbieter kann erfolgreich sein, wenn das Management der Ansicht ist, daß es den Leistungsanforderungen aus Kundensicht effektiver entsprechen kann, das Know-how zu einer effizienten Umsetzung besitzt und diese Positionierung am besten zum Profil der Unternehmung paßt (marktnahe Positionierung). Wird ein bisher noch nicht bearbeitetes Feld gewählt oder ein Markt neu definiert (markterweiternde Positionierung), ist abzuklären, ob technische Hindernisse bestehen, ein attraktiver Preis möglich ist und ausreichend viele Konsumenten gewonnen werden können.

7.4
Marketingpläne und Marketing-Mix

7.4.1
Grundzüge des Marketingplans

Grundlage für den wirtschaftlichen Erfolg eines Produktes ist die Qualität der langfristigen und der jährlichen Marketingpläne. Der Marketingplan legt die Ziele und Strategien sowie den Einsatz der Marketinginstrumente zur Erzielung und Erhaltung eines Wettbewerbvorteils detailliert dar (Kotler u. Bliemel 1999, S. 144 ff.). Der Marketingplan untergliedert sich in:

– *Situationsanalyse*: In der Situationsanalyse werden die wichtigsten Entwicklungen, das heißt Chancen und Gefahren im externen Umfeld der Unternehmung, die Probleme in der Vergangenheit und die aufkommenden Chancen beschrieben sowie die strategischen Alternativen in verschiedenen zukünftigen Umfeldern zu handeln, diskutiert. Die Situationsanalyse kann dabei nach Stakeholdern und nach den Erfolgskriterien des Umweltmanagements untergliedert erfolgen (vgl. Kapitel 4).
– *Marketingziele*: Anhand der Situationsanalyse werden die wichtigsten, erreich- und meßbaren Marketingziele für unterschiedliche Perioden schriftlich festgelegt. Die Umsatzziele können für die Marktregionen, Absatzwege und Verkaufsstellen und die Margenziele für die einzelnen Produkte und Produktgruppen vorgegeben werden.
– *Marktetingstrategie*: Im Marketingplan wird auch die Marktstrategie schriftlich festgehalten und Richtlinien für die weitere Marktbearbeitung formuliert.

Ausgehend von der Situationsanalyse und den Marketingszielen werden das Budget, die Zuteilung der Mittel und der Marketing-Mix bestimmt. Aufgrund seiner Bedeutung bei der Marktbearbeitung wird der *Marketing-Mix* etwas ausführlicher diskutiert. Er setzt sich aus den Variablen zusammen, die die Unternehmung zur Beeinflussung des Zielmarktes kontrollieren kann und umfaßt folgende Elemente die auch als „4 Ps" bezeichnet werden:

– Product bzw. das Leistungsprogramm (Abschnitt 7.4.2),
– Place bzw. die Distribution (Abschnitt 7.4.3),
– Price bzw. Gestaltung der Preise und Vertragsbedingungen (Abschnitt 7.4.4),
– Promotion bzw. die Marktkommunikation (Abschnitt 7.4.5).

7.4.2
Leistungsprogramm

Produktpolitische Entscheidungen gehen über die *Gestaltung des Kernproduktes* hinaus. Sie betreffen ebenso die *Verpackungsgestaltung*, die *Markenpolitik* und das Angebot von produktbegleitenden *Serviceleistungen*. Anspruchsvolle Produkte zeichnen sich in diesem Kontext immer häufiger als umfassende Systemlösungen mit erhöhtem Differenzierungspotential aus (vgl. Flieger 1992).

7.4.2.1
Was ist ein ökologisches Produkt?

Als Produkt gilt im folgenden jede marktfähige Leistung, unabhängig davon, ob diese in materieller Form, als virtuelle Information oder Dienstleistung erfolgt. Ökologische Perspektiven erweitern die herkömmliche Produktgestaltung in doppelter Hinsicht (vgl. Antes 1997, Hopfenbeck 1997):

– durch eine wirkungsbezogene Produktbewertung,
– durch die Orientierung an nachhaltigen Konsumleitbildern.

7.4.2.2
Wirkungsbezogene Produktbewertung

Immer ist die betriebliche Leistungserstellung zugleich mit Umwelteinwirkungen verbunden, die sich im Konsum und der Entsorgung fortsetzen: Keine Wertschöpfung ohne Schadschöpfung. Es gibt grundsätzlich kein Produkt, das absolut keine Umwelteinwirkungen verursacht. Daraus folgen zweierlei Konsequenzen: Erstens bezieht sich das Ausmaß der ökologischen Produktqualität auf die potentielle Schadschöpfung während *aller* Produktlebensphasen vom Bezug der Vorleistungen bis zur Entsorgung. Zweitens ist ökologische Produktqualität stets *relativ* im Verhältnis zum Schädigungspotential vergleichbarer Produktalternativen zu bewerten.

Ein ökologischer Produktvergleich setzt also voraus, daß sich sowohl Schadschöpfung als auch Nutzenstiftung bzw. Wertschöpfung der Produktalternativen über alle Lebensphasen hinweg relativ zueinander gewichten lassen, um die ökologische Effizienz der Bedürfnisbefriedigung vergleichen zu können. Als Instrumente dienen dazu unter anderem (vgl. Hopfenbeck 1997; Hopfenbeck u. Jasch 1995):

– Produkt-Ökobilanzen bzw. Life-Cycle-Asessments (vertiefend dazu Fava et al. 1991; Heijungs et al. 1992; Nisius u. Scholl 1998; Schaltegger u. Sturm 1994; SETAC 1993),
– Produktlinienanalysen (vertiefend dazu Rubik u. Teichert 1997),
– ABC- bzw. XYZ-Klassifizierungen (vertiefend dazu BMU u. UBA 1995; Hallay u. Pfriem 1992),
– Qualitätsspinnen bzw. Öko-Kompaß (vertiefend dazu z. B. Fussler 1999).

Die weiteste Verbreitung sowie Eingang in DIN und ISO-Normierungen (bes. ISO 14040) *haben Produkt-Ökobilanzen* gefunden, die nach dem Modell des Umweltbundesamtes vier Arbeitsschritte umfassen (Abbildung 7.7).

Produktlinienanalysen erweitern nach der Idee des Freiburger Öko-Instituts (Rubik u. Teichert 1997) den Untersuchungsrahmen um soziale und ökonomische Aspekte, indem sie den Zusammenhang zwischen Produkten, ihrer gesellschaftliche Funktion und dem zugrundeliegende Bedürfnis hinterfragen. Dem entgegen sind *ABC-Klassifizierungen* und *Qualitätsspinnen* eher auf das betriebliche Entscheidungsverfahren zugeschnitten (BMU u. UBA 1995; Hallay u. Pfriem 1992). Sie begrenzen die Analyse auf wenige relevante Faktoren, indem sie einfache Bewertungsmaßstäbe zugrunde legen.

Bei singulären Produktoptimierungen ohne wesentlichen Einfluß auf den Anwendernutzen (z. B. FCKW-freier Kühlschrank) ist die ökologische Bewertung vergleichsweise einfach. Schwieriger wird der Vergleich, wenn die Produktalternativen unterschiedliche Umweltbelastungen verursachen und in ihrer Nutzungsqualität und Handhabung voneinander abweichen.

Abb. 7.7. Arbeitsschritte zur Erstellung von Produktökobilanzen (verändert nach: BMU u. UBA 1995)

Der ökologische Vergleich zwischen Einwegprodukten und Mehrwegprodukten (z. B. Windeln, Reinigungstücher, Verpackungen) wird beispielsweise dadurch erschwert, daß die Umwelteinwirkungen der Reinigung und zusätzlicher Transportwege sich zum Teil nur qualitativ mit den Folgen von Mehrproduktion und Entsorgung in Beziehung setzen lassen. Die Entsorgung kann zudem auf unterschiedliche Weise erfolgen.

Besondere Probleme bereitet der Vergleich zwischen ökologischen Risikopotentialen und dem Ressourcenverbrauch. So lassen sich die Auseinandersetzungen um die Umweltfreundlichkeit der Atomenergie gegenüber fossilen Brennstoffen oder um die Verringerung von Pestizideinsätzen bei gentechnisch manipulierten Maissorten naturwissenschaftlich kaum auflösen. Ökologische Produkte müssen in ihrer Produktion und Anwendung darum sowohl dem Aspekt der Ressourcenschonung als auch der Vermeidung nicht zu kalkulierender Risiken entsprechen. Verrechnungsmöglichkeiten scheiden aus (vgl. Spiller 1996, S. 436 ff.). Ökologische Innovationen sind nicht risikoavers, sondern fehlerfreundlich: Sie erlauben die experimentierende Aneignung bei bezahlbaren Einsätzen.

Zur Bewertung des Anwendernutzens ist zu beachten, daß sich Produkte nur selten auf eine Funktion reduzieren lassen. Häufiger verkörpern sie *Funktionenbündel*, die durch ästhetische und symbolische Werte ergänzt werden.

Der Besitz eines Autos kann außer Mobilität auch Unabhängigkeit, Hobby, Geschwindigkeitserlebnis, Status, dritte Haut oder Partnerersatz bedeuten und wird in diesen Kategorien sowohl kulturell als auch individuell interpretiert (vgl. Bredemeier et al. 1997). Der ökologische Vergleich der Schadschöpfung pro Entfernungskilometer mit den Nutzungsalternativen „Bahnfahren", „Carsharing" oder „Videokonferenz" setzt damit eine funktionale Vernunft voraus, die den privaten Konsummustern eher selten entspricht.

Möglichkeiten zur *ökologischen Bewertung verschiedener Produktalternativen* bleiben begrenzt (vgl. Spiller 1996) und sind mit Informationskosten verbunden, die sich betriebswirtschaftlich oft nicht rechnen. Zur Senkung der Kosten der Datensammlung für die Anwender von Ökobilanzen werden von Umweltämtern, Verbänden und Forschungsinstitutionen sogenannte „Basisdaten" zu den im Industrieschnitt verursachten Umwelteinwirkungen von Rohstoffen, Eingangsprodukten und Fertigungsprozessen publiziert. Dies führt allerdings zu einem ausgesprochen großen, mit den heutigen Sachbilanzmethoden inhärent verbundenen Verlust an Informationsqualität (Schaltegger 1997b). In sehr vielen Fällen ist die Fehlerstreuung der erhaltenen Informationen größer als der Unterschied zwischen verschiedenen Produktvarianten (Pohl et al. 1996). Obwohl Wunschvorstellungen verschiedentlich herbeibeschworen werden (White et al. 1995), läßt sich mit den heutigen Ökobilanzmethoden keine repräsentative Informationsgrundlage schaffen (Schaltegger 1997b).

Folgende Analyse- und Gestaltungsprinzipien helfen bei der Suche nach ökologischen Produktalternativen jedoch weiter (vgl. Antes 1997; Hopfenbeck u. Jasch 1995; Stahel 1997; Fleig 1997):

– *Produkt- und Materialverantwortung* durch die Vermeidung gesundheits- und umweltgefährdender Stoffe sowie durch Rücknahmegarantien, umweltgerechtes Recycling bzw. „Rebuilding" oder Produkt- und Materialpässe,

– *Kreislauforientierung* nicht nur durch das Angebot demontage- und recyclinggerechter Produkte, Bauteil- und Werkstoffkennzeichnungen sondern auch durch den Einsatz von Recyclingmaterialien im eigenen Produkt und durch Aufarbeitung und Wiederverwendung von Produktmodulen (z. B. Tonerkartuschen) und Produkten (z. B. Kopierer),
– *Regionalität und Saisonalität* durch möglichst nahen Einkauf der Vorleistungen und regionale Vertriebskonzepte sowie durch Angebot und Verarbeitung von Lebensmitteln der Saison,
– *Langlebigkeit* durch robuste Verarbeitung, Modulbauweise, Reparatur- und Wartungsfreundlichkeit sowie den Verzicht auf schnellebiges Design,
– *Konsistenz* (vgl. Huber 1998a) durch die Harmonisierung industrieller und natürlicher Stoffwechselprozesse wie durch den Einsatz leicht abbaubarer Stoffe oder die „kalte" Nutzung fossiler Stoffe (Brennstoffzellen),
– *Dematerialisierung* durch erhöhte Ressourcenproduktivität und Produktverkleinerungen zum Beispiel Kombination verschiedener Geräte in einem Gehäuse, Konzentrate, oder Virtualisierungen zum Beispiel Online-Zahlungsverkehr,
– *Nutzungsintensivierung* (vgl. Zanger et al. 1999) durch Aufarbeitung von Altprodukten sowie Sharing- und Leasing-Modelle,
– *Suffizienz* durch den Verzicht auf bestimmte Produktbestandteile von untergeordnetem Nutzen, wie Klarsichthüllen im Bankenservice oder das tägliche Auswechseln der Handtücher im Hotelzimmer.

7.4.2.3
Nachhaltiger Konsum

Der Hinweis auf die Vielfalt der Bedürfnisse verweist zugleich auf die zweite Determinante ökologischer Produktgestaltung – der Legitimität von Bedürfnissen und ihrer produktbezogenen Ausformung. Ökologische Konsumkritik verknüpfte in der Vergangenheit Sinnfragen häufig mit der Begrenzung auf „wahre oder natürliche Bedüfnisse" und setzte die „industriell erzeugten Begehrlichkeiten" kritisch davon ab. Diese Vorgehensweise mündete in einem ökologischen Funktionalismus, der bestimmte Bedarfsäußerungen tabuisierte. Zwar hat sich der Spielraum für Öko-Produkte inzwischen, etwa durch das Angebot von Fertig- und Tiefkühlgerichten in Bioläden, ausgeweitet, das jahrzehnte alte Klischee vom asketischen Umweltaktivisten wirkt jedoch weiter.

Der gesellschaftliche Mainstream entwickelte sich – bei steigendem Umweltbewußtsein – in eine andere Richtung, die Gerhard Schulze (vgl. 1996/92) als Wandel von der außenorientierten zur innenorientierten Konsummotivation umschreibt. Der Nutzen eines Produktes wird heute vornehmlich in ästhetischen Kategorien über seinen Erlebniswert definiert. Die technische Funktionalität tritt häufig als Selbstverständlichkeit in den Hintergrund. Symbolische Anspielungen auf Szenen und Epochen unterstreichen den emotionalen Anreiz und demonstrieren soziale Zugehörigkeit oder Abgrenzung (vgl. Heubach 1992). Selbst monofunktionale Geräte wie Kühlschränke werden so als Kultobjekte zu Preisen von über 1.000 Euro angeboten.

Es ist deshalb naheliegend, auch ökologische Produkte über ihren Erlebnis- und Symbolcharakter zu vermarkten, ohne die Kritik an bestehenden Konsummustern völlig auszublenden.

Alternativangebote sollten weniger an das schlechte Gewissen apellieren, als vielmehr positive Wünsche nach zukunftsfähiger Erlebniskompetenz und einer authentischen, natürlichen Lebensweise bedienen. Schulze spricht hier von Produkten *„die Erlebnisse nicht suggerieren, sondern ihnen Raum geben."* (vgl. Schulze 1996b, S. 41). Bergmann empfiehlt die Orientierung an zeitstabilen Mustern wie Persönlichkeitsbildern gegenüber schnellebigen Modetrends (vgl. Bergmann 1996, S. 302).

7.4.2.4
Verpackungsgestaltung

Die Verknappung von Deponiekapazitäten verlieh der ökologischen Verpackungsoptimierung in der Vergangenheit besondere Aufmerksamkeit. Trotz vielfältiger Verpackungsreduktionen und zunehmender Mülltrennung beziffern Meffert u. Kirchgeorg (1998, S. 299) den Verpackungsanteil am Hausmüll noch 1998 auf 50 %. Für das Öko-Markting gelten für die Verpackung grundsätzlich die gleichen Kriterien, wie für das Kernprodukt. Drei Gesichtspunkte verdienen jedoch besondere Beachtung:

– Die *Beteiligung am Dualen System* (Grüner Punkt) in Deutschland kennzeichnet die Verpackung aus der Sicht kritischer Verbraucher nicht als besonders umweltfreundlich, sondern markiert eine Mindestanforderung, die nach Ansicht von Umweltverbänden und -instituten nicht ausreicht, um die Verpackungsproduktion spürbar zu reduzieren und ein höherwertiges Recycling zu fördern.
– Beschränkt sich die ökologische Produktpolitik weitgehend auf Verpackungsoptimierungen, bleibt sie im wahrsten Sinne des Wortes oberflächlich. Verpackungen verkörpern auch in Design und Material Botschaften über ihren Inhalt, die im Sinne einer *glaubwürdigen Kommunikation* Stimmigkeit beanspruchen.
– Der informative Gehalt einer Verpackung verweist auf die *Erweiterung der Verpackungsfunktionen*. Standen ehemals Schutz vor Beschädigung, Verunreinigung, und Verderben sowie Transporterleichterung und Dimensionierung im Vordergrund, sind durch die Trends zur Selbstbedienung, Imagepflege, visuellen Werbung und zum ästhetischen Konsum Funktionen als Blickfang und Medium hinzugetreten. Erleichterungen im Produktgebrauch (stehende Zahnpastatube, mahlzeitgerechte Portionen usw.) machen die Verpackung immer häufiger zum Teil des Kernprodukts (vgl. Kotler u. Bliemel 1999, S. 711 ff.; Meffert u. Kirchgeorg 1998, S. 299 f.). Strategien zur Verpackungsreduktion und Mehrfachnutzung sind nur dann erfolgreich, wenn sie die funktionelle Vielfalt der Verpackung nicht ausblenden, sondern ökologisch und konsumentenfreundlich interpretieren.

7.4.2.5
Leistungsprogramm und Markenpolitik

Wie die Verpackung prägt zunehmend auch die Marke als produktimmanentes Medium das Profil und den Erfolg der meisten Produkte, mit der Konsequenz, daß sich Kommunikation und Produkt immer weniger unterscheiden (vgl. Bergmann 1996).

Durch Namen, Symbol, Label und Layout gewährleistet die *Marke*, daß sich ein Produkt aus der Masse heraus einprägt und wiedererkennen läßt. Die Marke signalisiert die Herkunft der Ware und die Produktverantwortung ihres Anbieters. Marken wirken in dieser Hinsicht vertrauensbildend und sind deshalb besonders gefragt, wenn die (ökologischen) Qualitätsvorteile optisch verborgen bleiben:

– Aus Sicht des Abnehmers sind Marken ökonomisch wertvoll, weil sie den *Informationsaufwand* bei Kaufentscheidungen senken. Mit ihrem Image, Bekanntheitsgrad und Qualitätsversprechen erzeugen Marken mentale Modelle, die in der komplexen Angebotsvielfalt Orientierung geben, indem sich die Markenpräsentation des Anbieters mit eigenen Erfahrungen und Wünschen verbindet.

– Aus Sicht des Anbieters erhöht die Marke nicht nur Absatzchancen und Kundenbindung, sondern eröffnet durch ihr *Differenzierungspotential* Spielräume für preispolitische Entscheidungen (vgl. Meffert u. Kirchgeorg 1998, S. 305). Marken gelten als immaterielles, nicht-bilanzielles Kapital, das sich, wie beim Verkauf von Rolls-Royce ersichtlich, zum wesentlichen Bestandteil des Unternehmenswertes entwickeln kann. Schon dadurch rechtfertigt der Markenaufbau Investitionen, die durch Gestaltung, Tests, Imagewerbung, Verkaufsförderung, Garantien und Markenpflege beträchtliche Ausmaße annehmen können.

Für den Aufbau einer Öko-Marke bestehen unterschiedliche Optionen. Sie können das gesamte Sortiment umfassen und damit eng an die Persönlichkeit und Integrität des Unternehmers gekoppelt sein. Oder sie stellen eine besondere Produktlinie, -serie oder Kollektion innerhalb des Gesamtsangebotes einer Unternehmung dar. Sie können dabei auf ihr eigenes Öko-Label setzen und/oder sich an die Label neutraler Institute und übergeordneter Verbände anlehnen.

Öko-Marken, die das gesamte Sortiment umfassen, sind beispielsweise Hipp oder Hess-Natur. Als Beispiele für Produktlinien, -serien oder Kollektionen lassen sich „Frosch", „Naturaplan" von Coop oder „Öko-Lavamat" von AEG anführen.
Unternehmensinterne Öko-Label sind z. B. „Naturkind" oder „Füllhorn", Label neutraler bzw. übergeordneter Organisationen sind z. B. „TransFair" oder „Demeter".

Öko-Label, die als Markenzusatz verliehen werden, zielen in erster Linie auf das Informationsbedürfnis der Konsumenten und stellen als Maßstab für Umweltqualität eine hochaggregierte Entscheidungshilfe dar. Die Inanspruchnahme extern verliehener Gütezeichen, Verbandszeichen oder Zeichen einer Interessengemeinschaft / eines Stewardship Council haben gegenüber Eigenmarken den Vorteil, daß sie der Unternehmung die Kosten eines eigenen Markenaufbaus ersparen und in der Regel eine höhere Akzeptanz durch die Vergabekriterien übergeordneter Institutionen genießen (vgl. Hansen u. Kull 1995/94, Bodenstein u. Spiller 1995).

Beispiel für Öko-Label als Markenzusatz ist die Kennzeichnung des Versandhauses Quelle, das Textilien je nach Ausmaß der Öko-Qualität mit ein bis drei Laubsymbolen auszeichnet.

Ein extern verliehenes Gütezeichen stellt beispielsweise „Der blaue Engel" dar. Dagegen ist das „Eco Vin"-Symbol Beipiel für ein Verbandszeichen und das „FSC (Forest Stewardship Council)"-Label für Holz aus nachhaltiger Forstwirtschaft Beispiel für ein Zeichen einer Interessengemeinschaft / eines Stewardship Council.

7.4.2.6
Produktbegleitende Dienstleistungen

Ob ein Produkt dem ökologischen Anspruch seiner Anbieter tatsächlich gerecht wird, entscheidet sich oft erst beim Abnehmer durch die umweltverträgliche Nutzung. Der Verzicht auf Verschweißungen an Bürostühlen wird gegenstandslos, wenn die Möbel über den normalen Sperrmüll entsorgt werden. Im ökologischen Kontext erfüllt der Kundendienst unter anderem folgende Funktionen (vgl. Meffert u. Kirchgeorg 1998, S. 314; Hansen u. Jeschke 1995/92):

– *Kaufberatung*, um die ökologischen Produktvorteile transparent zu machen und dem benötigten Nutzenniveau möglichst genau zu entsprechen,
– *Bedienungsanleitung* und *Installationshilfe* zur umweltgerechten Produktnutzung und zur Sicherstellung einer langen Nutzungsdauer,
– *Aktives Beschwerdemanagement* und *Problemberatung* zum Werterhalt des Produkts sowie zur Produktoptimierung und Kundenbindung,
– *Reinigungs-, Wartungs-, Reparatur-* und *Aufrüstungsleistungen*, um die Nutzungsdauer zu verlängern,
– *Produktrücknahme* und *Entsorgungsdienste* zur Wiederverwendung und Kreislaufbewirtschaftung.

Simon belegt, daß sich gerade mittelständische Unternehmen durch die Fokussierung auf einen *engen Markt* behaupten können, wenn sie in ihrem begrenzten Segment Kompetenzvorsprünge durch hohe Qualitätsstandards und eine *tiefe Marktbearbeitung* ausgebaut haben (vgl. Simon 1996, S. 51 ff.). Diese Angebotstiefe drückt sich auch durch die Servicebereitschaft im Rahmen einer gepflegten Kundenbeziehung aus. Anzustreben ist dabei, daß sich der Service kontinuierlich von einer (unentgeltlichen) verkaufsunterstützenden Zusatzleistung zu einer Kernleistung entwickelt, die einen marktfähigen Mehrwert für den Kunden begründet (vgl. Homburg u. Garbe 1996), etwa durch telefonische Beratungskompetenz oder durch die bereits angesprochenen Formen des Nutzenverkaufs. Die Entwicklung im Industriegütermarketing ist hier wesentlich weiter fortgeschritten als auf Konsumgütermärkten. Dem Entrepreneur stellt sich im Entdecken vorhandener Lösungen die Frage, welche Strategien sich auf den Konsumgüterbereich mit welchen Modifikationen und Erfolgsaussichten übertragen lassen.

7.4.3
Distributionspolitik

Distributionspolitische Entscheidungen betreffen den gesamten Weg eines Produktes vom Hersteller bis zu seinem Endabnehmer und in die Entsorgung. Ziel ist die Bereitstellung und Entfernung eines Produktes zur gewünschten Zeit, am richtigen Ort und in der nachgefragten Menge. Der *Distributionskanal* wird in der Regel durch mehrere Partnerunternehmen, wie Großhändler, Einzelhändler, Lagerbetriebe, Transportunternehmen und Entsorgungsspezialisten bereitgestellt. Der Güterfluß wird durch einen produktbezogenen parallelen oder gegenläufigen Informationsfluß ergänzt, der sich beispielsweise auf Rücknahmeverpflichtungen, Ersatzteilbestellungen oder Reklamationen bezieht (vgl. Kotler u. Bliemel 1999, S. 821). Den Anforderungen der Kreislaufwirtschaft und Werterhaltung kann nicht nur durch eine Vertiefung des eigenen Leistungsprogramms, sondern auch durch kooperative Lösungen im Rahmen eines Leistungsverbundes entsprochen werden.

Die ökologischen Aufgaben betreffen zunächst die Bereitstellung einer ressourcensparenden Logistik, etwa durch die bevorzugte Nutzung von Bahn und Schiffswegen, durch optimierte Lagerhaltung und durch die Bündelung der Warenströme (vgl. Meffert u. Kirchgeorg 1998, S. 346 ff.). Logistische Entscheidungen betreffen sowohl den Einsatz von Transportverpackungen als auch Mehrwegsysteme und die Standortwahl, um etwa durch dezentrale Produktionsstätten lange (interkontinentale) Wege zu sparen. In der Endabnehmerstufe birgt die Bestellung via Internet in virtuellen Warenhäusern Chancen, Katalogmaterial und Wegstrecken durch die gebündelte Warenlieferung des Handels zu sparen, allerdings weiten sich damit gleichzeitig die Märkte räumlich aus, so daß die interkontinentale Bestellung einzelner Gebrauchsartikel schon heute keine Utopie mehr ist.

Besondere Beachtung verdient in diesem Zusammenhang die *Gatekeeper-Rolle* des Handels (vgl. Hansen 1995; Meffert u. Kirchgeorg 1998). Als Mittler zwischen Hersteller und Abnehmer verfügt der Handel durch Sortimentsauswahl, Werbung und Warenpräsentation über eine besondere Marktmacht zur Durchsetzung von Produkten. Der Handel übernimmt schließlich Funktionen in der Kreislaufwirtschaft als Sammelstelle für Verpackungen und Altwaren.

7.4.4
Preispolitik und Vertragsgestaltung

Neben der Preishöhe bestimmen noch weitere Faktoren den Erlös aus ökologieorientierten Leistungen, dazu zählen verschiedene Formen der Vertragsgestaltung, wie Garantieleistungen und Zahlungsmodalitäten. Preise und Handelsbedingungen sind dabei nicht immer als fixe Größen zu sehen, sondern können im Verlauf von der Markteinführung bis zur Etablierung einer Marke oder bis zur Sättigung eines Marktes eine geplante Entwicklung durchlaufen.

7.4.4.1
Preispolitik

Preispolitische Entscheidungen richten sich nach der erwarteten Zahlungsbereitschaft, den Preisen der Wettbewerber und den Herstellungskosten (vgl. Meffert 1998). Wie in Abbildung 7.8 dargestellt, ergibt sich der maximale Umsatz rechnerisch aus der erzielten Absatzmenge in Abhängigkeit von der Höhe des Preises (Preiselastizität der Nachfrage). Die *Preiselastizität* ist wiederum eine Funktion aus der generellen Zahlungsbereitschaft und dem bestehenden Preisangebot der Wettbewerber.

Ein relativ niedrige Preiselastizität besitzen zum Beispiel Kleinstgüter wie Backwaren: Um 10 Pfennig, das heißt ca. 20 %, beim Einkauf eines Brötchen zu sparen, wären nur wenige Personen bereit, einen längeren Weg zur Konkurrenzbäckerei zurückzulegen. Bei Computern ist die Preiselastizität dagegen sehr hoch: 20 % Preisunterschied ist in der Regel kaufentscheidend und durch ein Öko-Label bei privaten Käufern höchst selten aufzuwiegen.

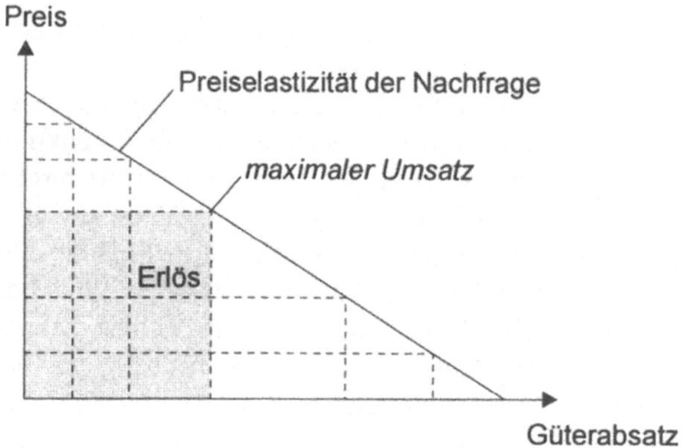

Abb. 7.8. Preiselastizität der Nachfrage und maximaler Umsatz

Herstellungskosten sind aus marktorientierter Sicht oft nur sekundär für die Preisgestaltung von Belang. Nur wenn die Stückkosten bei steigender Produktionsmenge zunehmen, oder die Preise erodieren, liegt das Gewinnmaximum unterhalb der maximalen Umsatzmenge.

Die Kurzfristigkeit und die unterstellten Marktkenntnisse der hier skizzierten Preisberechnung weisen zugleich auf die Grenzen der Kalkulation. Gerade über die Zahlungsbereitschaft für Produktinnovationen kann anhand von Marktforschungsergebnissen oft nur vage spekuliert werden. So wird die eigene Zahlungsbereitschaft bei Befragungen meist überschätzt. *Langfristige* Gewinnmaximierung hängt von weiteren Faktoren ab, dazu zählen sowohl die Reaktionsfähigkeit der Wettbewerber als auch das Preisempfinden der Abnehmer. Wird der Preis als angemessen und stabil erlebt, dient er auch als Instrument zur Kundenbindung. Für ökologisch bedingte Preisaufschläge, die dem kritischen Abnehmer zum Beispiel anhand erhöhter Kosten für ökologische Baumwolle plausibel gemacht werden müssen, gewinnen Herstellungskosten für die Preisargumentation dann doch Gewicht (vgl. Hopfenbeck 1995).

Ökologische Produkte müssen nicht zwangsläufig teurer sein, jedes Produkt sollte jedoch den Rentabilitätszielen der Unternehmung entsprechen. Die Rentabilitätsberechnung setzt eine korrekte Zuweisung der Gemeinkosten voraus. Mithilfe der Umweltkostenrechnung (vgl. Fichter et al. 1997; Schaltegger et al. 1996a) und des Öko-Controllings (vgl. Schaltegger u. Kempke 1996) sollten Unternehmer deshalb in der Lage sein, die Effizienzvorteile ökologischer Produkte offenzulegen, um Quersubventionierungen der herkömmlichen Produkte zu vermeiden. Auch in die ökologische Richtung sind Quersubventionierungen nur kurzfristig als Investition zum Markenaufbau zu rechtfertigen. Dafür sprechen sowohl ökonomische als auch ökologische Gründe:

– Öko-Produkte, deren Vermarktung nur durch Goodwill- und Image-Argumente legitimiert wird, *verlieren* bei anziehendem Kostenwettbewerb und nachlassender Medienpräsenz entsprechender Umweltthemen sowohl die *Akzeptanz der Aktionäre* als auch *die Bereitschaft der internen Entscheidungsträger,* weitere Budgets zur Verfügung zu stellen.
– Ein Ausweitung des Vertriebs von Öko-Produkten setzt ohne ausreichenden Deckungsbeitrag voraus, daß die Vermarktung herkömmlicher Produkte aus finanziellen Gründen ebenfalls auszudehnen ist, was insgesamt sogar einem *Verlust an Öko-Effizenz* gleich kommt.

Trotzdem muß eine Erhöhung der Produktionskosten nicht zwangsweise an die Abnehmer weitergegeben werden, wenn durch den positiven Vermarktungseffekt eine Absatzsteigerung eintritt, die eine Senkung der Stückkosten zuläßt und die Mehrkosten der Produktion dadurch auffängt.

Als eines der ersten Unternehmen verfolgte die schweizerische Coop mit ihrer Textilkollektion NATURA eine solche *Marktdurchdringungsstrategie* und öffnete so den Massenmarkt für ökologische Textilien (vgl. Schneidewind 1998).

Die meisten Ökopioniere verfolgen demgegenüber eine *Hochpreisstrategie* und nehmen dafür eine Absatzbegrenzung auf Nischenmärkte in Kauf. Selten wird im ökologischen Kontext eine *Abschöpfungstrategie* verfolgt.

Eine Abschöpfungsstrategie wird bei Intel bei jeder neuen Prozessorengeneration durchgespielt: Nach hohen Einstiegspreisen bezwecken sukzessive Preissenkungen eine Abschöpfung der gesamten Kaufkraft „von oben nach unten". Diese Strategie wird sich für Solarkollektoren eignen, die eine massenmarktfähige Leistungskapazität erreichen.

7.4.4.2
Vertragsgestaltung

Ob ein Angebot für den Abnehmer günstig ist, bestimmt nicht nur der Kaufpreis. Transaktionskosten (d. h. Aufwendungen für Informationssuche, Kaufvorgang, An- und Abreise usw.) fließen ebenso mit ein, wie die Vertragsbedingungen – vom Umfang der Serviceleistungen und Garantien bis zu den Zahlungsmodalitäten. In diesem Zusammenhang verdient der Nutzenverkauf in Form von Leasing-modellen und Geräteverleih erneut Beachtung: Zwar verzichtet der Abnehmer auf das Recht zur Veränderung des Gutes und besitzt die Nutzungsrechte nur für be-grenzte Zeit, demgegenüber vermindert er aber sein Fehlkaufrisiko und kann da-durch den Informationsaufwand verringern. Sind die Geräte beim Leasinggeber abzuholen, entsteht allerdings ein erheblicher Transportaufwand, der etwa im Falle des wöchentlich benötigten Rasenmähers für den Güterkauf ausschlagge-bend sein kann, zudem besteht aus Kundensicht das tatsächliche oder vermeintli-che Risiko, daß das benötigte Gerät zu bestimmten Zeiten (z. B. Wochenende) nicht in ausreichender Zahl verfügbar ist (vgl. Schrader 1998). Für den Leasing-geber führen der hohe Wartungs- und Kontrollaufwand nach Abgabe der Leasin-gobjekte und deren Vorfinanzierung zu erhöhtem Aufwand und Liquiditätsbedarf.

7.4.5
Kommunikationspolitik

Der berühmte Satz *„Man kann nicht nicht kommunizieren"* (Watzlawick et al. 1990) macht deutlich, daß alle Elemente des Marketing-Mixes auch als Bestand-teile der Unternehmenskommunikation aufgefaßt werden können: Das Produktde-sign enthält Symbole und gibt Hinweise auf die Produktfunktionen – und ob die Bereitstellung im Discounter oder Fachgeschäft erfolgt, ist für den Abnehmer ebenso aufschlußreich wie die entsprechenden Preissignale.

7.4.5.1
Instrumente und Hürden

Kommunikationspolitik ist darauf gerichtet, die Außendarstellung der Produkte und der Unternehmung stimmig zu gestalten. Sie ergänzt die produktimmanenten Aussagen durch Botschaften, die originär dazu eingesetzt sind, Aufmerksamkeit auf die Bedürfnisentsprechung der angebotenen Leistungen zu lenken. Am augen-fälligsten geschieht das in der *Werbung*. Sie umfaßt jede Angebotspräsentation die sich in *unpersönlicher* Form an potentielle Abnehmer richtet. Ergänzt wird die Werbung gegebenenfalls durch *persönliche Kommunikation*, etwa im Rahmen der *Verkaufsberatung*. Im *Nachkauf- und Beziehungsmarketing* wird der Dialog mit dem Abnehmer schließlich über den Kaufakt hinaus gepflegt. Ziel ist die Kunden-bindung, da das Gewinnen neuer Kunden in der Regel deutlich teurer ist, als das Halten der bisherigen. Zusätzliches Gewicht erhält der Kundenkontakt bei Dienstleistungen, besonders dann, wenn das Ergebnis von der Mitwirkung des Kunden abhängt (z. B. Schulung, Therapie). Während im Investitionsgütermarke-ting Problemlösungen oft individuell entwickelt werden, dienen im Konsumgü-termarketing überwiegend standardisierte Instrumente wie Kundenhotline oder Beschwerdebriefkästen der Kundenbindung (vgl. Hansen u. Hennig 1995).

Instrumente der marktbezogenen Kommunikation werden zunehmend durch *Öffentlichkeitsarbeit bzw. Public Relations* ergänzt. Sie richtet sich über den engen Marktfokus hinaus auf alle kritischen Anspruchsgruppen der Unternehmung und erfolgt in der Regel weniger produktbezogen zur Akzeptanzsicherung und Imagebelebung der ganzen Unternehmung, eines Produktionszweiges oder Standortes. Botschaften der Öffentlichkeitsarbeit sind oft nicht direkt an die Konsumenten gerichtet, sondern werden auch über den redaktionellen Teil die Massenmedien in deren Namen verbreitet. Viele Zeitungen und Zeitschriften übernehmen die Pressemitteilungen der PR-Abteilungen oft eins zu eins, um redaktionellen Aufwand zu sparen. Das gibt den Unternehmen die Möglichkeit, ihre Botschaft in einem unabhängigeren Outfit an Konsumenten und die interessierte Öffentlichkeit zu bringen.

Im ökologischen Kontext sind zwei Kommunikationshürden zu überwinden, die beide dem Umstand zu verdanken sind, daß die Bewertung ökologischer Qualitäten in der Regel wissenschaftlich komplex und mit den Sinnen oft kaum nachzuvollziehen ist. Der verbreitete Mißbrauch von Öko-Attributen hat die Verunsicherung der Konsumenten noch verschärft (vgl. Bodenstein u. Spiller 1995; Balderjahn 1996):

– Die ökologische Qualität muß deshalb glaubhaft und transparent gemacht werden.

– Im Öko-Produkt sollte der Abnehmer einen persönlichen Mehrwert erkennen, der seine Kaufbereitschaft auch bei erhöhten Preisen auslöst.

7.4.5.2
Transparenz und Glaubwürdigkeit

Als Instrument der Transparenz und Glaubwürdigkeit wurde bereits der Einsatz von Güte-, Prüf- und Verbandszeichen erläutert. Die Absicherung der eigenen Argumentation durch externe Autoritäten ist besonders für jene Unternehmungen hilfreich, die den Konsumenten nicht als ökologische Vorreiter bekannt sind oder diesbezüglich sogar negative Erinnerungen wecken. Ergebnisse der Stiftung Warentest und der Zeitschrift Ökotest haben deshalb eine ähnliche Funktion, wie die Öko-Label neutraler Institutionen. Öko-Label und Testurteile kommen auch der begrenzten Aufnahmekapazität von Konsumenten für Werbebotschaften entgegen. Aus Anzeigen oder Werbespots läßt sich auch bei Interesse des Empfängers selten mehr als eine visuell unterstütze Kernaussage im Gedächtnis verankern. Erleichternd wirkt hier, daß die Werbung inzwischen auf einem relativ breiten umweltbezogenen Vorwissen aufbauen kann.

Ein zusätzliches Glaubwürdigkeitsproblem besteht, wenn umweltkritische Produkte vom Händler oder Produzenten parallel zur Öko-Produktlinie angeboten werden. Argumente für die Öko-Linie wirken gegebenenfalls inkonsequent und richten sich gleichzeitig gegen die Qualität der herkömmlichen Ware. Entscheidend ist hier, daß die kontinuierliche Verbesserung des gesamten Leistungsprogramms als Unternehmensziel verankert und nach außen hin sichtbar wird.

Beispielsweise ließe sich diese Verbesserung durch die Dokumentation einer kontinuierlichen Absenkung des durchschnittlichen Flottenverbrauchs eines Automobilproduzenten, durch eine sukzessive und öffentlichkeitswirksame Auslistung bzw. Substitution fragwürdiger Produkte aus dem Handelssortiment oder durch den Verzicht auf Werbung für die umweltschädlichere Produktvariante nach außen darstellen.

Als einseitig auf Beeinflussung zielende Kommunikation stößt jede Form der Werbung und PR an Grenzen der Glaubwürdigkeit. Das Ziel „Glaubwürdigkeit einseitig zu erzeugen" wirkt in letzter Konsequenz in sich paradox. In der Literatur herrscht deshalb Übereinstimmung über den besonderen Nutzen dialogischer Kommunikationsformen im Öko-Marketing (vgl. Balderjahn 1996). Ein ernsthafter Dialog setzt allerdings mit der Aktivität des Kunden zweierlei voraus:

- Echte Dialoge sind prinzipiell ergebnisoffen und setzen der eigenen Marketingplanung damit Grenzen.
- Der Dialog erhöht auch für den Kunden die Transaktionskosten, da dieser sich argumentativ mit seiner Kaufentscheidung auseinandersetzen soll und Zeit opfert. Er muß also durch eine spürbare Produktverbesserung oder durch Zusatzleistungen (z. B. Teilnahme an einer Verlosung) zum Mitdenken gewonnen werden, wenn sich der Dialog nicht als attraktives Erlebnis an sich vermarkten läßt (z. B. Kundenforum im Grand-Hotel).

7.4.5.3
Argumente für den persönlichen Mehrwert

Die Wertschätzung eines Produktes erfolgt durch den Abnehmer sowohl nach rationalen als auch nach emotionalen Kriterien. Das Merkmal „umweltfreundlich bzw. „umweltverträglich" kann dabei von beiden Seiten angesprochen werden, stellt aber an sich noch keinen konkreten Produktvorteil für die Konsumenten dar. Aufgabe des Öko-Marketings ist darum die Verknüpfung nachgefragter Leistungsmerkmale mit ökologischen Produktkriterien (vgl. Meffert u. Kirchgeorg 1998) und die entsprechende Präsentation der Produkte in der Werbung. Das umweltbezogene Vorwissen der Bevölkerung erlaubt in vielen Fällen, Hinweise auf Umweltfreundlichkeit durch symbolische Anspielungen zu beschränken oder ganz darauf zu verzichten.

Das Merkmal energiesparend gilt beispielsweise gleichbedeutend mit umweltfreundlich. Der ökologische Vorteil eines Drei-Liter-Autos ist entsprechend selbstredend.

Nach Meffert und Kirchgeorg (1998) geben die Bedürfnisse nach Qualität, Wirtschaftlichkeit und Gesundheit gleichermaßen Anküpfungspunkte für einen rational begründeten ökologischen Mehrwert, der sich werbewirksam einsetzen läßt. Gesundheitsargumente gehen über die Aspekte des Wohlbefindens und der Bekömmlichkeit schließlich fließend in den Bereich der emotionalen – fühlenden oder geschmacklichen Produktwahrnehmung über.

Für Qualität sprechen aus ökologischer Sicht etwa die lange Nutzungsdauer und der geringe Materialverschleiß, für Wirtschaftlichkeit Formen der Dematerialisierung, Senkung des Energieverbrauchs oder des Entsorgungsaufwands. Für die Gesundheit steht schließlich die geringe toxische Belastung der Produkte. Ebenso kann die Produktqualität über die alterungsbeständige Patina (z. B. naturbelassene Holzmöbel) oder die Anpassungsfähigkeit an den Nutzer (z. B. Lederschuhe) in das Wohlbefinden des Besitzers eingehen.

Weiter in den emotionalen Bereich stoßen schließlich Bilder und Begriffe, die auf empathische Empfindungen für Kinder oder Tiere, die Liebe zur Natur oder zum einfachen, ländlichen Leben direkt ansprechen. Aufgabe des Marketings ist es, den potentiellen Gebrauchsnutzen, emotionale Versprechen und die ökologische Qualität übereinstimmend zu kommunizieren. Die emotionale Ansprache erfordert allerdings Augenmaß: Sie wirkt dann übersteuert bzw. verfehlt, wenn der Konsument sich von ökologischem Konsumverhalten eine nachhaltigere Bedürfnisstillung und positivere Impulse für das eigene Selbstwertempfinden versprochen hat, als anschließend wahrgenommen. Der Anschein, die Harmonie mit der Natur sei käuflich, kann sich als überzogenes Werbeversprechen damit auch dysfunktional auf die Kundenbindung auswirken.

7.4.6
Koordination und Kontrolle der Marketingpläne

Der ersichtliche Zusammenhang zwischen den Komponenten des Marketing-Mix erfordert eine gezielte Koordination aller Marketingaktivitäten. Der Erfolg dieser Abstimmung innerhalb der Marketingabteilung und mit den anderen Funktionsbereichen der Unternehmung entscheidet sich daran,

– ob die organisatorische Durchsetzung der Marketingpläne gelingt und
– ob die Marketingplanung nach ihrer Umsetzung auf die gewünschte Kundenresonanz trifft und sich die Umsatzziele erreichen lassen.

Anforderungen an die organisatorische Durchsetzung richten sich auch darauf, auf Abweichungen im Verhalten der Konsumenten schnell zu reagieren und diese Abweichungen an die Marketingplanung weiterzugeben. Marktnähe, schnelle Kommunikation und Eigenverantwortlichkeit vor Ort schaffen damit die Voraussetzung für die innerbetriebliche Flexibilität. Picot et al. (1998, S. 201 ff.) leiten daraus die Idee der Modularisierung ab:

> Modularisierung bedeutet eine Restrukturierung der Unternehmensorganisation auf der Basis integrierter, kundenorientierter Prozesse in relativ kleine, überschaubare Einheiten (Module). Diese zeichnen sich durch dezentrale Entscheidungskompetenz und Ergebnisverantwortung aus, wobei die Koordination zwischen den Modulen verstärkt durch nicht-hierarchische Koordniationsformen erfolgt.

Die Aufteilung in Profit-Center und ähnliche Module bedingt, daß den organisatorischen Vorgaben und damit der inhaltlichen Ausgestaltung der Marketingpläne Grenzen auferlegt sind, um die Eigenverantwortlichkeit und flexible Anpassung an Kundenwünsche nicht zu ersticken. Die Ausrichtung aller Organisationseinheiten an Prozessen, die in der Erstellung von Gütern und Dienstleistungen einen marktfähigen Mehrwert für den Kunden begründen, bildet die gemeinsame Basis und erfordert eine hohe Kommunikationskompetenz an den Schnittstellen der innerbetrieblichen Wertschöpfungsketten.

Auf einzelne Verfahren im Zuge der Marketingkoordination soll hier nicht näher eingegangen werden, da sich das Vorgehen im Öko-Marketing nicht wesentlich von der herkömmlichen Marketingpraxis unterschiedet (für einen detaillierten Überblick Meffert 1998, S. 879 ff.).

Dem marktorientierten Prozeß der Werterstellung ist schließlich ein ergebnisorientierter Prozeß der Marketingsteuerung entgegenzusetzen. Periodische Soll-Ist-Vergleiche und quantitative Abweichungsanalysen sind dabei durch qualitative Einschätzungen aus dem Verkauf, dem Beschwerdemanagement und aus weiteren Wertschöpfungsstufen zu ergänzen. Von besonderer Bedeutung sind Kennzahlen, die als Verhältnisgrößen in Zeitreihen wichtige Entwicklungen dokumentieren (vgl. Meffert 1998, S. 1055) wie zum Beispiel:

- Deckungsbeitrag/Umsatz eines Produktes,
- Marktanteil/Marketingbudget,
- Neukunden/Gesamtkunden,
- Reklamationen/Anzahl umgesetzter Güter bzw. Dienstleistungen.

Die zukunftsgerichtete Controllingaufgabe besteht darin, die erhaltenen Rückmeldungen und Umsatzergebnisse mit aktualisierten Erkenntnissen der Marktforschung in Verbindung zubringen, um anhand korrigierter Prognosen gegebenenfalls eine Neuausrichtung der Marketinginstrumente einzuleiten.

7.5
Grenzen des Öko-Marketings und Megamarketings

Zwar ist das Marketing von einem hohem Gestaltungsoptimismus geprägt (vgl. Schneidewind 1998), doch setzen externe Steuerungssysteme der unternehmerischen Handlungsautonomie Grenzen (vgl. Kap 4.3.1). Am wenigsten problematisch erweisen sich wettbewerbsrechtliche Begrenzungen des Öko-Marketings, die vornehmlich vor irreführender und mißbräuchlicher Verwendung von Umweltschutzargumenten in der Werbung schützen sollen (vgl. Cordes 1994). So wird die Etikettierung mit den Wörtern „Bio" oder „Öko" für pflanzliche Lebensmittel EU-weit streng reglementiert. Wettbewerbsrechtliche Regelungen dieser Art untermauern die Glaubwürdigkeit seriöser Umweltwerbung und stellen darum weniger eine Begrenzung als eine Unterstützung des Öko-Marketings dar. Deutliche Begrenzungen zeichnen sich dagegen in wirtschaftlichen, steuerrechtlich-politischen, soziokulturellen und wissenschaftlich-technologischen Handlungsfeldern ab:

- Die Aufforderung des Modeanbieters ESPRIT, vor dem Kauf der Ware zu prüfen, ob man diese wirklich benötigt (vgl. Hopfenbeck u. Roth 1994, S. 275), markiert deutlich die ökonomische Grenze des Öko-Marketings, denn die kommerzielle Verwertung bestehender Bedürfnisse ist für jede Form des Marketings konstitutiv. Alternativen wie Konsumverzicht, unentgeltliche Gemeinschaftsnutzung, Tauschringe, Eigenarbeit und Selbstversorgung (Bresso 1992; Grießhammer 1986) sind für Unternehmen dagegen kaum anschlußfähig.
- Auch die Verlagerung des Leistungsangebots vom „Verbrauchsgut" zum „Gebrauchsnutzen" stößt besonders im privaten Konsum an wirtschaftliche Grenzen. Werterhaltende Dienstleistungen wie die professionelle Aufarbeitung, Reparatur und Pflege abgenutzer oder defekter Gebrauchsgegenstände sowie

Konzepte zum ökologieorientierten Leasing und kommerziellen Produkt-Sharing scheitern noch häufig am ungünstigen Kostenverhältnis arbeitsintensiver Tätigkeiten gegenüber ressourcenintensiver Neuproduktion. Mitverantwortlich dafür sind die nach wie vor hohen Belastungen des Produktionsfaktors Arbeit durch Steuern und Sozialabgaben sowie bürokratische und rechtliche Hürden für Existenzgründungen („Green Start-ups") in ökologischen Dienstleistungsbereichen.

– Weitere Hindernisse für ökologisches Marketing entstehen im soziokulturellen Bereich durch status-, bequemlichkeits- und erlebnisorientierte Konsummuster und Lebensstile sowie die begrenzte Bereitschaft breiter Bevölkerungsschichten, für ökologische Produktqualitäten Aufpreise zu bezahlen.

– Mangelnde Zahlungsbereitschaft liegt schließlich auch darin begründet, daß der ökologische Zusatznutzen für den Konsumenten oft nicht erfahrbar ist und somit den Wissenschaftlern und Anbietern geglaubt werden muß. Komplexe und zum Teil widersprüchliche Forschungsergebnisse und Aussagen verstärken die Skepsis der Verbraucher gegenüber ökologischen Werbebotschaften und Produktinformationen der Anbieter (vgl. Spiller 1996; Bodenstein u. Spiller 1995).

Trotz dieser Begrenzungen bleibt den meisten Unternehmungen ein breites, oft noch ungenutzes Feld für ökonomisch aussichtsreiche und ökologisch seriöse Marketingaktivitäten, das strategisch zu umreißen und mit den Instrumenten des Marketing-Mix operativ zu bearbeiten ist.

Eine weitere Möglichkeit besteht darin, die bisherigen Grenzen des Marketings zu verschieben. Was darunter konkret zu verstehen ist, veranschaulicht Kotler (1986) anhand seiner Megamarketingkonzeption. Kotlers Ausgangsthese besagt, daß die Instrumente des Marketing-Mix nicht ausreichen, wenn politische Bestimmungen und die Marktabschottung der etablierten Industrielobby neue Wettbewerber und deren Innovationen gewaltsam ausbremsen. Die klassischen vier „Ps" seien in dieser Situation durch zwei weitere Strategieelemente – *politische Einflußnahme* (Politics) und die *Beeinflussung der öffentlichen Meinung* (Public Relations) – zu ergänzen. Damit wird Marketing zur Interessenpolitik. Da auch der Erfolg ökologischer Innovationen in hohem Maße von der Steuerpolitik, gesetzlichen Auflagen, Industrienormen und den Ansprüchen der Öffentlichkeit abhängt, ist es naheliegend, interessenpolitische Strategien auch im ökologischen Kontext anzuwenden, sei es, um erhöhte Anforderungen an die ökologiebezogene Leistungsfähigkeit abzuwehren oder um strukturelle Barrieren für den Markterfolg ökologischer Innovationen einzuebnen (eine weitergehende Analyse der konstruktiven politischen Einflußmöglichkeiten von Unternehmen bietet Schneidewind 1998 in seiner Konzeption unternehmerischer Strukturpolitik).

Megamarketing und unternehmerische Strukturpolitik erweitern den herkömmlichen Blickwinkel: neben potentiellen Abnehmern, wird das Verhalten der Behörden, Politiker, Verbände und Massenmedien in das strategische Kalkül einbezogen, um die eigene Position durch Konfrontation oder durch die Bildung von Koalitionen und Allianzen in eine günstigere Ausgangslage zu bewegen. Neben Marketingmanagern treten Juristen, Politikberater und PR-Experten auf den Plan. Deren Spielregeln veranschaulicht das folgende Kapitel.

7.6
Reviewfragen

1. Welche Schritte kennzeichnen den Prozeß des strategischen Öko-Marketings?
2. Worin unterscheiden sich marktliche Umweltchancen von realisierbaren Unternehmenschancen?
3. Nach welchen Dimensionen lassen sich, laut Derek Abell, Geschäftsfelder definieren und eingrenzen? Was ist unter einer Wettbewerbspositionierung zu verstehen?
4. Welchen Analyse- und Gestaltungsprinzipien kann im Rahmen ökologischer Produktentwicklungen gefolgt werden?
5. Welche Zwecke erfüllen Öko-Marken? Welche Zwecke erfüllen Öko-Label?
6. Geben Sie je ein Beispiel für Produkte mit hoher und niedriger Preiselastizität und erläutern Sie jeweils die Konsequenzen für das Öko-Marketing.
7. Welche Vor- und Nachteile ergeben sich aus dem ökologiebezogenen Leasing für den Verbraucher und für den Anbieter?
8. Warum ist Dialogorientierung im Öko-Marketing von besonderer Bedeutung?

8 Interessenpolitisch orientiertes Umweltmanagement

S. Schaltegger, H. Petersen
Institut für Umweltstrategien und Institut für Betriebswirtschaftslehre
Universität Lüneburg

8.1
Einführung

Das Stakeholder-Konzept (vgl. Abschnitt 4.2) dient der Analyse von Beziehungen zwischen den Anspruchsgruppen einer Unternehmung. Von besonderem Interesse sind dabei Ansprüche, die in herkömmlichen Markt- und Wertanalysen ausgeblendet bleiben, da sie nicht durch monetäre Tauschakte sondern durch interessenpolitische Maßnahmen verfolgt werden. Hierzu zählen auch ökologiebezogene Ansprüche. Im folgenden wird eine politisch-ökonomische Begründung geliefert, weshalb Stakeholder in und im Umfeld von Unternehmen interessenpolitisch aktiv werden und unter welchen Bedingungen sie sich organisieren und ihre Interessen durchsetzen können. Durch die Verbindung des Stakeholder-Konzepts mit Ansätzen der Neuen Politischen Ökonomie wird eine Erklärung für das Entstehen politischer Prozesse im ökologischen Kontext gegeben sowie für die Organisation und Durchsetzung entsprechender Interessen in und im Umfeld von Unternehmen (vgl. Schaltegger 1999a). Aus der Analyse werden Folgerungen für das Management von Ansprüchen verschiedener Interessengruppen gezogen.

Nur ein Teil der Beziehungen zwischen Stakeholdern einer Unternehmung äußert sich in Markttransaktionen. Neben – und oft auch anstelle von – marktlichen Transaktionen finden sowohl innerhalb von Unternehmungen als auch zwischen organisationsinternen und externen Stakeholdern vielfältige interessenpolitische Prozesse statt. Stakeholder haben einen materiellen oder immateriellen Anspruch („stake") an die Unternehmung. Im Rahmen der politisch-ökonomischen Analyse ist es dabei weniger relevant, ob diese Ansprüche moralisch legitim sind, sondern, ob Stakeholder ihre *subjektiv* wahrgenommenen Interessen gegenüber der Unternehmung in beliebiger Form geltend machen können. Stakeholder sind „im Extremfall auch Erpresser" (Liebl 1997, S. 18). Dagegen können nachfolgende Generationen oder bedrohte Tierarten selbst nicht als Stakeholder auftreten. An ihrer Stelle übernehmen Fürsprecher, zum Beispiel Umweltorganisationen, die Interessenvertretung, wie auch für jene Personen, die ihre Ansprüche aufgrund fehlender Ressourcen und mangelnder Organisation gegenüber der Unternehmung nicht direkt durchsetzen können.

Im Bestreben, ihre Ansprüche zu sichern, handeln Stakeholder als Interessenvertreter gegenüber der Unternehmungsleitung und anderen Stakeholdern (Abschnitt 8.2). Dabei haben die Stakeholder simultan sowohl übereinstimmende als auch konfliktäre Interessen.

Ein Beispiel für Übereinstimmungen ist die Erhöhung der verteilbaren Wertschöpfung von Unternehmungen. Als Beispiel für konfliktäre Interessen kann der Einsatz der Wertschöpfung zugunsten des Umweltschutzes oder anderer Anliegen angeführt werden.

Für den zweiten Fall steht die Unternehmensleitung, wie alle anderen Stakeholder auch, vor der Herausforderung, die konfliktären Interessen gegeneinander abzuwägen und den eigenen Handlungsspielraum soweit als möglich sicherzustellen. In Abschnitt 8.3 werden die Grundzüge der politisch-ökonomischen Analyse ökologieorientierten Stakeholderverhaltens dargelegt (als Einstieg zur Neuen Politischen Ökonomie vgl. Bernholz u. Breyer 1994; Frey u. Kirchgässner 1994; Kirsch 1997; Pommerehne u. Frey 1979). Dabei stehen die Stakeholder in gegenseitigen und wechselnden Abhängigkeitsverhältnissen, die sich in ihrer Art, Dauer, Regelmäßigkeit und in ihrem zeitlich Auftreten unterscheiden können.

Durch eine Verbindung des Stakeholder-Ansatzes mit der Theorie des Rentseeking (vgl. Hahn 1989, 1990; Krueger 1974; Tollison 1982; Tullock et al. 1988) und der Interessengruppentheorie (vgl. Becker 1983; Olson 1968; Mitchell u. Munger 1991) soll im folgenden ein Beitrag zur Erklärung geliefert werden:

- unter welchen Bedingungen Stakeholder ökologiebezogene Ansprüche formulieren (Abschnitt 8.3.5),
- wann sie sich gut organisieren lassen (Abschnitt 8.3.7),
- wann sie sich gegenüber der Unternehmensführung und anderen Anspruchsgruppen durchsetzen können (Abschnitt 8.3.8).

Abschnitt 8.4 befaßt sich mit den grundsätzlichen Möglichkeiten des Managements von Ansprüchen aus Sicht der Unternehmensleitung.

8.2
Ökologiebedingte Erweiterung des Stakeholderumfelds

Ökologische Probleme haben das Akteurset in und im Umfeld von Unternehmungen in mehrfacher Hinsicht erweitert. Zum einen sind neue Stakeholder hinzugetreten, deren Funktion sich extern (Umweltorganisationen, Bürgerinitiativen) und intern (Umweltbeauftragte) aus ökologischen Anforderungen ableitet. Zum anderen erheben auch traditionelle Stakeholder ökologiebezogene Ansprüche an die Unternehmung – vom gesunden Arbeitsplatz bis zur Prüfung möglicher Bodenkontaminierungen bei der Eintragung einer Grundschuld. Einige Akteure der Ökologiebewegung sind zudem in die Rolle traditioneller Stakeholder geschlüpft, um als „grüne" Aktionärsvereinigung (vgl. Kahlenborn 1997) oder proaktiver Unternehmerverband (wie B.A.U.M., Future e.V. oder Ö.B.U.) Gegengewichte zu den klassischen Stakeholderpositionen zu setzen. Schließlich haben sich in jüngerer Zeit auch Gegner einer „übertriebenen" Ökologisierung zu Verbänden formiert, die als „Waste Watchers" oder „Arbeitsgemeinschaft PVC und Umwelt" mehr oder weniger offen Gegenpositionen zu den bestehenden Umweltorganisationen beziehen (vgl. Dettmer u. Niejahr 1995).

Ökologiebezogene Interessen können fast das gesamte Spektrum möglicher Stakeholder betreffen. Intrinsische Motive der Sinnfindung, die der persönlichen

Einstellung zur Umwelt entsprechen, werden im Rahmen der interessenpolitischen (machtbasierten) Analyse weitgehend ausgeklammert, da sie sich für eine strategische Instrumentalisierung nur sehr bedingt eignen. Die folgende Auflistung nach funktionalen Kriterien nennt Motivationen für eine ökologiebezogene Interessenpolitik der einzelnen Anspruchsgruppen (vgl. Gröner u. Zapf 1998):

- *Anteilseigner, Investoren und Aufsichtsräte*, die den Einfluß umweltschädigender bzw. umweltschonender Aktivitäten oder Unterlassungen auf den Unternehmenswert abschätzen (vgl. Kapitel 6),
- *Manager*, die den (kurzfristigen) Unternehmenserfolg steigern, bzw. ökologiebedingte unternehmerische Risiken minimieren wollen und persönlich an einer Steigerung ihres Einkommens, Prestiges und des eigenen Marktwertes als Führungskraft interessiert sind,
- *Mitarbeiter*, die ihren Arbeitsplatz sichern wollen, persönliche Karriere- und Standortziele verfolgen, und deren Leistungsbereitschaft und Absentismusrate auch mit gesunden, wohlbefindlichen Arbeitsbedingungen zusammenhängen,
- *Techniker und Forschungspersonal*, die (eigene) Innovationen durchsetzen und sich nicht der Kritik aussetzen wollen (vgl. Schein 1996),
- *Gewerkschaften und Betriebsräte*, die dem Zuwachs an Einkommen und Sozialleistungen, dem Ausbau der Mitspracherechte und der Weiteranstellung aller abhängig Beschäftigten verpflichtet sind,
- *Kunden*, deren Zahlungsbereitschaft mehr oder weniger von ökologiebezogenen Leistungsansprüchen abhängt, und die ökologische Zertifizierungen oder Produktstandards ihrer Lieferanten honorieren, erwarten oder ignorieren,
- *Lieferanten*, die auf eine Wertschätzung oder Vernachlässigung ökologischer Qualitätskriterien ihres Angebotes hinwirken,
- *Branchenmitglieder und -verbände*, die an der Einhaltung bestimmter Branchenstandards interessiert sind und geschlossen die ökologische (Nicht-)Betroffenheit ihrer Branche bzw. den erreichten Stand der Verantwortungsintegration demonstrieren wollen,
- *Wettbewerber*, die sich an Benchmarks orientieren, Differenzierungsmöglichkeiten und Preisvorteile suchen, um ihren Marktanteil auszuweiten,
- *Banken und Versicherungen*, die umweltbedingte Kredit- und Haftungsrisiken meiden,
- *Regierungsorganisationen, Behörden und Parteien*, die den Umweltschutz als ideologische Gefahr betrachten oder als Wohlfahrtsziel verfolgen und den Verursachern die entsprechenden Kosten anlasten wollen,
- *Nichtregierungsorganisationen*, die die ökologischen Ansprüche vieler Personen medienwirksam bündeln, sich zum Teil über Feindbilder legitimieren und als „Watchdog" oder „Katalysator" auf ein umweltgerechtes Verhalten von Unternehmungen hinwirken (vgl. Murphy u. Bendell 1997, S. 228 f.),
- *Medien*, die auf die Aufmerksamkeit ihres potentiellen Publikums zielen,
- *Nachbarn*, die an der Erholungsqualität ihres Wohnortes interessiert sind,

– *Wissenschaftler*, die sowohl die Beachtung und praktische Anwendung ihrer Forschungsergebnisse anstreben als auch in der Lehre auf die Meinungsbildung einwirken.

Lassen sich die Motive einzelner Stakeholder noch relativ eindeutig zuordnen, fällt die konkrete Bestimmung ökologiebezogener Positionen zunehmend schwerer. Bis Mitte der achziger Jahre beherrschten etwa in Deutschland klare Anspruchspositionen der „Grünen", Umweltverbände und Bürgerinitiativen auf der einen und klare Abwehrpositionen der Unternehmer, Manager und Aktionäre auf der anderen Seite das Bild, während die übrigen Stakeholder der Diskussion fernblieben oder sich im Spektrum der beiden Pole positionierten.

Seitdem wird die Entwicklung sowohl von einem grundsätzlichen Konsens über die Existenz ökologischer Probleme als auch von einer differenzierteren Betrachtung möglicher Lösungsstrategien geprägt. Ein zunehmender Pragmatismus hat mit der Abkehr von ideologischen Standpunkten vielfach zu einer Politik wechselnder Koalitionen und loser Netzwerke unterschiedlichster Akteure geführt (vgl. z. B. Murphy u. Bendell 1997; Brunnengräber u. Walk 1997). Besonders im Management sind die Ansätze zum Umgang mit ökologiebezogenen Ansprüchen inzwischen breiter gestreut. Wo „Freund-Feind-Schemata" weiterhin bestehen, werden diese durch die Gründung von „Partisanen-Organisationen" komplexer und subtiler fortgeführt. Vereinfachend läßt sich festhalten, daß ein bestimmter ökologischer Anspruch zu einer zusätzlichen Aufteilung der aufgelisteten Stakeholder in „tendenzielle Befürworter" und „tendenzielle Abwehrer" führen kann. Eine geschlossene Positionierung in der Öffentlichkeit setzt damit häufig die vorherige Interessenklärung und Konsensfindung innerhalb einer Stakeholdergruppe und mit Allianzpartnern voraus.

8.3
Grundzüge der politisch-ökonomischen Analyse ökologieorientierten Stakeholderverhaltens

8.3.1
Stakeholderverhalten als politischer Prozeß

Zur Berücksichtigung von Stakeholdern im normativen und strategischen Management wurden in der jüngeren betriebswirtschaftlichen Literatur vertiefte Analyseraster und Handlungsempfehlungen entwickelt (vgl. z. B. Freeman 1984; Dyllick 1989a; Janisch 1992). Beim Studium dieser Werke fällt jedoch auf, daß kaum Konzepte für eine eigentliche politisch-ökonomische Erklärung der Bildung und Durchsetzung von Interessen zwischen Stakeholdern angeboten werden. Da die volkswirtschaftlichen Ansätze zur Analyse von machtbasierten Prozessen den *staatlichen* Akteuren Erkenntnisgewinne geliefert haben, ist es naheliegend, daß eine Übertragung auf den Unternehmenungskontext auch den *betrieblichen* Entscheidungsträgern das Verständnis der Ursachen und Entwicklungen des Stakeholderverhaltens in ihrem Umfeld erleichtern könnte. Die These wird durch die

Beobachtung gestützt, daß Großunternehmungen durch ihre exponierte gesellschaftliche Stellung zunehmend die Rolle „quasi-öffentlicher Institutionen" (Ulrich 1977) einnehmen und die Wahrung ihrer Effektivität und begrenzten Autonomie damit die interessenpolitische Kompetenz ihrer Handlungsträger voraussetzt.

Die ökonomisch-politische Analyse geht von den Grundannahmen aus, daß die einbezogenen Akteure danach streben, ihre Interessen

– ökonomisch rational, d. h. nutzenmaximierend und
– mit Instrumenten der Machtausübung

durchzusetzen. *Macht* bezeichnet hier das subjektive Vermögen, einen gewünschten Zustand gegen den Widerstand anderer Akteure durchzusetzen (vgl. Hill 1993; Pfeffer 1992; Weber 1972). Soziale Beziehungen verweisen in doppelter Hinsicht auf das Machtverhältnis der Beteiligten: Zum einen äußert sich Macht in der zielgerichteten Einflußnahme auf andere – zum anderen entspringt sie ebenso der Fähigkeit, sich den Ansprüchen anderer zu widersetzen. Als Merkmal einer Beziehung beschreibt sie die mögliche Einflußnahme eines Akteurs relativ zu den Widerstandsmöglichkeiten eines anderen (vgl. Crozier u. Friedberg 1979, S. 39 ff.). Aus dieser Perspektive behandelt die politische Analyse Macht weder als triebhaftes noch als (un-)moralisches Phänomen, sondern als alltäglichen „Rohstoff", der die begrenzte Autonomie eines jeden Akteurs in der sozialen Handlungsvernetzung aufrecht erhält (vgl. Ortmann 1998, S. 1). Aus diesem Blickwinkel ist auch der hier verwendete Politikbegriff zu verstehen, der sich nicht auf regierungspolitische Einrichtungen oder Ämter bezieht, sondern gemäß dem Konzept der sozio-ökonomischen Rationalität (Abschnitt 4.3.1) auf interessengeleitete Prozesse und Strategien zur Durchsetzung der eigenen Ziele im gesellschaftlichen Handlungsraum (vgl. Rohe 1986; Sandner 1992).

8.3.2
Ansatz der politisch-ökonomischen Analyse in und im Umfeld von Unternehmen

Normative Interpretationen des Stakeholder-Konzepts, die die Legitimität der Ansprüche von Stakeholdern nicht einschränken (vgl. Donaldson u. Preston 1995; Biesecker 1998), sind aus ökonomischer Sicht abzulehnen, da sie den Tatbestand der Knappheit vernachlässigen. Eine uneingeschränkte Befriedigung der Stakeholder ist nicht möglich, da die prinzipiell unlimitierten Ansprüche einer Knappheit tauschbarer Güter gegenüberstehen. Das Management ist deshalb gezwungen, die Ansprüche bestimmter Gruppen zurückzustellen bzw. weiterzuleiten. Da die Stakeholder ihre Ansprüche vielfach nicht widerstandslos zurückstellen lassen, kommt es zu interessenpolitischen Prozessen, insbesondere auch zu Verteilungskämpfen zwischen Stakeholdern.

In diesem Abschnitt werden das Entstehen und die Ergebnisse dieser Prozesse auf Grundlage der Theorie der Neuen Politischen Ökonomie („Public Choice Theory") mit ihren Ansätzen des Rent-seeking und des Interessengruppenverhaltens erklärt. Während die Theorie des Rent-seeking die Bedingungen und Anreize analysiert, die interessenpolitische Prozesse gegenüber Marktprozessen attraktiv machen (vgl. z. B. Krueger 1974; Tollison 1982; Mitchell u. Munger 1991), befaßt sich die Interessengruppentheorie mit der Organisation und Durchsetzung von Interessen (vgl. z. B. Olson 1968; Becker 1983; Frey u. Kirchgässner 1994; Kirsch 1997, S. 150 ff.). Durch die Verknüpfung des Stakeholder-Ansatzes mit den Ansätzen der Neuen Politischen Ökonomie sollen Erklärungen geliefert werden,

- unter welchen Voraussetzungen Stakeholder politische Ansprüche formulieren,
- wann sie sich gut organisieren können und
- unter welchen Bedingungen sich ihre Interessen gegenüber der Unternehmensführung und anderen Anspruchsgruppen durchsetzen lassen.

Geht man davon aus, daß bestimmte Stakeholder sich als Gruppe durch gleichgerichtete Interessen auszeichnen, so sind wesentliche Annahmen des ökonomischen Verhaltensmodells auf den Stakeholder-Ansatz übertragbar. Konkret bedeutet dies, daß eine politisch-ökonomische Analyse einzelne Stakeholder als Handlungseinheit zugrunde legt und von einem nutzenmaximierenden Verhalten zugunsten der eigenen Ansprüche ausgeht. Das gesamthaft im unternehmerischen Umfeld beobachtbare Geschehen wird damit auf Handlungen einzelner Stakeholder zurückgeführt.

Wie oben angesprochen, können Werthaltungen und Meinungen im ökologischen Kontext auch innerhalb einer funktionalen Stakeholdereinheit auseinandergehen. Selbst wenn bestimmte Ziele gruppenintern übereinstimmen, können unterschiedliche Erwartungen zur Umweltverträglichkeit verschiedener Maßnahmen zu divergierenden Standpunkten führen.

Solche funktionalen Stakeholdereinheiten sind beispielsweise Arbeitnehmer oder Aktionäre. Ihre übereinstimmenden Ziele können z. B. sichere Arbeitsplätze oder hohe Kapitalrendite sein.

Die Annahme einheitlicher Stakeholder-Positionen kann jedoch aufrecht erhalten werden, wenn die Interessenvertretung nach einem oder mehreren der folgenden Mustern erfolgt:

- *Aggregation*: Verschiedene Erwartungenshaltungen lassen sich auf Märkten zu einem Durchschnittswert aggregieren, wenn die Erwartungen monetär ausgedrückt und gehandelt werden können (z. B. Aktienwert, Tauschwert eines Produkts).
- *Diskriminierung*: Werden die Interessen eines Stakeholders durch interessenpolitische Repräsentanten vertreten, kommt es im Vorfeld zu einer Beschlußfindung, die auf Abstimmungsergebnissen oder internen Machtkonstellationen beruhen kann. Gegenpositionen werden nach außen nicht handlungswirksam.
- *Emanzipation*: Kann die Gegenposition eine eigene politische Interessenwahrnehmung organisieren, muß sie als weiterer Stakeholder in die Analyse einbezogen werden.

Diese Betrachtungsweise führt zu einer Reihe von Implikationen:

- *Das Stakeholderverhalten wird durch Anreize gelenkt*: Stakeholder verhalten sich im Grundsatz interessengebunden. Ihre Aktivitäten richten sich nach der Vorteilhaftigkeit verschiedener Handlungsalternativen.
- *Anreize ergeben sich durch eine Kombination aus Präferenzen und Einschränkungen*: Präferenzänderungen oder -unterschiede werden nur dann zur Verhaltenserklärung herangezogen, wenn sie sich empirisch belegen lassen (z. B. durch eine Zeitreihe von Befragungsergebnissen). Bei gegebenen Präferenzen werden Verhaltensänderungen von Stakeholdern deshalb auf beobachtbare Veränderungen ihres Möglichkeitenspielraums zurückgeführt.
- *Einschränkungen bestimmen den zum Handeln verfügbaren Möglichkeitenspielraum*: Zu wichtigen Einschränkungen, die den Möglichkeitenspielraum begrenzen, gehören die verfügbaren Ressourcen, die relativen Preise der Einflußnahme und die Zeit.

8.3.3
Ablauf der politisch-ökonomischen Analyse des Stakeholder-Verhaltens

Ein ökonomischer Ansatz zur Erklärung von politischen Prozessen im unternehmerischen Umfeld geht gemäß der oben getroffenen Annahmen davon aus, daß das entsprechende Verhalten von Stakeholdern von den Bemühungen geprägt ist, sich Vorteile außerhalb der Marktprozesse zu verschaffen. Die politisch-ökonomische Analyse des Stakeholder-Verhaltens kann dabei erst nach der Identifikation der Anspruchsgruppen einer Unternehmung erfolgen (Abbildung 8.1).

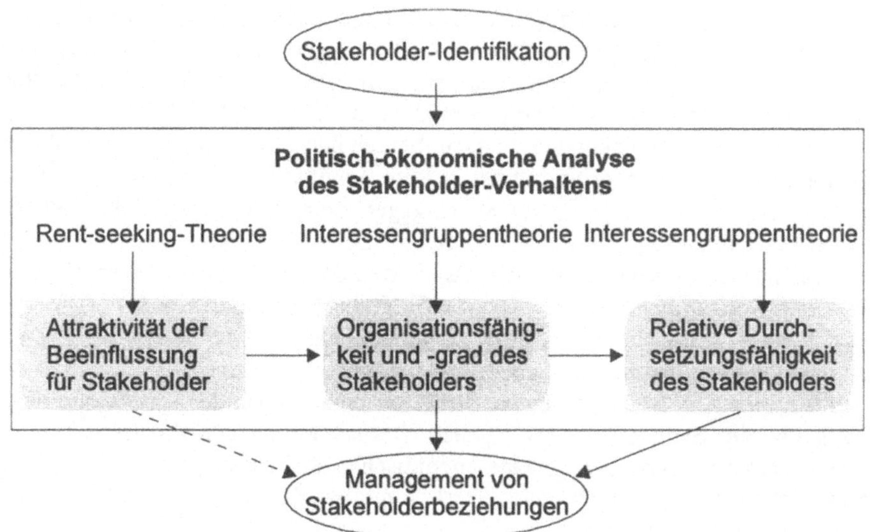

Abb. 8.1. Politisch-ökonomische Analyse des Stakeholder-Verhaltens

In einem ersten Schritt ist die Attraktivität einer politischen Beeinflussung des Managements abzuklären. Danach erfolgt die Analyse der Organisationsfähigkeit und des tatsächlichen Organisationsgrads der Stakeholder. Drittens ist die relative Durchsetzungsfähigkeit der Anspruchsgruppen zu untersuchen. Die Ergebnisse der politisch-ökonomischen Analyse des Stakeholder-Verhaltens dienen letztlich dem gezielten und systematischen Umgang mit den Forderungen von Stakeholdern. Im folgenden Abschnitt wird auf Grundlage der Theorie des Rent-seekings (vgl. Krueger 1974; Tollison 1982; Tullock et al. 1988) dargelegt, unter welchen Bedingungen Stakeholder im ökologischen Kontext versuchen, marktliche durch politische Prozesse zu ersetzen bzw. zu ergänzen.

8.3.4
Marktliche versus interessenpolitische Prozesse zwischen Stakeholdern

Unternehmungen benötigen zur Leistungserstellung Ressourcen, die ihnen im Austausch von Stakeholdern zur Verfügung gestellt werden. Der Austausch kann seitens der Stakeholder sowohl aktiv durch die Übergabe eines Gutes bzw. durch das Erbringen einer Leistung erfolgen, als auch passiv, indem die Stakeholder sich auf die stillschweigende Duldung bestimmter Nutzungsrechte beschränken. Der Bezug von Ressourcen kann für die Unternehmung solange als gesichert gelten, als Leistung und Gegenleistung aus Sicht der Stakeholder in einem vorteilhaften Verhältnis stehen – oder solange der Aufwand zur Behinderung des Tauschprozesses den voraussichtlichen Schaden der Stakeholder übersteigt. Diese Austausch- bzw. Überlassungsprozesse können marktlicher oder interessenpolitischer Natur sein.

Auf Märkten können Stakeholder durch *Gewinnstreben* (Profit-seeking) Vorteile erzielen, indem sie Leistung und Gegenleistung freiwillig miteinander aushandeln und in einem Vertragsverhältnis definieren. Der Anspruch der Stakeholder ergibt sich aus der vertraglich vereinbarten Gegenleistung. Neben expliziten Regelungen beinhaltet der Vertrag oft *implizite Ansprüche*, die auf kulturellen oder sozialen Gewohnheiten beruhen (vgl. z. B. Speckbacher 1997, S. 633 f.). Unter Wettbewerbsbedingungen können Stakeholder ihre Gewinne nur durch kostengünstigere Angebote und durch bessere, innovativere Leistungen steigern, die den Präferenzen des Abnehmers entgegenkommen (vgl. auch Kapitel 7). Wettbewerbsvorsprünge werden allerdings im Zeitverlauf durch das Nachziehen der Konkurrenz aufgezehrt. Mögliche Antworten darauf sind, kontinuierlich neue Innovationsvorsprünge zu erarbeiten oder die Rahmenbedingungen der Marktprozesse so durch politische Maßnahmen zu beeinflussen, daß der Wettbewerb reduziert wird (Subventionen, künstliche Markteintrittsbarrieren usw.).

Im Gegensatz zu Marktprozessen, bei denen es aus Sicht der Unternehmungsleitung um die Steigerung ihrer eigenen Wertschöpfung (Profit-seeking) geht, streben Interessengruppen in interessenpolitischen Prozessen eine Umverteilung der gegebenen bzw. zu erwartenden Wertschöpfung (Rent-seeking) durch interessenpolitische Maßnahmen an.

Als interessenpolitische Maßnahmen lassen sich Streiks, Lobbying, die Erzeugung von Öffentlichkeitsdruck oder die Durchsetzung von Regulierungen anführen.

Entsprechende Aktionen können auch zur Durchsetzung ökologiebezogener Ansprüche dienen. Zwar zielen diese meistens nicht primär auf eine monetäre Umverteilung, laufen aber in der Regel durch eine Verteuerung der Umweltnutzung und durch Veränderung von Preisrelationen faktisch darauf hinaus. Die Umverteilung bezieht sich dabei nicht zwangsläufig auf den Transfer zwischen Unternehmungen und außermarktlichen Stakeholdern, sondern kann ebenso zu einem Marktchancentransfer zugunsten (oder zulasten) öko-effizienterer Unternehmen und der Umweltschutzbranche führen.

Verschiedene Stakeholder konkurrieren in der Regel um die Verteilung der Wertschöpfung einer Unternehmung. Die Durchsetzung ökologiebezogener Ansprüche wird insbesondere dann erschwert, wenn die Sicherheit von Arbeitsplätzen in umweltkritischen Branchen zur Disposition steht oder einzelne Standortentscheidungen das kommunale Steuer- und Kaufkraftaufkommen in die eine oder andere Richtung lenken. Solche Interessenkonflikte können ganze Regionen in Aufruhr versetzen.

Beispiele hierfür sind der Streit um die Regulierung der Ems zur Nutzung einer vertieften Fahrrinne durch die Meyer-Werft oder der Bau einer Freizeitanlage durch die Firma Centerparks in der Lüneburger Heide.

Die Gründung von Bürgerinitativen und Vereinen zum Schutz der Umwelt zieht heute nicht selten die entsprechende Gegengründung kurzerhand nach sich. Auch untereinander können die Stakeholder mit ökologischen Forderungen konkurrieren, etwa bei konkurrierenden Umweltschutzzielen (z. B. Windkraftnutzung contra Landschaftsschutz), bei einer unterschiedlichen Bewertung von Umwelteinwirkungen (z. B. Einwegverpackungen contra Mehrwegverpackungen) oder hinsichtlich der angelegten Meßlatte zur Billigung oder Bekämpfung umweltkritischer Unternehmungsaktivitäten. Darüber hinaus stehen Umweltorganisationen in einem marktähnlichen Wettbewerb um das knappe Gut der öffentlichen Aufmerksamkeit in den Medien und um Spenden und Mitgliederbeiträge potentieller Sympathisanten (vgl. Mutz 1995).

Stakeholder werden politisch aktiv, wenn sie sich dadurch einen Vorteil in den Verteilungskämpfen erhoffen. Ihre Ausgangslage ist vielversprechend, wenn sie die Zielsetzungen der Unternehmensleitung durch politische Aktivitäten in Frage stellen oder unterstützen können. Neben unternehmerischen Motiven (z. B. starke Marktstellung) sind für die Unternehmensleitung persönliche Ziele handlungsleitend (z. B. Steigerung von Einkommen und Prestige). Politische Prozesse gewinnen im unternehmerischen Umfeld besonders dann an „Fahrt", wenn die Unternehmensleitung signalisiert oder an Beispielen demonstriert (Rent-setting), daß die Stakeholder eigene Ziele auf dem nichtmarktlichen Weg relativ günstig erreichen können. Für interessenpolitische Prozesse charakteristisch ist, daß Stakeholder bzw. die Unternehmensleitung ihre Interessen einseitig auf Kosten anderer durchzusetzen versuchen (vgl. z. B. Sandner 1992; Hill 1993). Der wesentliche Unterschied zu Marktprozessen – die sich durch freiwilligen vorteilhaften Tausch kennzeichnen – besteht demnach in der unfreiwillig einschränkenden Wirkung politischer Aktivitäten auf die Entscheidungsfindung und Handlungsfreiheit anderer Stakeholder (vgl. z. B. Dlugos 1981; Morgan 1986).

Bei dieser Darlegung marktlicher und politischer Prozesse ist zu beachten, daß es sich um Pole eines Spektrums handelt.

So sind Subventionen zugunsten der Solartechnik oder Monopole in der Energieversorgung Merkmale politisch beeinflußter Märkte, während Korruption einen marktlichen Aspekt des politischen Systems wiederspiegelt.

8.3.5
Gründe für das interessenpolitische Verfolgen ökologiebezogener Ansprüche

Eine Reihe von Gründen bewegen Stakeholder zu einem interessenpolitischen Verfolgen ökologiebezogener Ansprüche:

- Ersatz fehlender Märkte und Behebung von Marktversagen,
- Veränderung der Rahmenbedingungen eines Marktes,
- Verteilung ökologischer Risiken,
- Ausgleich von Informationsasymmetrien,
- Ausgleich von Asymmetrien in der Verhandlungsmacht.

8.3.5.1
Ersatz fehlender Märkte und Behebung von Marktversagen

Vertragliche Regelungen setzen die Marktfähigkeit der gehandelten Leistungen voraus. Marktfähigkeit bedeutet, daß die übertragenen Nutzungsrechte an einer Leistung definiert, nachgefragt und exklusiv sind: Sie schließen die Möglichkeit ein, andere Nachfrager von ihrer Inanspruchnahme auszuschließen und die Inanspruchnahme bzw. der Konsum ist rivalisierend. Wird dieser Ausschluß erschwert oder vereitelt, spricht man von öffentlichen Gütern (vgl. Kapitel 2; Frey u. Kirchgässner 1994; Frey et al. 1993). Viele natürliche Ressourcen besitzen ausgeprägte Eigenschaften öffentlicher Güter (z. B. Flüsse oder die Atmosphäre). Selbst Güter, deren Nutzungspotentiale zum Teil marktfähig sind (z. B. Wälder als Holzlieferant, Wildreservat), besitzen weitere Funktionen (z. B. CO_2-Bindung, Regulation des Wasserhaushalts) die einen Ausschluß kaum zulassen. Ihr Marktwert liegt damit prinzipiell unterhalb ihrer tatsächlichen Wertschätzung. Die Nutzung natürlicher Ressourcen geht außerdem mit negativen externen Effekten einher, von denen weitere Naturgüter betroffen sind (vgl. Kapitel 2). Wird die Steuerung ihrer Inanspruchnahme durch Marktprozesse solchermaßen erschwert, gewinnen politische Regelungen an Bedeutung. Ökologiebezogene Forderungen zur Neubewertung und Internalisierung von Umweltkosten ziehen aus Sicht der Unternehmung in der Regel eine Verteuerung der Umweltnutzung nach sich, mit der die vorhandene Schadschöpfung ausgeglichen (Verursacherprinzip) oder der Übernutzungsgefahr präventiv durch eine veränderte Kostenkonstellation entgegengewirkt werden soll (Vorsorgeprinzip). Ansprüche auf eine entsprechende Umverteilung der Wertschöpfung (Rent-seeking) werden etwa von Umweltorganisationen, Wissenschaftlern oder Parteien erhoben und erfolgen prinzipiell gemeinwohlorientiert im Hinblick auf die Allgemeinheit, den Schutz späterer Generationen oder der „Natur an sich". Damit stellen sie einen Sonderfall des Stakeholderverhaltens dar, was selbstverständlich weitere Motivationen wie Gewinn an Prestige, Aufmerksamkeit der Medien oder Gewinn an öffentlichem Einfluß nicht ausschließt. Demgegenüber ist der Verteilungskampf um den „Erholungswert" bzw. „industriellen Nutzungswert" einer bestimmten Landschaft eine eher eigennützige Auseinandersetzung, die nicht nur zwischen Anwohnern und Unternehmungen ausgefochten wird, sondern zunehmend zwischen Unternehmungen untereinander, da zum Beispiel der Erholungswert durch gestiegenen Freizeitkonsum eine starke Ausweitung der kommerzieller Nutzungsmöglichkeiten erfahren hat.

Die Zunahme von Möglichkeiten zur kommerziellen Nutzung der Natur macht Unternehmungen dann zu umweltschützenden Stakeholdern, wenn ökonomische Anreize für eine werterhaltende Bewirtschaftung der Naturgüter bestehen.

Solche Anreize können beispielsweise sanfter Tourismus, Einsatz genetischer Urwald-Ressourcen oder regulierter Wildabschuß sein.

So ermöglicht die Monetarisierung der natürlichen Umwelt zunehmend deren Erhaltung auf der Basis von volkswirtschaftlichen Kosten-/Nutzen-Analysen und regulierten Marktprozessen (vgl. Marggraf u. Streb 1997 zur fortgeschrittenen Praxis in den USA).

8.3.5.2
Veränderung der Rahmenbedingungen eines Marktes

Während wie im vorigen Abschnitt diskutiert, politische Maßnahmen zur Behebung von Marktversagen in gewissen Fällen notwendig sind, führen sie in anderen Fällen zu ökologisch nachteiligen Marktverzerrungen. Wird das entsprechende Angebot an ökologieorientierten Leistungen durch staatliche Regulierungen behindert, so ist aus ökologischer Sicht eine Deregulierung notwendig.

So verhinderten etwa die nationalen Monopolvergaben an die Stromindustrie in Europa die Entwicklung von Märkten für alternative Stromversorgung. Verzerrungen können ebenso durch eine Benachteiligung (oder Bevorzugung) ökologischer Produktionsweisen und Produkte bei der staatlichen Subventionsvergabe (z. B. in der Landwirtschaft) oder bei der öffentlichen Bereitstellung von Forschungsetats zugunsten bestimmter Technologien (z. B. Kernenergie) entstehen.

Durch eine Beeinflussung der Rahmenbedingungen eines Marktes können Stakeholder versuchen, den Absatz der von ihnen angebotenen oder präferierten Güter und die Wettbewerbsfähigkeit bestimmter Unternehmungen zu erhöhen – ihnen also eine bessere Ausgangslage im „Profit-seeking" zu verschaffen. Auch hier gewinnen Interessenkonflikte *zwischen* Unternehmungen an Bedeutung, da unterschiedliche Niveaus der Öko-Effizienz als Wettbewerbsfaktor durch die Gestaltung der Rahmenbedingungen des Marktes einen mehr oder weniger entscheidenen Einfluß erhalten. Verfolgen Unternehmensverbände eine parlamentarische Lobbyarbeit, die den ökologisch ineffizientesten Unternehmungen den Anschluß sichern soll, steigt für öko-effiziente Unternehmungen der Anreiz zur Gründung ökologisch proaktiver (Gegen-)Verbände.

8.3.5.3
Verteilung ökologischer Risiken

Regelungen zur Übernahme ökologischer Produktionsrisiken werden schon dadurch erschwert, daß ihr Ausmaß die Regreßfähigkeit des Verursachers selbst bei reversiblen Schäden leicht übersteigen kann.

Solche Produktionsrisiken sind z. B. in möglichen Störfällen, Vergiftungen, in der Freisetzung von Radioaktivität oder von gentechnischen Manipulationen begründet.

Zudem sprengen ökologische Risiken oft auch die Grenzen der Kalkulation (z. B. Kernenergie) und sind damit nicht marktfähig, da sie von Versicherungen nicht getragen werden (Leggett 1996). In anderen Fällen (z. B. bestimmte Chemikalien) scheitert der Nachweis zur Rückführung ökologischer Schäden auf bestimmte Verursacher (vgl. Marggraf u. Streb 1997). Ökologische Stakeholder der Unternehmung sind neben den physisch Betroffenen sowohl öffentliche Institutionen, insbesondere Kommunen, Versicherungen und Banken, die vom schadensbedingten Konkurs ihres Kreditnehmers und von vernichteten Sicherungsgütern (z. B. Altlasten) betroffen sein können, als auch alle weiteren Gläubiger, deren Ansprüche dem Schadensausgleich rechtlich nachgeordnet sind. Für alle genannten Stakeholder ist neben der Risikoeindämmung besonders die juristische Handhabung der Schadensregulierung und der Umgang mit Forderungen an den Verursacher von Interesse.

8.3.5.4
Ausgleich von Informationsasymmetrien

Eng verbunden mit der Vermutung ökologischer Risiken ist die Forderung nach Aufhebung einer ungleichen Informationsverteilung durch die Veröffentlichung bzw. Einsichtnahme in die ökologische Datenlage der Unternehmung, ihrer Produktion und Produkte. Informationsasymmetrien (vgl. Akerloff 1970) haben in der ökonomischen Theorie als Principal-Agent-Probleme (für eine einführende Übersicht vgl. Eisenhardt 1989) besonders im Hinblick auf das Verhältnis zwischen Management (Agent) und dessen Kapitalgeber (Principal) an Beachtung gewonnen: Da das Management über das betriebliche Geschehen in der Regel besser informiert ist als die Kapitalgeber, bestehen ökonomische Anreize, diese Informationsasymmetrien bei Vorliegen von Interessendifferenzen auszunutzen. So können zum Beispiel problematische Geschäftsentwicklungen solange verheimlicht werden, bis der verantwortliche Manager die Unternehmung wechselt oder seinen Ruhestand „in Ehren" antritt. Um entsprechende Risiken der Kapitalgeber zu begrenzen, haben *Aufsichtsräte* in Kapitalgesellschaften die Funktion, kritische Informationen zugunsten der Aktionäre einzuholen und Rechenschaft zu verlangen. Als Grundlage dient die regelmäßige Einsicht in Monitoring-Systeme, zu denen unter anderem die Buchführung, die Planungs- und die Kostenrechnung gehören (vgl. Picot et al. 1997). Zur Sicherstellung einer akzeptablen Informationsbasis erfordert das betriebliche Umweltmanagement dementsprechend die Einführung eines ökologischen Rechnungswesens (Schaltegger et al. 1996a).

Der Principal-Agent-Ansatz läßt sich auch auf das Verhältnis zwischen Stakeholdern und Anspruchsempfängern übertragen, wenn man die Anspruchsgruppen als Auftraggeber (Principale) an das Management (Agenten) begreift (Hill u. Jones 1992). Ökologieorientierte Unternehmen wie die Umweltbank AG haben dementsprechend parallel zum Aufsichtsrat einen *ökologischen Beirat* eingerichtet, der die Geschäftsentwicklung aus ökologischer Perspektive beobachtet und die Einhaltung der ökologischen Verpflichtungen des Managements (hier z. B. ökologische Anlagekriterien) überwacht. Das finanzwirtschaftliche Monitoring wird im Rahmen des Öko-Controlling durch ökologische Daten ergänzt. Für die Unternehmung stellt diese Forderung zunächst erhöhte Transaktionskosten dar: Ökologiebezogene Daten sind zum Teil auch der Unternehmensleitung unbekannt und müssen in oft mühseligen Arbeitsschritten erhoben werden. Danach folgt die medientaugliche Aufarbeitung und Veröffentlichung der Umweltinformationen. Damit die veröffentlichten Daten der Unternehmung auch geglaubt werden, sind die Daten durch unabhängige Auditverfahren, Zertifizierungen oder Gutachten zu validieren (Schaltegger 1997b). Dies verursacht allerdings weitere Transaktionskosten. Zwar zeigen die so erhobenen Umweltinformationen oft auch dem eigenen Controlling der Unternehmung *betriebswirtschaftlichen* Handlungsbedarf an, ökologische Schwachstellen werden jedoch gleichzeitig für weitere Stakeholder sichtbar, die bei Vorliegen eines Handlungsbedarfs ihre Ansprüche damit fundieren und den Verhaltensspielraum der Unternehmensführung entsprechend eingrenzen können. Die erhöhte Transparenz dient proaktiven Unternehmensleitungen demgegenüber zur Erhöhung der Legitimität.

Gleichzeitig ist die *freiwillige* Umweltberichterstattung auch als vertrauensbildende Maßnahme der Unternehmensführung zu verstehen, die ökologische Handlungsbereitschaft signalisiert und den Handlungsspielraum der Unternehmung durch mehr Entgegenkommen der ökologischen Stakeholder sichern soll. Demgegenüber führt die politische Forderung nach einer *gesetzlichen Pflicht* zur Umweltberichterstattung durch eine behördliche Überwachung grundsätzlich zu einem Autonomieverlust der Unternehmung.

Die Pflicht zur Umweltberichterstattung besteht beispielsweise für bestimmte Branchen in den USA (vgl. Aucott 1998) sowie für Abfalldaten ab bestimmten Volumina nach dem Kreislaufwirtschafts- und Abfallgesetz in Deutschland.

8.3.5.5
Ausgleich von Asymmetrien in der Verhandlungsmacht

Zwar beruhen Marktprozesse grundsätzlich auf freiwilligen Vereinbarungen gleichberechtigter Handlungspartner, in der Realität beeinflussen jedoch nicht nur die Präferenzen der Marktteilnehmer, sondern auch die jeweilige Verhandlungsmacht das Tauschverhältnis. Hinzu kommt, daß viele Ansprüche nicht in expliziten Verträgen geregelt sind (und auch nicht geregelt werden können), sondern impliziter Natur sind (vgl. z. B. Speckbacher 1997). Implizite Verträge können zum Beispiel auf sozialen und kulturellen Gewohnheiten (Bräuchen, Traditionen) beruhen. Sie beeinflussen Inhalt und Ausgestaltung der expliziten Verträge. Ein großer Teil der impliziten Ansprüche von Stakeholdern kann nicht rechtlich durchgesetzt werden, sondern wird bei Verletzung der *impliziten Verträge* in interessenpolitischen Prozessen artikuliert und durchzusetzen versucht.

Sind Asymmetrien im Machtverhältnis der Verhandlungspartner grundsätzlicher Natur, bestehen Anreize, diese auf juristischem Wege oder durch politische Verhandlungsprozesse auszugleichen. Als schutzbedürftig sind die Interessen der privaten Endverbraucher und der Arbeitnehmer gegenüber der Unternehmung in Deutschland gesetzlich verankert, während das Privatrecht unter Kaufleuten grundsätzlich von gleichberechtigten Verhandlungspartnern ausgeht. Verbraucherverbände, Gewerkschaften und Betriebsräte können darauf aufbauend ökologiebezogene Ansprüche einbringen.

Beruhen Machtasymmetrien auf den oben angesprochenen Informationsvorbehalten der Unternehmung, betreffen diese beispielsweise die Ausweitung des Verbraucherschutzes durch Verpackungshinweise auf gentechnisch erzeugte Lebensmittel. Gewerkschaften können durch Forschungsergebnisse veranlaßt werden, eine Verschärfung der gesundheitlichen Schutzbestimmungen (z. B. Elektrosmogverordnung) einzufordern. Ökologiebezogene Ansprüche des Betriebsrates betreffen oft ganz alltägliche Einrichtungen wie die Anschaffung eines Fahrradunterstandes und die Bereitstellung eines Jobtickets für den öffentlichen Nahverkehr.

8.3.6
Zur Attraktivität der interessenpolitischen Beeinflussung

Aus ökonomischer Sicht hängt die Attraktivität der politischen Einflußnahme auf das Management aus Sicht einer Anspruchsgruppe einerseits von der Höhe des erwarteten Nutzens und andererseits von den eigenen Kosten des Rent-seekings ab. Die Kosten seiner politischen Einflußnahme kann der Stakeholder gegebenenfalls auf andere Anspruchsgruppen überwälzen (externalisieren).

So wirken sich zum Beispiel Gewinneinbußen einer Unternehmung infolge von Stakeholderaktivitäten (z. B. von Umweltorganisationen) auf Ansprüche anderer Stakeholder (z. B. von Arbeitnehmern) der Unternehmung gegebenenfalls negativer aus als auf die eigenen. Die Externalisierung von Kosten kann auch auf marktlichem Wege erfolgen, beispielsweise, wenn Medien freiwillig die Anliegen der Stakeholder verbreiten und diese die Kosten ihrer Öffentlichkeitsarbeit dadurch senken.

Die interessenpolitische Beeinflussung des Managements ist für einen Stakeholder dann lohnenswert, wenn eine Umverteilung der Wertschöpfung zu seinen Gunsten erfolgt und er dafür keine zu hohen Kosten aufwenden muß. Die Ausgangslage zur Attraktivität bestimmter Ziele ist für einen Stakeholder unter folgenden Voraussetzungen aussichtsreich:

– *Geringe Austauschbarkeit der von den Stakeholdern erbrachten Leistung* (vgl. Hill 1993*)*: Ansprüche sind gegenüber der Unternehmung nur dann von interessenpolitischer Wirksamkeit, wenn sie mit der Bereitschaft zu Gegenleistungen an die Unternehmung verknüpft sind. Aus Sicht der Unternehmung stellen diese Gegenleistungen Ressourcen dar, die den Fortgang der eigenen Wertschöpfung (Profit-seeking) sichern. Ein Stakeholder kann nur dann eine befriedigende Vergütung seiner Ressourcenlieferung erhalten, wenn die Konkurrenz von Lieferanten entsprechender Ressourcen gering ist. Dies ist grundsätzlich dann der Fall, wenn die Gegenleistung des Stakeholders schwer zu imitieren und zu ersetzen ist. Eine weitere Möglichkeit der Wettbewerbsvermeidung besteht darin, auf politischem Wege Hindernisse für den Eintritt weiterer Wettbewerbern einzurichten. Im ökologischen Kontext besteht die nachgefragte Ressource in der Möglichkeit zur Nutzung bzw. Belastung von Naturgütern. Das knappe Gut ist aus Sicht der Unternehmung dabei oft weniger die Natur als die Bevollmächtigung zu ihrer Nutzung. Diese wird teils frei, teils hoheitlich durch den Staat, durch die öffentliche Duldung oder über den Markt erteilt. Gelingt die technische Substitution nicht, ist ein Austausch der Lieferanten „Staat" und „Öffentlichkeit" oft nur durch einen internationalen Standortwechsel möglich.

– *Geringe Abhängigkeit vom Management* (vgl. Schaltegger 1999a): Je weniger eine Anspruchsgruppe vom Management abhängt, desto extremere Forderungen kann sie stellen. Organisationen, die über eine breite Basis von Mitgliederbeiträgen und Spenden verfügen, sind demnach in ihrer Meinungsbildung von der Unternehmungsleitung unabhängiger als Lieferanten, Arbeitnehmern u. dgl. Abhängige Stakeholder werden dagegen zögern, extreme interessenpolitische Forderungen an das Management zu stellen, da die Kosten der politischen Tätigkeit im Marktprozeß weitgehend internalisiert sind und folglich auf sie zurückfallen. Dies hat sich 1996 zum Beispiel im Konflikt um die Ölplattform „Brent Spar" zwischen Greenpeace und Shell geäußert. Solange die Mitglieder es billigten, konnte Greenpeace gegenüber Shell weitgehend kompromißlos auftreten, da Greenpeace nicht von Shell abhängig ist. Dies gilt selbst für den Fall eines (sehr unwahrscheinlichen) Konkurses des multinationalen Ölkonzerns.

– *Geringe Austauschbarkeit der Ziele (Zielmonismus)* (vgl. Krüssel 1997): Stakeholder, die wie Arbeitnehmer mit der Unternehmung durch ein umfangreiches Geflecht verschiedener Leistungsströme verbunden sind, besitzen als Verhandlungspartner einerseits mehr Flexibilität, da sie im Falle einer Blockadehaltung auf andere Ansprüche ausweichen können (z. B. Arbeitsplatzgarantien anstelle von Lohnerhöhung). Andererseits können diese Verhandlungsspielräume dazu führen, daß sich die Verhandlungsführer von ihren originären Zielen durch geringwertigere „Side Payments" abhalten lassen, um ihr Gesicht als erfolgreiche und kompromißbereite Interessenvertreter zu wahren. Organisationen die nur einen nicht zu kompensierenden Anspruch gegenüber der Unternehmungsleitung erheben, können ihr „Spiel um alles oder nichts" dagegen konsequent durchhalten. Der Zielmonismus wird geschwächt, wenn neben den Organisationszielen persönliche Ziele der Interessenvertreter handlungsleitend wirken.

– *Klare Zuweisung der Erfolge* (Frey u. Kirchgässner 1994): Die Fortsetzung des interessenpolitischen Handelns der Stakeholder wird erleichtert, wenn die gewünschte Reaktion der Unternehmensleitung sich deutlich auf das eigene Handeln zurückführen läßt und eine Erfolgskontrolle dadurch ermöglicht. So ließ sich der Einfluß der Umweltorganisation „Greenpeace" auf die Entsorgungspraxis für Bohrinseln der Firma Shell aufgrund der „Brent-Spar-Kampagne" gut nachvollziehen. Demgegenüber ist der Zusammenhang zwischen dem Greenpeace-Engagement für die Produktion eines Drei-Liter-Autos und dem entsprechenden „Lupo"-Angebot durch die Firma Volkswagen AG wesentlich schwieriger zu beurteilen. Das Beispiel macht deutlich, daß die Erfolgszuweisung im wesentlichen von vier Faktoren abhängt: Anzahl von Stakeholdern, die einen bestimmten Anspruch verfolgen; Dauer von der Anspruchstellung bis zur Zielerreichung; Beschränkung auf einen konkreten (persönlichen) Forderungsadressaten; Präferenzen der Unternehmensleitung.

Im Falle Brent-Spar zog der Shell-Konzern die Versenkung einer Demontage an Land aus Kostengründen eindeutig vor. Die Forderung nach einer umweltgerechten Demontage der Bohrinsel wurde zunächst exklusiv von Greenpeace erhoben und durch weitere Stakeholder lediglich verstärkt. Der Erfolg der interessenpolitischen Beeinflussung bestätigte sich wenige Wochen später durch das Einlenken des Energiekonzerns. Die Forderung nach einer deutlichen Reduktion des Treibstoffverbrauchs von Automobilen wurde dagegen von verschiedenen Seiten der gesamten Automobilbranche entgegengebracht und über Jahre hinweg jedoch unspektakulär verfolgt. Absatzchancen und Prestigegewinne scheinen den Anbietern inzwischen ökonomische Anreize zu verschaffen, das geforderte Gut von sich aus bereitzustellen.

- *Unklare Zuweisung der moralischen Kosten:* Eine besondere Form von Kosten, die sich aus Ansprüchen eines Stakeholders gegenüber einer Unternehmung ergeben können, sind die moralischen Kosten für den Forderungssteller. Ein Stakeholder wird oft seine Ansprüche reduzieren, wenn sie zum Beispiel eine kleine lokale Firma offensichtlich in den Ruin treiben würden und er arbeitslosen Mitarbeitern auf der Straße begegnen würde. Die moralischen Kosten hängen demnach mit der Fehl- und Sichtbarkeit des Zusammenhangs zwischen Forderung und Wirkung zusammen (Frey u. Osterloh 1997). Bei großen, anonymen Unternehmungen besteht hingegen die Illusion, niemandem persönlich weh zu tun. Hinzu kommt, daß die direkten Zusammenhänge und Konfliktpotentiale zwischen unterschiedlichen Ansprüchen der Gruppen meist weniger offensichtlich sind, wenn die Unternehmensleitung viele Stakeholder hat.

- *Aussichten für eine günstige Medienresonanz:* Werden Ansprüche kommuniziert, die durch den Druck der öffentlichen Meinung an Gewicht gewinnen, dienen die Medien als Anspruchsverstärker. Für eine erfolgreiche Verstärkung ist sowohl der Umfang der Resonanz als auch die Art der Parteinahme ausschlaggebend. Die Attraktivität einer Nachricht ergibt sich für die Medienanbieter unter anderem aus dem Neuigkeitsgehalt, Möglichkeiten der Personalisierung, der Anschlußfähigkeit an bestehende „In-Themen", der Betroffenheit des Publikums und aus spektakulären Aktionen (vgl. Buner 1996).

- *Höhe der potentiellen Gewinne:* Schließlich hat die Höhe der potentiellen Gewinne des Rent-seekings einen Einfluß auf die Attraktivität von politischen Beeinflussungsversuchen. Gegenüber großen und finanzkräftigen Unternehmungen können höhere Forderungen gestellt werden, da die Rivalität zwischen den Stakeholdern bei der Aufteilung der Wertschöpfung der Unternehmung weniger offensichtlich ist. Bei kleinen Firmen sind die ökonomischen Wirkungen für die anderen Stakeholder schneller ersichtlich, weshalb diese sich vehementer zur Wehr setzen. Auch würden kleine Firmen bei ähnlich hohen Ansprüchen, wie sie zum Teil gegenüber großen Unternehmen gestellt werden, Konkurs gehen.

Die geschilderten Anreize machen das interessenpolitische Eingreifen attraktiv. Damit ein Stakeholder auf die Unternehmensleitung tatsächlich erfolgreich Einfluß nehmen kann, muß er sich im interessenpolitischen Wettbewerb mit anderen Stakeholdern organisieren und seine Ziele wirksam durchsetzen.

8.3.7
Organisation von Stakeholdern

Damit Stakeholder ihre Ziele gegenüber einer Unternehmungsleitung durchsetzen können, müssen sie sich gruppenintern organisieren und in vielen Fällen auch Allianzen und Netzwerke mit anderen Anspruchsgruppen bilden. Die Organisationsfähigkeit der Stakeholder hängt dabei von den Kosten und Nutzen des Organisationsprozesses ab. Die *Organisationskosten* sind weitgehend eine Funktion der Anzahl ihrer Mitglieder und der Homogenität der Interessen des Stakeholders. Hat die Koalition von Stakeholdern nur wenige Partner, so fallen geringe Organisationskosten an. Kleine Interessengruppen können den Zusammenhalt durch eine soziale Kontrolle des Verhaltens gewährleisten. Damit werden die sozialen Kosten des Austritts aus einer Anspruchsgruppe erhöht. Große Gruppen mit stark heterogenen Interessen wie zum Beispiel Steuerzahler oder „Umweltbewußte" lassen sich hingegen schlecht organisieren. Dabei ist zu beachten, daß sich die Organisation auf mehreren Ebenen vollziehen kann. In Nichtregierungsorganisationen (NGOs) und Parteien sind passive (zahlende) und aktive Mitglieder zu unterscheiden. Beschränkt sich der aktive Kreis zur Maßnahmenplanung auf ein überschaubares Gremium, wird die Koordination dadurch erleichtert. Gleichzeitig ist jedoch der Kontakt zur Basis und deren Spendenbereitschaft durch eine glaubhafte Interessenvertretung und demokratische Prinzipien sicherzustellen. Zur Durchführung bestimmter Aktionen kann die ökologische Interessenvertretung auf spektakuläre Einzelmaßnahmen weniger Akteure setzen (z. B. die legendären Schlauchbooteinsätze von Greenpeace) und die Maßnahme entsprechend genau vorausplanen oder auf die spontane Mithilfe einer unbegrenzten Sympathisantenzahl setzen (z. B. „Castor-Blockaden"). Sie ist dann wegen der mangelnden Kontrollierbarkeit auf die Selbstorganisation und die Friedfertigkeit der Beteiligten angewiesen.

Der *Nutzen*, sich für eine interessenpolitische Einflußnahme auf die Unternehmungsführung zu organisieren, wird einerseits von der Art der Ansprüche und andererseits von der persönlichen Spürbarkeit des Nutzens für die Mitglieder einer Interessengruppe bestimmt. Gut organisieren lassen sich Interessengruppen, wenn die Mitglieder stark homogene Anliegen haben, der Nutzen für den einzelnen spür- bzw. erlebbar ist und persönlich anfällt.

Idealerweise fallen die interessenpolitisch erzielbaren Nutzen nur wenigen und ausschließlich den organisierten Stakeholdern zu. Damit steigt der spürbare relative Nutzen für das organisierte Individuum.

Ein Beispiel hierfür liefert die Unternehmensleitung, deren Interessen wie hohes Salär, Fringe Benefits usw. sich oft besser organisieren und durchsetzen lassen als diejenigen von Arbeitnehmern oder weiteren Stakeholdern. Grundsätzlich schlecht organisieren lassen sich Gruppen, die ein öffentliches Interesse, wie zum Beispiel internationalen Umweltschutz, verfolgen (vgl. z. B. Frey u. Kirchgässner 1994).

Im Falle von öffentlichen Gütern wie Umweltqualität haben die Individuen Anreize zu einem Trittbrettfahrerverhalten. Der persönliche ökologische Nutzen für das einzelne Mitglied einer Anspruchsgruppe ist verschwindend gering. Nur bei lokalen Auseinandersetzungen kann sich der Einsatz in einer Bürgerinitiative, etwa zur Verhinderung einer emissionsträchtigen Verkehrsstraße entlang des eigenen Vorgartens, persönlich rechnen. Nachbarschaftsbeziehungen schaffen soziale Anreize zum „mitziehen" durch positive bzw. negative Verstärker. Öffentliche Interessen von überregionaler Tragweite müssen dagegen entweder durch Zwang organisiert werden, wie dies beispielsweise im Rahmen des Umweltrechts durch den Staat erfolgt, oder die Anspruchsgruppe bietet neben dem öffentlichen Gut, das sie durch politische Aktivitäten erstellt bzw. erhalten will, ihren Mitgliedern auch persönlichen Nutzen und ein intrinsisch motivierendes Umfeld an, von deren Nutzung andere ausgeschlossen bleiben.

Die obigen Überlegungen sind noch um einen weiteren Aspekt zu ergänzen, nämlich um die Kosten, die bei den einzubindenden Individuen anfallen: Sind diese absolut betrachtet gering, so können selbst große Gruppen mit an und für sich heterogenen Interessen zu bestimmten, auch moralisch motivierten Handlungen angetrieben werden.

Der Shell-Boykott im Zuge der Brent Spar Affäre verursachte etwa für die einzelnen Autofahrer nur geringe Kosten durch den Wechsel der Tankstelle. Ein autofreier Sonntag war dagegen bisher nur durch hoheitlichen Zwang durchzusetzen.

8.3.8
Relative Durchsetzungsfähigkeit von Interessen

Ansprüche von Stakeholdern sind oft rivalisierend, das heißt mindestens insofern konfliktär, als daß sie von der Unternehmung Ressourcen abverlangen. Ein Stakeholder kann seine Ansprüche gegenüber dem Management und anderen Interessengruppen folglich nur dann durchsetzen, wenn er über kritische Machtpotentiale verfügt und diese auch wirksam einsetzt oder die Bereitschaft dazu glaubhaft demonstriert (vgl. Pfeffer 1992). Dies erfordert neben der Organisations- auch Konfliktfähigkeit. Die Macht einer Anspruchsgruppe ruht demnach auf ihrer Fähigkeit, der Unternehmungsleitung Ressourcen zu entziehen, die für die betriebliche Wertschöpfung von Bedeutung oder für die Führungskräfte von persönlichem Wert sind. Es kann dann von einem *„kritischen Stakeholder"* gesprochen werden, wenn:

- die von ihm gebotene Ressource nicht oder nur zu hohen Kosten substituierbar ist und
- der Stakeholder als Ressourcenlieferant nicht oder nur zu hohen Kosten ausgewechselt werden kann

Im ökologischen Kontext bezieht sich das Interesse der Unternehmung in der Regel primär auf die Nutzung natürlicher Ressourcen, die sie im Falle öffentlicher Güter nur eingeschränkt zu Marktpreisen beziehen kann. Auch ökologische Stakeholder wie Umweltverbände oder Forschungsinstitute verfügen selbst nicht über das nachgefragte Gut. Ihre Leistung besteht hauptsächlich in der Akzeptanzsicherung, die die Unternehmung für den Zugang zur Umweltnutzung benötigt. Die Akzeptanz äußert sich soziokulturell in der Legitimierung des unternehmerischen Handelns der (oft impliziten) Nutzungsrechte durch das öffentliche Meinungsbild und die Medien sowie in der Legalität. Die kritische Ressource eines ökologischen Stakeholders besteht aus Unternehmungssicht oft in seiner wissenschaftlichen, politischen und moralischen Kompetenz, die er bei entsprechendem Bekanntheitsgrad in die öffentliche Meinungsbildung oder in politisch-rechtliche Entscheidungen einfließen lassen kann.

Die Machtbasis ökologischer Stakeholder unterscheidet sich von üblichen Anspruchsgruppen in doppelter Hinsicht:

- Während für die meisten Stakeholder die *Substituierbarkeit* kritischer Ressourcen schlicht als Bedrohung wahrgenommen wird (z. B. Arbeitskraft durch Roboter), ist diese von ökologischen Stakeholdern *grundsätzlich erwünscht* (z. B. Nutzung von Solarenergie anstelle fossiler Brennstoffe). Definiert sich ein Stakeholder über die Existenz einer Krise, strebt er mit der Krisenbehebung indirekt die Selbstauflösung an. Die materielle und emotionale Bindung an die eigene Stakeholder-Identität kann allerdings, insbesondere bei hauptberuflichen Umweltschützern, dazu führen, daß der *erfolgsbedingte* Bedeutungsverlust des Stakeholders existentielle Fragen aufwirft.
- Eine weitere Besonderheit beruht auf der *gemeinnützigen Rolle* zur Verteidigung öffentlicher Güter. Zwar entsteht durch die fehlende Möglichkeit zum Nutzungsausschluß das oben angesprochene Trittbrettfahrerproblem, daraus folgt jedoch gleichzeitig, daß ökologische Stakeholder mit gleichen Interessen grundsätzlich nicht um die Gunst der Unternehmensleitung konkurrieren müssen, sondern im geteilten Erfolg den größten Nutzen für die Umweltqualität erzielen. Konkurrenzsituationen können dagegen durch den Standortwechsel der Unternehmung in Länder mit niedrigeren Anspruchsniveaus oder durch die Veröffentlichung von ökologischen Gegengutachten entstehen, die von der Unternehmung in Auftrag gegeben und medienwirksam lanciert werden.

Ökologische Stakeholder können den Druck auf die Unternehmungsleitung durch die Bildung von Koalitionen oder Netzwerken erhöhen. Dabei bestehen folgende Möglichkeiten, durchsetzungsfähige Koalitionen zu bilden:

- Koalitionen mit Stakeholdern, die über hoheitliche Macht verfügen (staatliche Verwaltungseinheiten, Parlamentarier u. dgl.),
- Koalitionen mit Stakeholdern, die über politische Macht verfügen, das heißt weitere Stakeholder (Verbände, Parteien, Wähler u. dgl.) mobilisieren können, über wichtige Informationen verfügen und die öffentliche Meinung beeinflussen können,
- Koalitionen mit Stakeholdern, die über Marktmacht verfügen (Lieferanten, Kunden, Wettbewerber) zum Beispiel als Kooperationsprojekt einer Unternehmung mit einem Umweltverband zur Entwicklung und Etablierung ökologischer Produktstandards (z. B. WWF und Unilever für nachhaltige Fischerei).

Die gegenseitige Vernetzung von Anspruchsgruppen kann die Durchsetzungsfähigkeit durch die Bündelung verschiedener Ressourcen erhöhen. Die Kosten der Kooperation liegen in Autonomieverlusten durch die Notwenigkeit zur gegenseitigen Abstimmung und Kontrolle sowie in der Preisgabe von Insider-Wissen der beteiligten Stakeholder. Für Umweltverbände besteht die Gefahr von Autoritätsverlusten, wenn sie ihre Unabhängigkeit und ihre Funktion als „Watchdog" gegenüber Unternehmungen und Regierungsorganisationen durch Kooperationszusagen einschränken (vgl. Brockhaus 1996, S. 197; Murphy u. Bendell 1997, S. 229). Um die Kooperationskosten niedrig zu halten, müssen die beteiligten Stakeholder die Einhaltung von Vereinbarungen sicherstellen. Dazu bestehen unter anderem folgende Möglichkeiten:

- Projektbezogene Abkommen und Verhaltensrichtlinien mit langfristiger Gültigkeit (vgl. BUND 1996),
- gegenseitige Kontrolle durch Einsichtnahme in Monitoring-Systeme (vgl. Picot et al. 1997, S. 90),
- Einschaltung von Mediatoren bei Interessenkonflikten (vgl. Wiedemann 1994),
- gegenseitige Tätigung netzwerkspezifischer Investitionen (vgl. Wildemann 1997),
- Inaussichtstellen lukrativer Kooperationsprojekte für die Zukunft (vgl. z. B. Mueller 1989; Bernholz u. Breyer 1994).

Bei allen Unterschieden der Interessenlage sowie der Organisations- und Konfliktfähigkeit der Beteiligten besteht sowohl für das Management als auch für die ökologischen Stakeholder ein wesentlicher Anspruch darin, den eigenen Handlungsspielraum zu wahren.

8.4
Folgerungen für das Management von Ansprüchen

8.4.1
Notwendige Fokussierung auf die kritischen Stakeholder

Bestehen keine wirksamen Mechanismen, das Total der Ansprüche zu begrenzen, so kommt es zu einer Übernutzung der Ressourcen der Unternehmung. Besteht Gefahr, daß die Unternehmung in existenzielle Bedrängnis gerät oder abwandert, so kann das Gesamtinteresse der Erhaltung einer Unternehmung an ihrem Standort zum langfristigen Eigeninteresse der Stakeholder werden und wird deshalb den kurzfristigen Eigeninteressen untergeordnet. Das ist jedoch keineswegs automatisch sichergestellt. Auch strebt das Management mehr als nur das finanzielle Überleben einer Unternehmung an. Die Sicherung des Handlungsspielraums ist deshalb eine notwendige, für den ökonomischen Erfolg unabdingbare Basisaufgabe der Unternehmensführung.

Die Ursache interessenpolitischer Prozesse liegt im *Autonomiestreben der Akteure* und dem ökonomischen Tatbestand der *Knappheit verteilbarer Ressourcen* begründet. Teil dieser Ressourcen ist auch die Kapazität des Managements, sich mit Stakeholderinteressen auseinanderzusetzen. Schon deshalb ist die Berücksichtigung aller Anspruchsgruppen, wie sie verschiedentlich gefordert wird (vgl. z. B. Janisch 1992; Donaldson u. Preston 1995), nicht möglich. Eine Fokussierung auf die relevanten Stakeholder ist notwendig:

- Die politisch-ökonomische Analyse des Stakeholder-Verhaltens liefert einerseits zusätzliche Erkenntnisse über die Anreize von Anspruchsgruppen, interessenpolitisch aktiv zu werden und ermöglicht andererseits eine differenziertere Einschätzung der Organisations- und Durchsetzungsfähigkeit von Stakeholdern im unternehmerischen Umfeld.
- Stakeholder haben dann Anreize, ihre Interessen gegenüber einer Unternehmung interessenpolitisch durchzusetzen, wenn kein Markt für das gewünschte Gut besteht (z. B. bei öffentlichen Gütern und der Umweltqualität) oder interessenpolitische Aktivitäten im Vergleich zu unternehmerischen Aktivitäten einen höheren Grenznutzen aufweisen.
- Nur ein Teil der Stakeholder läßt sich jedoch gut organisieren und kann seine Interessen gegenüber dem Management und anderen Anspruchsgruppen tatsächlich wahrnehmen. Eine Analyse der Organisations- und Durchsetzungsfähigkeit von Interessengruppen ermöglicht es der Unternehmensleitung, die relative Bedeutung der Stakeholder einzuschätzen (Abbildung 8.2) und ein gezieltes Management der Stakeholderbeziehungen vorzunehmen. Wichtige Aspekte sind die Organisationskosten abhängig von der Anzahl der Mitglieder, die Homogenität der Interessen und der erfahrbare Nutzen für den einzelnen aus einer Beteiligung an interessenpolitischen Maßnahmen.

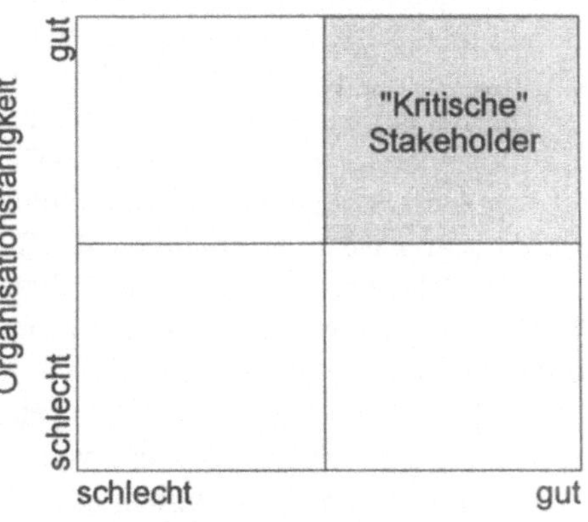

Abb. 8.2. Analyse der Organisations- und Durchsetzungsfähigkeit der Stakeholder (Schaltegger 1999a)

Zur Durchsetzung ihrer Interessen müssen die Stakeholder des weiteren über, für die Unternehmungsleitung wichtige, möglichst *nicht substituierbare Ressourcen* verfügen, von deren Nutzung andere ausgeschlossen werden können. Dabei können sie die Ressourcen entweder selbst besitzen oder deren Zuteilung kontrollieren bzw. beeinflussen. Im ökologischen Kontext gehören dazu auch immaterielle Werte wie Glaubwürdigkeit, Akzeptanz oder Markenimage. Interne und direkt mit der Leistungserstellung beauftragte Stakeholder können sich oft besser durchsetzen als andere. Besonders durchsetzungsfähig sind Stakeholder, die den üblichen wirtschaftlichen Leistungserstellungsprozeß einer Unternehmung zu gegebener Zeit beeinträchtigen und das Management oder andere wichtige Stakeholder direkt in Schwierigkeiten bringen können.

Das Management, institutionelle Anleger und die Angestellten verfügen über zentrale Ressourcen und können ihre Interessen deshalb tendenziell leichter durchsetzen als Anwohner, Steuerzahler, Umweltschutzorganisationen und dergleichen.

Da die Anspruchshaltung der Arbeitnehmer und Shareholder in aller Regel nicht durch ökologische Forderungen dominiert wird, und ökologische Stakeholder die Ressourcenausstattung der Unternehmen meistens nur mittelbar beeinflussen können, leiten sich aus der politisch-ökonomischen Analyse auf den ersten Blick oft nur schwächere Impulse ab, Umweltschutzinteressen als kritische Größe zu beachten. Diese statische Einschätzung gab den Umweltorganisationen in der Vergangenheit die Chance, mangelhafte Fokussierung auf ökologische Ansprüche für *Überraschungseffekte* zu nutzen. In diesem Zusammenhang ist zu beachten, daß schlecht organisierte Stakeholder mit kritischen Ressourcen sich durch eine Verbesserung der Organisation oft rasch zu kritischen Stakeholdern entwickeln können. Auch gut organisierte Anspruchsgruppen ohne kritische Ressourcen können durch Allianzenbildungen mit Stakeholdern, die kritische Ressourcen kontrollieren, ihren Einfluß auf das Management in kurzer Zeit erhöhen. Während das Verhalten von Arbeitnehmervertretern oder Aktionären sich relativ gut kalkulieren läßt, liegt ein besonderes Machtpotential von ökologischen Stakeholdern in ihrer Unberechenbarkeit (vgl. Crozier u. Friedberg 1979). Für Manager ist schwer vorauszusehen, welche Schwerpunktthemen Umweltorganisationen auf die Agenda setzen und ob die Medien die entsprechenden Probleme als Skandalthemen aufgreifen und in ihrer Wirkung multiplizieren.

Gut organisierte Interessengruppen wie Greenpeace können zudem mit verhältnismäßig einfachen Mitteln durch die Bildung von impliziten oder expliziten Allianzen mit Medien, anderen NGOs, Unternehmen oder politischen Vertretern ihre Durchsetzungsfähigkeit verbessern, auch wenn sie selbst über keine für die unternehmerische Leistungserstellung wesentliche Ressource verfügen. Bei einer dynamischen Analyse des Verhaltens von Stakeholdern ist außerdem zu beachten, daß exogene, das heißt außerhalb des bisherigen Stakeholderkreises bewirkte Entwicklungen die bisherigen Koalitionen und Machtverhältnisse rasch aufweichen und neue interessenspolitische Prozesse zwischen Stakeholdern auslösen können. Hier können die strategische Frühaufklärung und die Szenariotechnik ansetzen, indem unternehmensrelevante Entwicklungen zum Beispiel in der Erforschung umweltbezogener Wirkungsketten oder toxischer Gefährdungen (z. B. die

Erkenntnis, daß FCKWs die Ozonschicht zerstören) rechtzeitig aufgedeckt werden (vgl. Liebl 1996; Sepp 1996).

Auch auf regionaler Ebene, wie bei der Planung neuer Landschaftseingriffe durch Bauprojekte, ist für den Projektbetreiber oft unklar, ob sich Anlieger und Umweltschützer zu einer schlagkräftigen Bürgerinitiative formieren können, denn der Erfolg ist dabei vom Antrieb, Organisationstalent und Charisma einzelner Protestinitiatoren abhängig.

Für die Deutsche Bundesbahn war es auch aus diesem Grund sinnvoll, für die Planung einer neuen Y-Trasse durch die Lüneburger Heide drei alternative Strecken anzugeben, um zu testen, welcher Streckenvorschlag die größten Widerstände durch Bürgerproteste und gerichtliche Eingaben hervorruft.

Wo der Ausbau von Verkehrsnetzen die persönliche Lebensqualität von Anwohnern und den Wert ihrer Immobilien direkt bedrohen, ist die Organisation eines kritischen Stakeholderpotentials in jedem Fall wahrscheinlich. Schwieriger ist es demgegenüber, den Organisationsgrad einer heterogenen und großen Gruppe zu verbessern. Dies gelingt i.d.R. nur durch das Angebot privater Güter für die Mitglieder der Anspruchsgruppe oder durch Zwangsmitgliedschaften. „Private Güter" sind hier weit zu interpretieren und beziehen sich in Umweltorganisationen etwa auf das Knüpfen sozialer Kontakte, das Schaffen eines guten Gewissens oder das gute Gefühl, in der Freizeit „was zu bewegen". Insbesondere die moralische Legitimität von Umweltorganisationen vermag die intrinsische Motivation von Mitgliedern zu erhöhen. Dies ist meist eine wesentliche Grundlage für freiwillige Mitarbeit in NGOs und die ungebrochen hohe Spendenbereitschaft für Umweltorganisationen (vgl. Kriener 1999).

Daraus erhalten insbesondere Greenpeace und der WWF Möglichkeiten, ihren Einfluß professionell und mit konzernadäquaten Werbebudgets zu koordinieren.

8.4.2
Management von Stakeholderbeziehungen

Sind die kritischen Stakeholder im ökologischen Umfeld bekannt, so steht das Management vor der Aufgabe, einen geeigneten Umgang mit diesen Anspruchsgruppen zu finden (Mintzberg 1983; Pfeffer 1992; Hill 1993). Der Unternehmensleitung stehen dabei grundsätzlich folgende Möglichkeiten offen (Schaltegger 1999a):

– *Bedeutungsgemäße Berücksichtigung unterschiedlicher Ansprüche:* Die interessenpolitische Analyse zeigt, daß nicht nur Ansprüche aus Markthandlungen zu berücksichtigen sind, sondern auch diejenigen von kritischen Stakeholdern. Durch ein sequentielles Eingehen auf die Forderungen von kritischen Stakeholdern kann eine gegenseitige Annäherung der Interessen angestrebt werden. Dies ist aber keineswegs mit einer „großherzigen" Verteilung von Mitteln und Eingeständissen an irgendwelche Anspruchsgruppen zu verwechseln.
– *Eigene Abhängigkeiten reduzieren:* Durch die Berücksichtigung von mehreren Ressourcenlieferanten und Substituten kann die Abhängigkeit von einzelnen Anspruchsgruppen und damit deren Einflußpotential verringert werden. Wie

bereits dargelegt, gehört es zu den Besonderheiten ökologischer Stakeholder, die Substitution bisheriger Ressourcen nicht zu fürchten, sondern voranzutreiben, auch dann, wenn die Aufgabe des Stakeholders damit erlischt. Eine Substitution anderer Art könnte jedoch auch darin liegen, alternative Standorte mit unterschiedlicher Umweltsensibilität aufzubauen. Dem steht jedoch die globale Vernetztheit von Umweltorganisationen gegenüber. Zwar lassen sich Produktionsstandorte relativ leicht verlagern, jedoch weniger die dazugehörenden Absatzmärkte, auf denen unterschiedliche Umweltstandards in der Produktion leicht Imageverluste hervorrufen. Konzerne wie Bayer oder VW werben deshalb mit den global verbindlichen Umweltstandards ihrer Produktionsstandorte.

– *Einbindung von Stakeholdern:* Die Unternehmensleitung kann einzelne Stakeholder in die Entscheidungsfindung einbinden. Beispielsweise durch Kooperationen mit Umweltorganisationen, in denen diese Sortiments-, oder Produktentscheidungen mittreffen und mittragen. Die Einbindung kann schließlich dazu führen, daß Rent-seeking-Prozesse durch gemeinsame Marketingstrategien in Profit-seeking-Prozesse überführt werden, das heißt die Stakeholderbeteiligung trägt dazu bei, daß der Marktwert von Produkten und Unternehmen ansteigt. Wie zahlreiche Kooperationen zwischen Unternehmen und Umweltverbänden inzwischen belegen, liegt darin für beide Seiten häufig die vielversprechendste Strategie. Ein *verdecktes* politisch-ökonomisches Kalkül der Unternehmensleitung stößt hier jedoch schnell an die Grenzen der dazu notwendigen Vertrauensbildung.

– *Gegenseitiges Vertrauen aufbauen:* Vertrauen und ein gutes Image in der Öffentlichkeit ist in den meisten Fällen eine wesentliche Grundlage wirtschaftlichen Handelns (Albach 1980; Frey u. Osterloh 1997). Vermag das Management Beziehungen mit wichtigen Stakeholdern aufzubauen, die auf Vertrauen beruhen, so reduziert dies nicht nur Transaktionskosten in wirtschaftlichen Prozessen, sondern es erhöht auch die moralischen Kosten für Stakeholder, unberechenbar zu handeln und gegen das Management aktiv zu werden. Auch kann eine auf Gegenseitigkeit basierende Beziehung durch wiederholte Transaktionen, die Tätigung netzwerkspezifischer Investitionen und langfristige Verträge entstehen (vgl. Wildemann 1997). Allerdings haben gerade Umweltorganisationen oft ein existenzielles Interesse daran, sich nicht „kaufen" zu lassen. So läßt sich das Ökoinstitut (1997, S. 6 f.) trotz seiner Zusammenarbeit mit Hoechst nicht daran hindern, den Chemiekonzern im Falle eines Umweltvergehens öffentlich zu kritisieren. Vertrauensbildung, die *allein* auf politisch-ökonomischem Kalkül aufbaut, bleibt ohnehin brüchig, besonders dann, wenn der Gebrauch von Machtmitteln nicht transparent gemacht wird. Mißtrauisches Beobachten ist die logische und notwendige Folge.

– *Manipulationsresistenz signalisieren:* Manipulationsresistenz sollte keineswegs mit Sturheit gleichgesetzt werden, da letztere beträchtlich Zusatzkosten zur Folge haben kann. Durch Manipulationsresistenz soll vielmehr erreicht werden, daß für die entsprechenden Stakeholder die Kosten interessenpolitischer Einflußnahme steigen oder die entsprechenden Erträge möglichst klein und indirekt anfallen. Im ökologischen Kontext setzt diese Strategie in der Regel voraus, daß die Unternehmensleitung (z. B. durch entsprechende Gutachten) in der

Öffentlichkeit einer Argumentation folgt, die den Umweltschutz oder andere gewichtige öffentliche Anliegen mit einbezieht, jedoch aufgrund anderer Annahmen zu anderen Schlüssen über Umweltverträglichkeit und den gesellschaftlichen Nutzen ihrer Aktivitäten kommt als die Gegenspieler. Eine entsprechende Strategie verfolgt zum Beispiel die Lobby der PVC-Anbieter gegenüber den Umweltverbänden (vgl. Huber 1998b).

– *Vertragliche Beschränkung von Maximalforderungen:* Durch vertragliche Vereinbarungen können die Maximalforderungen einzelner Stakeholder beschränkt werden (z. B. im Rahmen eines Gesamtarbeitsvertrags). Diese Form des Stakeholdermanagements kommt beispielsweise bei der Vereinbarung über den zeitlich geregelten Atomausstieg zwischen den Lobbyvertretern der Elektrizitätsunternehmen und der deutschen Bundesregierung zum Tragen. In der Schweiz konkretisierte sich diese Strategie in Form eines zehnjährigen Kernkraftmoratoriums, als Ergebnis einer Volksabstimmung.

– *Reservenbildung:* Durch die Bildung von Reserven (z. B. Finanzkapital, Kauf von Wäldern, Abbaustellen u. dgl.) kann die Unternehmensleitung die Abhängigkeit von Ressourcenlieferanten kurzfristig entschärfen. Aufgrund der langfristigen Ausrichtung ökologischer Gefährdungsprognosen kommt dieser Alternative im ökologischen Kontext jedoch meistens nur wenig Bedeutung zu.

– *Selbst Einfluß ausüben:* Zur Sicherstellung der unternehmerischen Handlungsautonomie kann das Management wie die anderen Stakeholder versuchen, politischen Einfluß auszuüben und ebenfalls Allianzen, zum Beispiel zur Änderung von Verordnungen oder Steuersätzen, zu bilden. Die Ausübung von Einfluß kann mit allen Mitteln der Macht, etwa durch gezielte Medieninformation, durch die Lobbyvertretung in Verbänden und Parteien oder durch Zwang erfolgen. Dabei verliert Zwang an Bedeutung, je mehr die Beziehungen zwischen den Stakeholdern durch anonyme Marktbeziehungen geprägt sind.

Daß der wirtschaftliche Erfolg einer Unternehmung stark von politischen Faktoren und den Rahmenbedingungen des Marktes abhängt, hat auch Kotler (1986) unter dem Stichwort *Megamarketing* betont (vgl. Abschnitt 7.6). Das derzeit schlagendste Argument in der politischen Diskussion und in der Beeinflussung der öffentlichen Meinung ist, daß die Berücksichtigung der ökologischer Interessen zu einem Arbeitsplatzverlust führen würde. Ökologisch defensive Unternehmen können sich dabei die derzeitige Mentalität der Besitzstandswahrung auf Kosten neuer Arbeitsplätze im Umweltschutz zunutze machen. Auch gibt es Beispiele für die strategische Berücksichtigung von Ansprüchen im Sponsoring.

So unterstützen verschiedene Tabakkonzerne die Krebsforschung sowie Sport- und Kulturanlässe. Damit soll über die Empfänger dieser Unterstützungsgelder ein Gegendruck zu den Forderungen der Antiraucherorganisationen aufgebaut werden, und es wird deren Organisationsgrad reduziert. Die aktuellen Probleme der amerikanischen Tabakkonzerne mit den schwindelerregenden Entschädigungsforderungen von Krebsopfern legen Zweifel am nachhaltigen Erfolg einer solchen Vorgehensweise nahe.

Besonders ökologische Stakeholder reagieren in der Regel sensibel auf entsprechende Manipulationsversuche und kehren die gewünschte Wirkung schnell ins Gegenteil. Insgesamt führt die Strategie, moralischen Stakeholder-Forderungen mit moralischen Gegenargumenten bzw. mit dem Aufbau moralischer Verpflichtungen zu begegnen, leicht zu einer aufgeheizten Atmosphäre, bei der die Auseinandersetzung nicht mehr auf sachlich-rationaler Ebene weitergeführt werden kann, weil die Beteiligten sich genötigt sehen, ihre eigene Identität zu verteidigen.

Welche Strategie geeignet ist, ist nicht generell zu beantworten, sondern muß aus dem spezifischen zeitlichen und örtlichen Zusammenhang der Unternehmung, nach eigenen Zielsetzungen und dem persönlichen Stil der Unternehmensführung beurteilt werden. In den meisten Fällen wird sich ein Mix von Maßnahmen anbieten. Auch sollte unter anderem aus Kostengründen darauf geachtet werden, daß nicht erst nach Lösungen gesucht wird, wenn die Probleme ins Haus stehen.

Die politisch-ökonomische Analyse soll der Unternehmensführung helfen, ihren Handlungsspielraum zu erhalten, sie soll diesen hingegen nicht durch den „one-best-way" der Machtausübung okkupieren. Sie bietet neben der ethisch-normativen, der juristisch-normenorientierten, der gütermarktorientierten, der finanzmarktorientierten und der intuitiv-persönlichen Herangehensweise einen weiteren Blickwinkel, der nicht außer acht gelassen werden sollte. Nur wenn die Unternehmensleitung in der Lage ist, interessenpolitische Prozesse erfolgreich mitzugestalten, Beeinflussungsversuche rechtzeitig zu kanalisieren und ihre eigene Handlungsautonomie zu wahren, kann sie sich auf ihre wirtschaftlichen Kernaufgaben, die Schaffung von Werten, konzentrieren.

Die gezielte Beobachtung von Stakeholderaktivitäten darf allerdings nicht mit einem paranoiden Mißtrauen in die Unternehmensumwelt verwechselt werden. Sie soll Sicherheit verschaffen, um den unternehmerischen Ideen und den entsprechenden Erfolgsmaßstäben Raum zu geben. Führt sie dagegen zu einer strategischen Konzentration auf die Abwehr potentieller Stakeholder und zu einer allseitigen Verteidigungshaltung, schlägt ihre Wirkung ins Gegenteil um und wirkt auch in ökologischer Hinsicht verharrend, ängstlich und wertmindernd (vgl. Senge et al. 1996, S. 262 f.).

Schließlich ist zu beachten, daß auch die Mitglieder der Unternehmensführung selbst, wie alle Stakeholder, private und zum Teil konfliktäre Interessen vertreten, die mit Hilfe der Analyse geklärt und innerhalb des Führungsteams transparent gemacht werden sollten, um eine dysfunktionale Herangehensweise zu vermeiden und lähmende Machtkonflikte innerhalb der Führung zu vermindern. Dabei spielen auch persönliche Motive im Umgang mit Natur- und Umweltthemen und die entsprechenden Einstellungen innerhalb der Familien eine Rolle.

Im führungsinternen Konfliktmanagement geht es nicht darum, die Machtstruktur selbst aufzuheben, was nur in Sekten durch totale Unterwerfung gelingt, sondern manipulative, das heißt *verdeckte* Techniken der Machtausübung (vgl. Block 1992) ans Licht zu holen bzw. „ins Leere laufen zu lassen". Vorteile der Manipulation bleiben gerade auf der persönlichen Ebene oft vordergründig. Denn der vermeintlich gewonnene Einfluß auf andere bemißt sich am äußeren Verhalten der Manipulierten, dem nie ganz zu trauen ist, da sich Manipulation auch als Gegenmittel der enttäuschten Adressaten in jeden Kommunikationskontext einweben kann und einer einseitigen Steuerung so unsichtbar entgleitet. Die Diskrepanz zwischen dem gelebten Rollenspiel und der erlebten Wirklichkeit vernebelt dann zunehmend den Bezug zum eigentlichen Sinn des unternehmerischen Handelns und erschwert die qualitative Einschätzung aller sozialen Beziehungen. Das Gelingen der politisch-ökonomischen Herangehensweise trägt also insgesamt dazu bei, entsprechende Entwicklungen im Führungsteam offenzulegen und dem unternehmerischen Umfeld mit einer realistischen Einschätzung geschlossen und selbstbewußt zu begegnen.

8.5
Reviewfragen

1. Inwiefern hat sich das Stakeholderumfeld seit den achtziger Jahren in ökologischer Hinsicht verändert?
2. Was ist unter „Macht" zu verstehen? Was unter „Handlungsspielraum"?
3. Nach welchem Ablauf gliedert sich die politisch-ökonomische Analyse des Stakeholder-Verhaltens?
4. Worin liegt der Unterschied zwischen marktlichen und interessenpolitischen Prozessen?
5. Skizzieren sie kurz die Gründe für ein interessenpolitisches Verfolgen ökologischer Ansprüche.
6. Unter welchen Voraussetzungen ist die interessenpolitische Beeinflussung besonders attraktiv?
7. Welche Probleme behindern die Organisation der ökologischen Interessenvertretung?
8. Warum ist die Fokussierung auf die kritischen Stakeholder notwendig? Nennen sie die wichtigsten Möglichkeiten im Umgang mit Stakeholderforderungen.

9 Ausblick: Integration der ökologieorientierten Wirtschaftswissenschaften

S. Schaltegger
Institut für Umweltstrategien und Institut für Betriebswirtschaftslehre
Universität Lüneburg

9.1
Die herkömmlichen Analysefelder

In diesem Einführungsband ist eine starke Einschränkung des thematischen Inhalts und der Methodik der ökologieorientierten Wirtschaftswissenschaften erfolgt. Auch wurden ganz bestimmte Perspektiven selektiv ausgewählt. Gemäß dieser Darstellung scheinen sich die wirtschaftswissenschaftlichen Analyse- und Lösungsansätze zur Bewältigung der Umweltprobleme demnach auf zwei, kaum miteinander verknüpften Ebenen zu bewegen: der Umweltökonomik und dem Umweltmanagement.

Bei genauerem Hinsehen lassen sich in den umweltorientierten Wirtschaftswissenschaften jedoch vier verschiedene Analysefelder, mit teils komplementären, teils gegensätzlichen Ergebnissen, unterscheiden. Die neue Herausforderung besteht nun darin, diese Analyseansätze und -ergebnisse zu integrieren, um Politik und Management tatsächlich in Richtung nachhaltiger Entwicklung zu führen.

Der *Gegenstand* der Wirtschaftswissenschaften läßt sich grob unterteilen in lokale, regionale, nationale und internationale *Volkswirtschaften* (Gegenstand der Volkswirtschaftslehre) sowie einzelne Organisationen bzw. *Unternehmungen* (Gegenstand der Betriebswirtschaftslehre). Methodisch können der *erklärende, positive* (Wie handeln Akteure und weshalb?) und der in diesem Band vor allem diskutierte *handlungsleitende, normative Analyseansatz* (Was sollte man tun?) unterschieden werden. Die Kombination von Gegenstand und Methode ergibt vier Analysefelder wirtschaftswissenschaftlicher Umweltforschung mit je einem unterschiedlichen Rationalitätsverständnis (Tabelle 9.1).

Die zentralen Fragestellungen dieser vier Analysefelder sind:

- *Normative Umweltökonomie:* Was sollten die politischen Akteure tun, um die Umweltprobleme rational, das heißt wirksam und effizient zu lösen?
- *Politische Ökonomie des Umweltschutzes:* Welche ökologiebezogene Handlungen sind von politischen Akteuren (Regierung, Parlament usw.) zu erwarten, wenn sie sich bei gegebenen institutionellen Rahmenbedingungen eigennützig verhalten?
- *Normatives ökologieorientiertes Management:* Wie sollte die Unternehmensleitung ökologische Fragen betriebswirtschaftlich rational angehen?
- *Positives politisches Management des Umweltschutzes:* Welche Umweltschutzhandlungen sind vom Management zu erwarten, wenn es sich bei gegebenen institutionellen Rahmenbedingungen eigennützig verhält?

Tabelle 9.1. Analysefelder zur wirtschaftswissenschaftlichen Untersuchung von Umweltproblemen (Schaltegger 1997a, S. 103)

| | Analyseansatz | |
Gegenstand	normativ (handlungsleitend)	positiv (erklärend)
Volkswirtschaft, bzw. volkswirtschaftliche Akteure	Umweltökonomie	Politische Ökonomie des Umweltschutzes
Unternehmung, bzw. unternehmensrelevante Akteure	Ökologieorientiertes Management	Politisches Management des Umweltschutzes

Die Wirtschaftswissenschaften behandeln Umweltprobleme herkömmlicherweise aus einer *normativen Perspektive*. Entsprechende Forschungsrichtungen sind die *Umweltökonomie* für volkswirtschaftliche Fragestellungen und das *ökologieorientierte Management* für betriebswirtschaftliche Aspekte. Die Umweltökonomie befaßt sich mit der mikro- und teilweise auch makroökonomischen Analyse der Ursachen umweltbelastenden Verhaltens sowie mit der Entwicklung von Konzepten für eine rationale Umweltpolitik. Beim ökologieorientierten Management wird einerseits untersucht, weshalb und wo Umweltprobleme in Firmen auftreten. Andererseits werden Konzepte entwickelt, wie betrieblicher Umweltschutz effizient abgewickelt werden sollte.

Mit einigen Ausnahmen ist die *positive Analyse* des Verhaltens von Regierungen bzw. die *politische Ökonomie des Umweltschutzes* erst jüngeren Datums (zu einem der ersten Werke vgl. Hahn 1990). Bisher weitgehend vernachlässigt wurde die positive Analyse des Managementverhaltens. Die entsprechende Forschungsrichtung kann als *politisches Management des Umweltschutzes* bezeichnet werden.

Die positive und die normative Analyse ergeben auch bei ökologischen Fragestellungen teils komplementäre teils gegensätzliche Ergebnisse. Dabei wird deutlich, daß alle Ansätze einen wesentlichen Beitrag zum besseren Verständnis der Umweltprobleme und Handlungen von Individuen leisten und dadurch zu sinnvollen Lösungskonzepten führen können. Es zeigt sich aber auch, daß keiner der Ansätze über ausreichende Analyse- und Problemlösungskraft verfügt, um die Gefährdung der natürlichen Umwelt in der Praxis in einem umfassenden Sinne wirksam und effizient zu bannen. Nur eine Integration der vier Ansätze kann deshalb wesentliche Fortschritte bringen.

9.2
Integrationsfelder der ökologieorientierten Wirtschaftswissenschaften

Handlungsleitende, normative Analyseansätze dienen der Entwicklung von Strategien, was getan werden sollte. Positive Ansätze versuchen zu erklären, weshalb das getan wird, was zu beobachten ist und weshalb die Umsetzung der theoretischen Erkenntnisse der Umweltökonomie und des ökologieorientierten Managements in der Praxis auf Schwierigkeiten stößt. Grund für die zum Teil unterschiedlichen Analyseergebnisse ist, daß sie auf unterschiedlichen, nur teilweise zutreffenden Annahmen (insbesondere wohlwollender Diktator versus eigennützig agierende Individuen) beruhen und daß die gesamtgesellschaftliche und die individuelle Rationalität nicht deckungsgleich sind. Für das Individuum ist es rational, bestimmte Kosten (des Umweltschutzes oder der Umweltschäden) solange anderen anzulasten, als nicht mit Sanktionen irgendwelcher Art zu rechnen ist. Je nach Rahmenbedingungen führen diese individuell rationalen Handlungen zu gesamtgesellschaftlich mehr oder weniger suboptimalen Ergebnissen.

Die zukünftige Herausforderung der wirtschaftswissenschaftlichen Umweltforschung besteht nun darin, Konzepte zu entwickeln, Institutionen zu gestalten, Instrumente zu adaptieren und Maßnahmen zu suchen, die diese Erkenntnisse verbinden. Von Interesse sind folgende *Integrationsvarianten*:

- *Umweltökonomie und politische Ökonomie des Umweltschutzes:* Ziel einer Integration ist in erster Linie die Ausgestaltung von ordnungspolitischen Rahmenbedingungen und Institutionen, die eine effiziente Durchsetzung umweltökonomischer Maßnahmen ermöglichen. Des weiteren sind Instrumente zu entwickeln, die politisch durchsetzbar sind. Hierzu muß die Diskussion modelltheoretischer Bestlösungen, wie im ersten Teil dieses Bands dargestellt, einem politisch realisierbaren Optimum weichen. Erste Ansätze in diese Richtung betreffen insbesondere die Entwicklung der Konzepte des „Ökobonus" (politisch akzeptable und fiskalisch neutrale Rückerstattung der Einnahmen von Lenkungsabgaben, vgl. z. B. Frey et al. 1993), der ökologischen Steuerreform (Besteuerung umweltschädlicher Aktivitäten anstelle von Arbeit, vgl. von Weizsäcker et al. 1995) und des New Public Environmental Managements (NPEM als Reform der staatlichen Umweltbehörden und -politik, vgl. Schaltegger et al. 1996b). An Bedeutung gewinnen Verhandlungslösungen und weitere Instrumente, die eine effiziente Konsensbildung im politischen Aushandlungsprozeß zwischen Interessengruppen unterstützen (z. B. Vernehmlassungsverfahren).

- *Ökologieorientiertes Management und politisches Management des Umweltschutzes:* Hier geht es um die Entwicklung von Konzepten, die der Unternehmensleitung ermöglichen, ihre Anspruchsgruppen durch mehr Umweltschutz besser zu befriedigen. Aktuelle Forschungsbereiche hierzu sind insbesondere das Öko-Rating zur Senkung von Informationskosten der Stakeholder (vgl. Figge 1995), die Entwicklung eines Konzepts der sozio-ökonomisch rationalen Umweltmanagements (integrierte Berücksichtigung politischer, soziokultureller, technologischer und ökonomischer Aspekte der normativen Unternehmensführung, vgl. Schaltegger u. Sturm 1990, 1994), die Integration von Umweltanliegen in das Konzept des Shareholder Value (insbesondere Erhöhung des Unternehmenswerts durch vermehrte Umweltschutzanstrengungen, vgl. z. B. Kapitel 6). Zur effizienten Gestaltung von Aushandlungsprozessen zwischen Stakeholdern sind auch hier ordnungspolitische Regeln und Institutionen zu schaffen (z. B. Konsensforen), die effiziente Aushandlungsprozesse und Verhandlungslösungen ermöglichen.

– *Umweltökonomie und ökologieorientiertes Management:* Eine integrierte Betrachtung dient dem besseren Verständnis der Schnittstelle von staatlichen Maßnahmen und ihrer Rezeptionsfähigkeit durch Unternehmen. Im Vordergrund der Forschung steht die Entwicklung von Instrumenten, die das Management benötigt, um umweltpolitische Anreize (z. B. Lenkungsabgaben oder Emissionshandel) wirksam und effizient umsetzen zu können, das heißt um tatsächlich mehr kostengünstigen Umweltschutz betreiben zu können. Zu solchen Instrumenten zählt zum Beispiel ein entsprechend ausgestaltetes Öko-Controlling (vgl. z. B. Hallay u. Pfriem 1992/95; Schaltegger u. Sturm 1995). Ein weiterer Zweig befaßt sich mit der Ausgestaltung umweltpolitischer Anreize, so daß sie von Unternehmungen und Individuen eindeutig und positiv wahrgenommen werden und wirklich in wünschenswerte umweltfreundliche Aktivitäten münden. Dazu gehört zum Beispiel die Verhinderung eines „Crowding out", das heißt eines Verdrängens von intrinsischer (Umweltmoral) durch extrinsische Motivation (staatliche Anreize) (vgl. Frey 1992; Frey u. Osterloh 1997).

– *Politische Ökonomie und politisches Management des Umweltschutzes:* Ziel einer Integration ist die Erklärung der Bedeutung des Managementverhaltens in der staatlichen Umweltpolitik und bei Umweltbehörden. Ansatzpunkte sind die unterschiedliche Betroffenheit sowie die Organisations- und Durchsetzungsfähigkeit des Managements als Interessengruppe in der staatlichen Umweltpolitik. Auch geht es um die Frage, inwiefern ein politisches Managementverhalten die Themen, Strukturen und Prozesse der staatlichen Umweltpolitik bzw. das Verhalten anderer Interessengruppen beeinflußt (z. B. durch Beruhigung, Provokation oder Motivation). Ein besonderes Augenmerk ist auch auf die Entstehung und das Verhalten von Unternehmensverbänden zu legen

– *Umweltökonomie und politisches Management des Umweltschutzes:* In Bereichen, in denen umweltfreundliches Verhalten für ein Individuum oder Firmen niedrige (Opportunitäts-)Kosten verursacht (low costs), ist die Umweltmoral meistens relativ gut (z. B. Papiersammeln, vgl. Aufderheide 1995; Diekmann u. Preisendörfer 1991; Diekmann u. Franzen 1995; Homann u. Blome-Drees 1992). Die Einführung weitreichender umweltpolitischer Maßnahmen lohnt sich in diesen Bereichen nicht oder kann sogar entgegengesetzte Reaktionen bewirken. Hier sollte der Staat keine wesentlichen Eingriffe tätigen, sondern vielmehr auf freiwillige Handlungen von Individuen und Firmen sowie auf Branchen- und Unternehmensvereinbarungen abstellen (kollektive Selbstbindung der Firmen). Demgegenüber sind gewünschte Verhaltensänderungen, die bei Individuen und Firmen hohe Kosten entstehen lassen (high costs), nur mit sehr wirksamen Umweltpolitiken zu erreichen. Gegenstand des Integrationsfelds „Umweltökonomie – politisches Management" ist die Abgrenzung von

Low Cost- und High Cost-Bereichen im Umweltschutz sowie die Entwicklung von Vorgehensweisen zur „sanften Unterstützung freiwilliger Maßnahmen unternehmerischer Selbstbindung" durch den Staat.
- *Politische Ökonomie des Umweltschutzes und ökologieorientiertes Management:* Ziel dieser Integration ist der Einbezug von Ergebnissen politischer Prozesse in die Ausgestaltung von Instrumenten des betrieblichen Umweltschutzes einerseits und die in normativer Absicht erfolgende Beeinflussung politischer Prozesse durch das ethisch motivierte Management andererseits. Dieses Analysefeld ist noch wenig bearbeitet, gewinnt aber mit der (internationalen) Normierung (z. B. mit der internationalen Standardreihe ISO 14000) und Regulierung (z. B. mit dem Environmental Management and Eco-Audit System der EU) von betrieblichen Umweltmanagementsystemen sehr stark an Bedeutung (vgl. Kapitel 5). Weitere Ansätze bestehen zum Beispiel bei der Entwicklung von sozio-politischen Modellen zur Gewichtung unterschiedlicher Umwelteinwirkungen im Rahmen von ökologischem Rechnungswesen, Öko-Controlling und Ökobilanzen (vgl. Schaltegger u. Sturm 1994; Schaltegger et al. 1996a). Der zweite Blickwinkel in diesem Integrationsfeld diskutiert die Bedingungen der Unternehmensleitung als „strukturpolitischer Akteur" (Schneidewind 1998).

9.3
Ausblick

Grundsätzlich bestehen zehn Integrationsmöglichkeiten der vier Analysefelder der ökologieorientierten Wirtschaftswissenschaften: Die sechs oben angesprochenen Varianten, drei Kombinationen von je drei Forschungsrichtungen und eine Totalintegration aller Felder. Eine *Integration aller Analysefelder* zur Entwicklung einer „gesamtrationalen wirtschaftswissenschaftlichen Umwelttheorie" ist noch in weiter Ferne. Es kann jedoch davon ausgegangen werden, daß Ansätze für institutionelle Reformen im Umweltschutz am ehesten der Vorstellung einer Gesamtintegration entgegenkommen. In der „Spielregel-bestimmten" Steuerung liegt das Erfolgsrezept der Marktwirtschaft, die zwar nicht perfekt, aber besser als jede reale Alternative ist. Sie schafft stabile, berechenbare und voraussehbare Rahmenbedingungen, wenn sie nicht dem häufigen Wandel politischer Kräfteverhältnisse unterliegt. Stabile Rahmenbedingungen bilden eine zuverlässige Grundlage sowohl für die theoretische Modellbildung als auch für das interessenpolitische und wirtschaftliche Kalkül der Individuen. Die Aufgabe der staatlichen Akteure ist demnach primär mit wenigen, vor allem wenig wechselnden, dafür aber intelligenteren Regulierungen Klarheit, Zuverlässigkeit und ökonomisch-ökologische Fairneß durch Internalisierung externer Effekte zu schaffen.

Dennoch stellt sich auch hier die Frage, weshalb politische Akteure, die heute zu den Gewinnern zählen, solche ordnungspolitische Reformen unterstützen sollten. Dies dürfte erst dann der Fall sein, wenn die Kosten der Umweltschäden für die heutigen Gewinner derart groß und spürbar sind, daß auch sie zu Verlierern werden und alle wichtigen Einflußgruppen durch mehr Umweltschutz gewinnen. Oder aber, die Kosten für die heutigen Verlierer schrumpfen derart, daß Widerstand sich nicht mehr lohnt.

9.4
Reviewfragen

1. Welche Analysefelder bearbeiten die ökologieorientierten Wirtschaftswissenschaften traditionellerweise? Welchen zentralen Forschungsfragen wird in diesen Analysefeldern nachgegangen?
2. Weshalb dürfte eine Integration der Forschungsfelder in den ökologieorientierten Wirtschaftswissenschaften zu einem Erkenntnisgewinn führen?
3. Diskutieren Sie die Fragestellungen und Ansätze in den Integrationsfeldern der ökologieorientierten Wirtschaftswissenschaften im Hinblick auf Energieverbrauch und Energiesparen.

Literatur

Abell DF (1980) Defining the Business: The Starting Point of Stratigic Planning. Prentice Hall, Englewood Cliffs, New Jersey

Akerloff G (1970) The Market for „Lemons": Quality Uncertainty and the Market Mechanism. Quarterly Journal of Economics 4: 488-500

Albach H (1980) Vertrauen in der ökonomischen Theorie. Zeitschrift für die gesamte Staatswissenschaft 136: 2-11

Alijah R, Heuvels K (1994) Betriebliches Umweltmanagement. Loseblatt-Sammlung, WEKA Fachverlag für Technische Führungskräfte, Augsburg

Ansoff HI (1966) Management Strategie. Verlag Moderne Industrie, München

Antes R (1997) Ökologisch verträgliche Produktpolitik. In: Hehner T, Knell W (Hrsg) Grüne Produkte – schwarze Zahlen: Markterfolge mit Ökologie. Rowohlt, Reinbek, S 183-220

Aucott M (1998) Bewertung der Umweltschutzleistung – das Bindeglied zwischen Umweltmanagementsystemen und Realität. In: Fichter K, Clausen J (Hrsg) Schritte zum nachhaltigen Unternehmen: Zukunftsweisende Praxiskonzepte des Umweltmanagements. Springer, Berlin, S 79-98

Aufderheide D (1995) Unternehmer, Ethos und Ökonomik. Duncker & Humblot, Berlin

Balderjahn I (1996) Dialogchancen im ökologischen Marketing. In: Hansen U (Hrsg) Marketing im gesellschaftlichen Dialog. Campus, Frankfurt am Main, S 311-328

Barrett S (1991) Environmental Regulation for Competitive Advantage. Business Strategy Review, Spring

Bartmann H (1996) Umweltökonomie – ökologische Ökonomie. Kohlhammer, Stuttgart

Baumol WJ, Oates WE (1971) The Use of Standards and Prices for Protection of the Environment. Swedish Journal of Economics 73: 42-54

Baumol WJ, Oates WE (1988) The Theory of Environmental Policy. Cambridge University Press, Cambridge

Becker G (1983) A Theory of Competition Among Pressure Groups for Political Influence. Quarterly Journal of Economics 68/3: 371-399

Becker J (1998) Marketing-Konzeption: Grundlagen des strategischen und operativen Marketing-Managements. Vahlen, München

Beier U (1993) Der fehlgeleitete Konsum: Eine ökologische Kritik am Verbraucherverhalten. Fischer Taschenbuch Verlag, Frankfurt am Main

Bergmann G (1996) Zukunftsfähige Unternehmensentwicklung: Realistische Visionen einer anderen Betriebswirtschaft. Vahlen, München

Bernholz P, Breyer F (1994) Grundlagen der Politischen Ökonomie. Mohr, Tübingen

Bick H (1998) Grundzüge der Ökologie. Gustav Fischer, Stuttgart

Biervert B, Held M (1994) Das Naturverständnis der Ökonomik: Beiträge zur Ethikdebatte in den Wirtschaftswissenschaften. Campus, Frankfurt

Biesecker A (1998) Shareholder, Stakeholder and Beyond – Auf dem Weg zu einer Vorsorgenden Wirtschaftsweise. Bremer Diskussionspapiere zur Institutionellen Ökonomie und Sozialökonomie Nr. 26, Bremen

Birnbacher D (1989) Intergenerationelle Verantwortung oder: Dürfen wir die Zukunft der Menschheit diskontierne?. In: Krummel R (Hrsg) Umweltschutz und Marktwirtschaft. Neumann, Königshausen/Würzburg

Block P (1992) Der autonome Manager: Macht und Einfluß am Arbeitsplatz. Campus, Frankfurt am Main

BMU, UBA (Bundesumweltministerium, Umweltbundesamt) (Hrsg) (1995) Handbuch Umweltcontrolling. Vahlen, München

BMU, UBA (Bundesumweltministerium, Umweltbundesamt) (Hrsg) (1996) Handbuch Umweltkostenrechnung. Vahlen, München

Bodenstein G, Spiller A (1995) Das Informationsdilemma der umweltorientierten Kommunikationspolitik. In: Faix WG, Kurz R, Wichert F (Hrsg) Innovation zwischen Ökonomie und Ökologie. Verlag Moderne Industrie, Landsberg/Lech, S 192-230

Braden J, Folgmer H, Ulen T (Eds) (1996) Environmental Policy with Political and Economic Integration: The European Union and the United States. Edward Elgar, Cheltenham

Brearly R, Meyers S (1991) Principles of Corporate Finance: Application of Option Pricing Theory. McGraw-Hill, New York

Bredemeier C, Brüggemann G, Petersen H, Schwarzer C (1997) Funktionsorientierung als Perspektive für innovative Unternehmensstrategien. Schriftenreihe des Lehrstuhls für ABWL, Unternehmensführung und betriebliche Umweltpolitik Nr. 16, Universität Oldenburg

Bresso M (1992) Für einen anderen Fortschritt: Weniger kann mehr sein. In: Glauber H, Pfriem R (Hrsg) Ökologisch Wirtschaften: Erfahrungen – Strategien – Modelle. Fischer, Frankfurt am Main, S 15-32

Brockhaus M (1996) Gesellschaftsorientierte Kooperationen: Möglichkeiten und Grenzen der Zusammenarbeit von Unternehmungen und gesellschaftlichen Anspruchsgruppen im ökologischen Kontext. Gabler, Wiesbaden

Bromley DW (1991) Environment and Public Policy. Blackwell, Cambridge, Massachusetts

Bruhn M (1995) Marketing: Grundlagen für Studium und Praxis. Gabler, Wiesbaden

Bruhn M (1997) Kommunikationspolitik. Vahlen, München

Brunnengräber A, Walk H (1997) Die Erweiterung der Netzwerktheorie: Nicht-Regierungs-Organisationen verquickt mit Markt und Staat. In: Altvater E, Brunnengräber A, Haake M, Walk H (Hrsg) Vernetzt und verstrickt: Nicht-Regierungs-Organisationen als gesellschaftliche Produktivkraft. Westfälisches Dampfboot, Münster, S 65-84

Buchanan J, Tullock G (1975) Polluters' Profits and Political Response: Direct Controls Versus Taxes. American Economic Review 65: 14-22

Buchholz W, Konrad KA (1994) Global Environmental Problems and the Strategic Choice of Technology. Journal of Economics 60: 299-321

BUND, Misereor (Hrsg) (1996): Zukunftsfähiges Deutschland: Ein Beitrag zu einer global nachhaltigen Entwicklung. Birkhäuser, Basel

Buner R (1996): Medienlogik. In: Haller M, Maas P, Königswieser R, Jarmai H (Hrsg) Risiko-Dialog: Zukunft ohne Harmonieformel. Deutscher Instituts-Verlag, Köln, S 175-197

Burhenne E, Irwin A (1983) The World Charter for Nature: A Background Paper. Schmidt, Berlin

Cansier D (1996) Umweltökonomie. Lucius & Lucius, Stuttgart

Coase RH (1960) The Problem of Social Cost. Journal of Law and Economics III: 1-44

Common M (1992) Environmental and Resource Economics: An Introduction. Longman, New York

Copeland T, Koller T, Murrin J (1993) Unternehmenswert: Methoden und Strategien für eine wertorientierte Unternehmensführung. Campus, Frankfurt am Main

Cordes CR (1994) Umweltwerbung: Wettbewerbsrechtliche Grenzen der Werbung mit Umweltschutzargumenten. Carl Heymanns, Köln

Costanza R (1997) Frontiers in Ecological Economics. Transdisciplinary Essays. Elgar, Cheltenham

Costanza R, Daly HE, Bartholomew JA (1991) Goals, Agenda and Policy Recommendations for Ecological Economics. In: Costanza R (Ed) Ecological Economics: The Science and Management of Sustainability. Columbia University Press, New York, S 1-20

Cropper ML, Oates WE (1992) Environmental Economics: A Survey. Journal of Economic Literature 30: 675-740

Crozier M, Friedberg E (1979) Macht und Organisation: Die Zwänge kollektiven Handelns. (Französische Originalausgabe 1977), Athenäum, Königstein im Taunus

Dales JH (1968) Pollution, Property and Prices. Toronto University Press, Toronto

De Simone L, Popoff F (1997) Eco-efficiency: The Business Link to Sustainable Development. MIT-Press, Cambridge

Dettmer M, Niejahr E (1995) Täuschung im Vorfeld: Als NGOs getarnte Anti-Öko-Gruppen unterwandern die Umweltbewegung. In: Die Macht der Mutigen: Politik von unten Greenpeace, Amnesty & Co.. Spiegel Special 11/95: 141

Deutsch C (1994) Abschied vom Wegwerfprinzip: Die Wende zur Langlebigkeit in der industriellen Produktion. Schäffer-Poeschel, Stuttgart

Dickertmann D (1993) Erscheinungsformen und Wirkungen von Umweltabgaben aus ökonomischer Sicht. In: Kirchhof P (Hrsg) Umweltschutz im Abgaben- und Steuerrecht. Schmidt, Köln

Diekmann A, Franzen A (1995) Kooperatives Umwelthandeln: Modelle, Erfahrungen, Massnahmen. Rüegger, Zürich

Diekmann A, Preisendörfer P (1991) Umweltbewusstsein, ökonomische Anreize und Umweltverhalten. Schweizerische Zeitschrift für Soziologie: 207-231

Dittmann D (1994) Kooperation BUND/Hertie. In: Hellenbrand S, Rubik F (Hrsg) Produkt und Umwelt: Anforderungen, Instrumente und Ziele einer ökologischen Produktpolitik. Metropolis, Marburg, S 211-220

Ditz D, Ranganathan J, Banks D (Eds) (1995) Green Ledgers: Case Studies in Corporate Environmental Accounting. World Resource Institute, Washington D.C.

Dixit A, Pindyck R (1993) Investment under Uncertainty. University Press, Princeton

Dlugolecki A (1996) An Insurer's Perspective. In: Leggett J (Ed) Climate Change and the Financial Sector. Gerling Akademie Verlag, München, S 64-81

Dlugos G (1981) Von der Betriebswirtschaftspolitik zur betriebswirtschaftlich-politologischen Unternehmungspolitik. In: Geist M, Köhler R (Hrsg) Die Führung des Betriebes. Poeschel, Stuttgart, S 53-70

Donaldson T, Preston L (1995) The Stakeholder Theory of the Corporation: Concepts, Evidence, and Implications. Academy of Management Review 20/1: 65-91

Döttinger K, Roth K, Lutz Uv (1995) Betriebliches Umweltmanagement. Loseblattsammlung, Springer, Berlin

Dyllick T (1988) Management der Umweltbeziehungen. Die Unternehmung 42: 190-205

Dyllick T (1989a) Management der Umweltbeziehungen: Öffentliche Auseinandersetzung als Herausforderung. Gabler, Wiesbaden

Dyllick T (1989b) Politische Legitimität, moralische Autorität und wirtschaftliche Effizienz als externe Lekungssysteme der Unternehmung. In: Sandner K (Hrsg) Politische Prozesse in Unternehmen. Springer, Berlin, S 205-230

Dyllick T, Belz F, Hugenschmidt H, Koller F, Laubscher R, Paulus J, Sahlberg M, Schneidewind U (1994) Ökologischer Wandel in Schweizer Branchen. Haupt, Bern

EFFAS Commission on Accounting (Ed) (1994) Environmental Reporting and Disclosures: The Financial Analyst's View. Authors: Müller K, de Frutos J, Schüssler KU, Haarbosch H. EFFAS, Paris

EFFAS Commission on Accounting (Ed) (1996) Eco-Efficiency and Financial Analysis: The Financial Analyst's View. Authors: Müller K, de Frutos J, Schüssler KU, Haarbosch H, Randel M. EFFAS, Paris

EG (1998) Vorschlag für eine Verordnung (EG) des Rates über die freiwillige Beteiligung von Organisationen an einem Gemeinschaftssystem für das Umweltmangement und die Umweltbetriebsprüfung. 30.10.1998, Brüssel

Eisenhardt K (1989) Agency Theory: An Assessment and Review. Academy of Management Review 1: 57-74

EIU (The Economist Intelligence Unit a. American International Underwriters) (1993) Environmental Finance: Evaluating Risk and Exposure in the 1990s. EIU, New York

Ellipson (1995) Ciba's Umweltstrategie. Ellipson News Winter 1995, Basel

Ellipson (1996) The Right Environmental Strategy Increases Shareholder Value. Ellipson News Winter 1996, Basel

Endres A (1994) Umweltökonomie: Eine Einführung. Wissenschaftliche Buchgesellschaft, Darmstadt

Epstein M (1996) Measuring Corporate Environmental Performance. Irwin, Chicago

Faber M, Manstetten R, Proops J (1996) Ecological Economics: Concepts and Methods. Elgar, Cheltenham

Fava J, Denison R, Jones B, Curran M, Vigon B (1991) A Technical Framework for Life-Cycle Assessment. SETAC, Smugglers Notch

Fees E (1998) Umweltökonomie und Umweltpolitik. Vahlen, München

Fichter K (1998) Schritte zum nachhaltigen Unternehmen – Anforderungen und strategische Ansatzpunkte. In: Fichter K, Clausen J (Hrsg) Schritte zum nachhaltigen Unternehmen: Zukunftsweisende Praxiskonzepte des Umweltmanagements. Springer, Berlin, S 3-26

Fichter K, Loew T, Seidel E (1997) Betriebliche Umweltkostenrechnung. Springer, Berlin

Figge F (1995) Vergleichende ökologieorientierte Bewertung von Unternehmen (Öko-Rating): Notwendigkeit, erste Ansätze, zukünftige Entwicklungen. WWZ-Discussion Paper Nr. 9518, Basel

Figge F (1996) Öko-Rating: Aus methodischer Sicht verbesserungswürdig. Blick durch die Wirtschaft 8.5.1996: 10

Figge F (1997) Systematisierung ökonomischer Risiken durch globale Umweltprobleme. Zeitschrift für angewandte Umweltforschung 2/97: 256-266

Fischer H, Wucherer C, Wagner B, Burschel C (1997) Umweltkostenmanagement. Hanser, München

Fleig J (1997) Neue Produktkonzepte in der Kreislaufwirtschaft: Zur Nutzungsintensivierung und Lebensdauerverlängerung von Produkten. Umweltwirtschaftsforum Dezember 97: 11-17

Flieger B (1992) Kooperatives Marketing für ökologische Produkte. In: Glauber H, Pfriem R (Hrsg) Ökologisch Wirtschaften: Erfahrungen – Strategien – Modelle. Fischer, Frankfurt am Main, S 173-196

Freeman ER (1984) Strategic Management: A Stakeholder Approach. Pitmann, Marshfield Mass.

Frey BS (1985) Umweltökonomie. Vandenhoeck & Ruprecht, Göttingen

Frey BS (1992) Price and Regulating Effect on Environmental Ethics. Environmental and Resource Economics 2: 399-414

Frey BS, Kirchgässner G (1994) Demokratische Wirtschaftspolitik. Vahlen, München

Frey BS, Osterloh M (1997) Sanktionen oder Seelenmassage? Motivationale Grundlagen der Unternehmensführung. Die Betriebswirtschaft 57: 307-321

Frey RL, Staehelin-Witt E, Blöchliger H (Hrsg) (1993) Mit Ökonomie zur Ökologie. Helbing & Lichtenhahn/Schäffer-Poeschel, Basel/Stuttgart

Fürst UC (1996) Umweltökonomie und deutsche Umweltpolitik: Wirtschaftswissenschaftliche und politische Vorschläge zur Lösung von Umweltproblemen. Haufe, Freiburg i. Br.

Fussler C (1999) Die Öko-Innovation: Wie Unternehmen profitabel und umweltfreundlich sein können. Schäffer-Poeschel, Stuttgart

Gawel E (1996) Neoklassische Umweltökonomie in der Krise? Kritik und Gegenkritik. In: Köhn J, Welfens MJ (Hrsg) Neue Ansätze in der Umweltökonomie. Metropolis-Verlag, Marburg, S 45-87

Geis M (1995) Stunde der Ruhestörer: Nichtregierungsorganisationen sind aus der Weltpolitik nicht mehr wegzudenken. In: Die Macht der Mutigen: Politik von unten Greenpeace, Amnesty & Co.. Spiegel Special 11/95: 68-70

Göbel E (1995) Der Stakeholderansatz im Dienste der strategischen Früherkennung. Zeitschrift für Planung 6: 55-67

Grießhammer R (1986) Umweltengel – Umweltteufel: „Umweltfreundliche Produkte" – die Wahrheit über den wa(h)ren Wert. Dreisam-Verlag, Freiburg

Gröner S, Zapf M (1998) Unternehmen, Stakeholder und Umweltschutz. Umweltwirtschaftsforum 3/98: 52-57

Gschwendtner H (1993) Umwelt als Kollektivgut. Zeitschrift für Umweltpolitik & Umweltrecht 16: 55-71

Gschwendtner H (1999) Ökologie und Umweltökonomik als Grundlagen der Umweltpolitik: Ein integrierender Ansatz. In: Junkernheinrich M (Hrsg) Ökonomisierung der Umweltpolitik: Beiträge zur volkswirtschaftlichen Umweltökonomie. Analytika, Berlin, S 15-41

Guhl H (1975) Ein Planet wird geplündert: Die Schreckensbilanz unserer Politik. S. Fischer, Frankfurt am Main

Günther E (1996) Ökologieorientiertes Controlling. Vahlen, München

Gunz HP, Jalland RM (1996) Managerial Careers and Business Strategies. Academy of Management Review 21: 718-756

Haber W (1993) Ökologische Grundlagen des Umweltschutzes. Reihe Umweltschutz, Grundlagen und Praxis, Bd. 1. Economica, Bonn

Hahn RW (1989) Econonomic Prescriptions for Environmental Problems: How the Patients Followed the Doctor's Orders. Journal of Economic Perspectives 3: 95-114

Hahn RW (1990) The Political Economy of Environmental Regulation: Towards a Unifying Framework. Public Choice 65: 21-47

Hallay H, Pfriem R (1992/95) Öko-Controlling. Campus, Frankfurt am Main

Hampicke U (1992) Ökologische Ökonomie. Westdeutscher Verlag, Opladen

Hanley N, Shogren JF, White B (1997) Environmental Economics in Theory and Practice. Macmillan, Houndsmill

Hansen U (1988) Ökologisches Marketing im Handel. In: Hansen U (Hrsg) Verbraucher- und Umweltorientiertes Marketing: Spurensuche einer dialogischen Marketingethik. Schäffer-Poeschel, Stuttgart, S 349-372

Hansen U (1996) Marketing im gesellschaftlichen Dialog. Campus, Frankfurt am Main

Hansen U, Hennig T (1995) Der Co-Produzenten-Ansatz im Konsumgütermarketing: Darstellung und Implikationen einer Neuformulierung der Konsumentenrolle. In: Hansen U (Hrsg) Verbraucher- und Umweltorientiertes Marketing: Spurensuche einer dialogischen Marketingethik. Schäffer-Poeschel, Stuttgart, S 309-330

Hansen U, Jeschke K (1995) Nachkaufmarketing – Ein neuer Trend im Konsumgütermarketing. In: Hansen U (Hrsg) Verbraucher- und Umweltorientiertes Marketing: Spurensuche einer dialogischen Marketingethik. Schäffer-Poeschel, Stuttgart, S 254-271

Hansen U, Kull S (1995/92) Öko-Label als umweltbezogenes Informationsinstrument: Begründungszusammenhänge und Interessen. In: Hansen U (Hrsg) Verbraucher- und Umweltorientiertes Marketing: Spurensuche einer dialogischen Marketingethik. Schäffer-Poeschel, Stuttgart, S 405-421

Hansen U, Stauss B (1995/83) Marketing als marktorientierte Unternehmenspolitik oder als deren integrativer Bestandteil? In: Hansen U (Hrsg) Verbraucher- und Umweltorientiertes Marketing: Spurensuche einer dialogischen Marketingethik. Schäffer-Poeschel, Stuttgart, S 10-21

Härlin B (1994) Die „Greenfreeze"-Erfahrung. In: Hellenbrand S, Rubik F (Hrsg) Produkt und Umwelt: Anforderungen, Instrumente und Ziele einer ökologischen Produktpolitik. Metropolis, Marburg, S 221-232

Hartwig KH (1995) Umweltökonomie. In: Bender D (Hrsg) Vahlens Kompendium der Wirtschaftstheorie, Bd 2. Vahlen, München

Heijungs R, Guinée J, Huppes G, Lankreijer R, Udo de Haes H, Sleeswijk A (1992) Environmental Life Cycle Assessment of Products: Guide and Backgrounds. CML, Leiden

Heubach FW (1992) Produkte als Bedeutungsträger: Die heraldische Funktion von Waren. In: von Eisendle R, Miklautz E (Hrsg) Produktkulturen – Dynamik und Bedingungswandel des Konsums. Campus, Frankfurt am Main/New York, S 177-198

Hill C, Jones T (1992) Stakeholder-Agency Theory. Journal of Management Studies 29: 131-154

Hill W (1985) Betriebswirtschaftslehre als Managementlehre. In: Wunderer R (Hrsg) Betriebswirtschaftslehre als Management- und Führungslehre. Poeschel, Stuttgart, S 111-146

Hill W (1993) Unternehmenspolitik. In: Wittmann W (Hrsg) Handwörterbuch der Betriebswirtschaft, Teilband 5. Schäffer-Poeschel, Stuttgart, S 4366-4379

Homann K, Blome-Drees F (1992) Wirtschafts- und Unternehmensethik. Duncker & Humblot, Göttingen

Homburg C, Garbe B (1996) Industrielle Dienstleistungen – lukrativ aber schwer zu meistern. Harvard Business Manager 1/96: 68-75

Hopfenbeck W (1995) Internes Operatives Umweltmanagement Teil 6: Marketing. In: Lutz U, Döttinger K, Roth K (Hrsg) Betriebliches Umweltmanagement: Grundlagen – Methoden – Praxisbeispiele. Loseblattsammlung Springer, Berlin, Sektion 04.01

Hopfenbeck W (1997) Internes Operatives Umweltmanagement Teil 10: Umweltorientierte Produktpolitik. In: Lutz U, Döttinger K, Roth K (Hrsg) Betriebliches Umweltmanagement: Grundlagen – Methoden – Praxisbeispiele. Loseblattsammlung Springer, Berlin, Folgelieferung Aug/97, Sektion 04.01

Hopfenbeck W, Jasch C (1995) Öko-Design: Umweltorientierte Produktpolitik. Verlag Moderne Industrie, Landsberg/Lech

Hopfenbeck W, Roth P (1994) Öko-Kommunikation: Wege zu einer neuen Kommunikationskultur. Verlag Moderne Industrie, Landsberg/Lech

Huber J (1998a) Die Konsistenz-Strategie. Politische Ökologie, Sonderheft 11: 26-29

Huber M (1998b) PVC im Kreuzfeuer der Kritik: Die publizistische Auseinandersetzung über den Werkstoff PVC nach dem Brand am Rhein-Ruhr-Flughafen. In: Bentele G, Rolke L (Hrsg) Konflikte, Krisen und Kommunikationschancen in der Mediengesellschaft: Casestudies aus der PR-Praxis. Vistas, Berlin

Hummel J (1997) Strategisches Öko-Controlling. Gabler, Wiesbaden

Institut der Umweltgutachter und -berater in Deutschland (IdU) e.V. (1998) Richtlinie zum Validierungsverfahren gemäß Verordnung (EWG) Nr. 1836/93. Bonn

Jaeger F (1994) Natur und Wirtschaft: Auf dem Weg zu einer ökologischen Marktwirtschaft. Ruegger, Chur

Janett D (1997) Vielfalt als Strategievorteil. Zur Handlungskompetenz von Nicht-Regierungsorganisationen in komplexen sozialen Umwelten. In: Altvater E, Brunnengräber A, Haake M, Walk H (Hrsg) Vernetzt und verstrickt: Nicht-Regierungs-Organisationen als gesellschaftliche Produktivkraft. Westfälisches Dampfboot, Münster, S 146-173

Janisch M (1992) Das strategische Anspruchsgruppenmanagement. Difo, Bamberg

Johnson H, Kaplan R (1987) Relevance Lost: The Rise and Fall of Management Accounting. Harvard University Press, Boston

Jonas H (1988) Das Prinzip Verantwortung: Versuch einer Ethik für die technische Zivilisation. Insel Verlag, Frankfurt am Main

Jones T (1995) Instrumental Stakeholder Theory. Academy of Management Review 20/2: 404-437

Junkernheinrich M, Karl H, Klemmer P (1995) Konzeptionen Volkswirtschaftlicher Umweltökonomie. In: Junkernheinrich M v, Klemmer P, Wagner GR (Hrsg) Handbuch zur Umweltökonomie. Analytica, Berlin

Kahlenborn W (1997) Stimmen für die Natur: „Grüne" Aktionärsvereinigungen setzen sich für die Ökologisierung der Wirtschaft ein. Politische Ökologie Sept/Okt 97: 65-66

Kapp KW (1950) Social Costs of Private Enterpreise. Harvard University Press, Camebridge, Massachusetts

Kapp KW (1973) Ökonomie der Umweltzerstörung und des Umweltschutzes. Sonderdruck aus: FSW, IAW (Hrsg) Aufgabe Zukunft: Qualität des Lebens, Bd.4: Umwelt. Europäische Verlagsanstalt, Frankfurt am Main

Kapp KW (1988) Soziale Kosten der Marktwirtschaft: Das klassische Werk der Umwelt-Ökonomie. Fischer, Frankfurt am Main

Kirsch G (1997) Neue Politische Ökonomie. Werner, Düsseldorf

Knörzer A (1996) Ökologische Aspekte im Investment Research. Haupt, Bern

Kohl C, Bölsche J (1995) Das Gold am Endes des Regenbogens: Greenpeace in der Bundesrepublik: gefeiert, kritisiert – und neuerdings überschätzt. In: Die Macht der Mutigen: Politik von unten Greenpeace, Amnesty & Co.. Spiegel Special 11/95: 38-45

Kopetz HG (1991) Nachhaltigkeit als Wirtschaftsprinzip. Österreichischer Agrarverlag, Wien

Kotler P (1986) Megamarketing. Harvard Manager 3/86: 32-39

Kotler P, Bliemel F (1999) Marketing-Management: Analyse, Planung, Umsetzung und Steuerung. Schäffer-Poeschel, Stuttgart

Kriener M (1999) Brennpunkt Umweltverbände: Fusion oder Kooperation? Natur Kosmos 7/99: 54-59

Krueger A (1974) The Political Economy of the Rent-Seeking Society. American Economic Review: 291-303

Krüssel P (1996) Ökologieorientierte Entscheidungsfindung in Unternehmen als politischer Prozeß: Interessengegensätze und ihre Bedeutung für den Ablauf von Entscheidungsprozessen. Schriftenreihe Empirische Personal- und Organisationsforschung, Band 5, Hampp, München

Krüssel P (1997) Ökologische Entscheidungsfindung in Unternehmen aus machtpolitischer Perspektive. Umweltwirtschaftsforum 5: 72-77

Leggett J (Ed) (1996) Climate Change and the Financial Sector – The Emerging Threat – The Solar Solution. Gerling Akademie Verlag, München

Leinekugel P, Myska M (1997) Der TÜV-Umweltmanagementberater. Loseblattsammlung, Verlag TÜV Rheinland, Köln

Lichtenecker R (1994) Umweltinformationssysteme. In: Bartel R, Hackl F (Hrsg) Einführung in die Umweltpolitik. Vahlen, München, S 61-79

Liebl F (1996) Strategische Frühaufklärung. Vahlen, München

Liebl F (1997) Zur Karriere des Stakeholder-Konzeptes. T&m 2/97: 16-19

Lintner J (1965) Security Prices, Risk, and Maximal Gains from Diversification. Journal of Finance 20: 587-615

Lovins A (1998) Natural Capitalism. MIT-Press, Cambridge

Lutz D (1998) Kritik des Shareholder Ansatzes und des Stakeholder Ansatzes. In: Koslowski P (Hrsg) Shareholder Value und die Kriterien des Unternehmenserfolgs. Reihe Ethische Ökonomie, Beiträge zur Wirtschaftsethik und Wirtschaftskultur, Physica-Verlag, Heidelberg, S 187-200

Maier-Rigaud G (1991) Die Herausbildung der Umweltökonomie: Zwischen axiomatischem Modell und normativer Theorie. In: Beckenbach F (Hrsg) Die ökologische Herausforderung der ökonomischen Theorie. Metropolis, Marburg, S 27-43

Maier-Rigaud G (1997) Schritte zur ökologischen Marktwirtschaft. Metropolis, Marburg

Maloney MT, McCormick RE (1982) A Positive Theory of Environmental Regulation. Journal of Law and Economics 25: 99-123

Marggraf R, Streb S (1997) Ökonomische Bewertung der natürlichen Umwelt: Theorie, politische Bedeutung, ethische Diskussion. Spektrum Akademischer Verlag, Heidelberg/Berlin

Markl H (1986) Natur als Kulturaufgabe: Über die Beziehung des Menschen zur lebendigen Natur. Deutsche Verlags-Anstalt, Stuttgart

Meadows D, Meadows D, Zahn E, Milling P (1972) Die Grenzen des Wachstums: Bericht des Club of Rome zur Lage der Menschheit. Deutsche Verlags-Anstalt, Stuttgart

Meffert H (1998) Marketing: Grundlagen marktorientierter Unternehmensführung. Gabler, Wiesbaden

Meffert H, Bruhn M (1996) Das Umweltbewußtsein von Konsumenten. Die Betriebswirtschaft 5: 631-648

Meffert H, Kirchgeorg M (1998) Marktorientiertes Umweltmanagement: Konzeption – Strategien – Implementierung mit Praxisfällen. Schäffer-Poeschel, Stuttgart

Michaelis P (1996) Ökonomische Instrumente in der Umweltpolitik: Eine anwendungsorientierte Einführung. Physica-Verlag, Heidelberg

Mintzberg H (1983) Power In and Around Organizations. Prentice Hall, Englewood Cliffs, New Jersey

Mitchell W, Munger M (1991) Economic Models of Interest Groups. American Economic Review 35: 512-546

Morgan G (1986) Images of Organizations. Sage Publications, Newbury Park, Beverly Hills

Mueller D (1989) Public Choice II. MIT-Press, Cambridge

Müller K, Wittke A (1998) The Ciba Case: The Financial Quantification of Environmental Strategies with Value-Based Environmental Management. In: Schaltegger S, Sturm A (Eds.) Eco-Efficiency By Eco-Controlling. VDE, Zürich

Murphy DF, Bendell J (1997) In the Company of Partners: Business, Environmantal Groups and Sustainable Development Post-Rio. Policy Press, Bristol

Mutz M (1995) Kommerz und Karitas: Der Wettlauf der Hilfsorganisationen um Spendengelder. In: Die Macht der Mutigen. Politik von unten Greenpeace, Amnesty & Co.. Spiegel Special 11/95: 131-132

Näsi J (1995) Understanding Stakeholder Thinking. LSR-Publications, Helsinki

Nisius S, Scholl GU (1998) Umweltentlastungen durch Produkt-Ökobilanzen? In: Fichter K, Clausen J (Hrsg) Schritte zum nachhaltigen Unternehmen: Zukunftsweisende Praxiskonzepte des Umweltmanagements. Springer, Berlin, S 169-182

Niskanen WA (1971) Bureaucracy and Representative Government. Aldine, Chicago

Oates WE (Ed.) (1994) The Economics of the Environment. Elgar Publishing Company, Brookfield

Oates WE (1996) The Economics of Environmental Regulation. Elgar, Cheltenham

OECD (Organisation for Economic Co-operation and Development) (1997) Evaluating Economic Instruments for Environmental Policy. OECD Publication Service, Paris

Ökoinstitut e.V. (1997) Hoechst Nachhaltig: Sustainable Development: Vom Leitbild zum Werkzeug. Öko-Institut, Freiburg

Olson M (1965) The Logic of Collective Action: Public Goods and the Theory of Groups. Harvard University Press, Cabridge, Massachusetts

Olson M (1968) Die Logik des kollektiven Handelns. Mohr, Tübingen

Ortmann G (1998) Mikropolitik. In: Heinrich P, Schulz zur Wiesch J (Hrsg) Wörterbuch der Mikropolitik. Leske + Budrich, Opladen, S 1-5

Packard V (1966/60) Die große Verschwendung. (Amerikanische Originalausgabe: The Waste Makers). Econ-Verlag, Düsseldorf/Wien

Pearce D, Turner RK (1990/94) Economics of Natural Resources and the Environment. Harvester Wheatsheaf, New York

Pfeffer J (1992) Managing With Power: Politics and Influence in Organizations. Harvard Business School Press, Boston

Pfeffer J, Salancik G (1978) The External Control of Organizations: A Resource Dependence Perspective. Harper, New York

Pfriem R (1995) Unternehmensführung in sozialökologischen Perspektiven. Metropolis, Marburg

Picot A, Dietl H, Franck E (1997) Organisation: Eine ökonomische Perspektive. Schaeffer-Poeschel, Stuttgart

Picot A, Reichwald R, Wigand RT (1998) Die grenzenlose Unternehmung: Information, Organisation und Management. Gabler, Wiesbaden

Pigou AC (1924) The Economics of Welfare. Macmillan, London

Pohl C, Ros M, Waldeck B, Dinkel F (1996) Imprecision and Uncertainty in LCA. In: Schaltegger S (Ed) Life Cycle Assessment Quo Vadis? Birkhäuser, Basel

Pommerehne W, Frey B (1979) Ökonomische Theorie der Politik. Springer, Berlin

Porter M (1989) Wettbewerbsstrategie. Campus, Frankfurt am Main

Rappaport A (1995) Shareholder Value: Wertsteigerung als Massstab für die Unternehmensführung. Poeschel, Stuttgart

Rohe K (1986) Politikbegriffe. In: Mickel WW (Hrsg) Handlexikon zur Politikwissenschaft. Schriftenreihe der Bundeszentrale für politische Bildung Band 237. Bundeszentrale für politische Bildung, Bonn, S 349-353

Rubik F, Teichert V (1997) Ökologische Produktpolitik. Schäffer-Poeschel, Stuttgart

Rucht D (1994) Modernisierung und neue soziale Bewegungen: Deutschland, Frankreich und USA im Vergleich. Campus, Frankfurt am Main

Sachverständigenrat für Umweltfragen (Der Rat von Sachverständigen für Umweltfragen) (1994) Umweltgutachten 1994: Für eine dauerhaft-umweltgerechte Entwicklung. Metzler-Poeschl, Stuttgart

Salop S, Scheffman D (1983) Raising Rivals' Costs. American Economic Review 79: 1233-1242

Sandner K (1989) Politische Prozesse in Unternehmen. Springer, Berlin

Sandner K (1990) Prozesse der Macht: Zur Entstehung, Stabilisierung und Veränderung der Macht von Akteuren in Unternehmen. Springer, Berlin

Sandner K (1992) Unternehmenspolitik – Politik im Unternehmen: Zum Begriff des Politischen in der Betriebswirtschaftslehre. In: Wunderer R (Hrsg) Betriebswirtschaftslehre als Management- und Führungslehre. Schäffer-Poeschel, Stuttgart

Schaltegger S (1994) Zeitgemässe Instrumente des betrieblichen Umweltschutzes. Die Unternehmung 4: 117-131

Schaltegger S (1997a) Rationalitätsverständnisse, Analysefelder und Integration der Wirtschaftswissenschaften – am Beispiel des Umweltschutzes. In: Küchenhoff J (Hrsg) Die gefährdete Natur und der Mensch. Friedrich Reinhardt Verlag, Basel, S 101-124

Schaltegger S (1997b) Economics of Life Cycle Assessment: Inefficiency of the Present Approach. Business Strategy and the Environment 6: 1-8

Schaltegger S (1999a) Bildung und Durchsetzung von Interessen zwischen Stakeholdern der Unternehmung: Eine politisch-ökonomische Perspektive. Die Unternehmung 1/99: 3-20

Schaltegger S (1999b) Von Bionieren zu Ecopreneuren. Basler Zeitung Nr. 135, 14.06.99: 18

Schaltegger S, Barritt R (2000) Contemporary Environmental Accounting. Greenleaf, London

Schaltegger S, Figge F (1997) Umwelt und Shareholder Value. WWZ/Sarasin Diskussionspapier Nr. 54, Basel

Schaltegger S, Figge F (1998) Umweltmanagement und Shareholder Value in den Kriterien des Unternehmenserfolgs. In: Koslowski P (Hrsg) Shareholder Value und die Kriterien des Unternehmenserfolgs, Reihe Ethische Ökonomie: Beiträge zur Wirtschaftsethik und Wirtschaftskultur. Physica-Verlag, Heidelberg, S 201-230

Schaltegger S, Kempke S (1996) Öko-Controlling: Überblick bisheriger Ansätze. Zeitschrift für Betriebswirtschaft 2: 149-163

Schaltegger S, Kubat R, Hilber C, Vaterlaus S (1996b) Innovatives Management staatlicher Umweltpolitik: Das Konzept des New Public Environmental Management (NPEM). Birkhäuser, Basel

Schaltegger S, Müller K, Hindrichsen H (1996a) Corporate Environmental Accounting. John Wiley & Sons, Chichester/New York/Tokio

Schaltegger S, Müller K (1997) Calculating the True Profitability of Pollution Prevention. Greener Management International 17: 53-68

Schaltegger S, Schneidewind U, Petersen H (2000) Sustainable Entrepreneurship. Mime

Schaltegger S, Sturm A (1990) Ökologische Rationalität. Die Unternehmung 4: 273-290

Schaltegger S, Sturm A (1992) Erfolgskriterien ökologieorientierten Managements: Interdependenzen zur staatlichen Umweltpolitik. In: Hauff M, Schmid U (Hrsg) Ökonomie und Ökologie: Ansätze zu einer ökologisch verpflichtenden Marktwirtschaft. Poeschel, Stuttgart

Schaltegger S, Sturm A (1992/94) Ökologieorientierte Entscheidungen in Unternehmen. Paul Haupt, Bern

Schaltegger S, Sturm A (1995) Öko-Effizienz durch Öko-Controlling. VDF & Schäffer-Poeschel, Zürich, Stuttgart

Schein EH (1996) Three Cultures of Management: The Key of Organizational Learning. Sloan Management Review Fall/1996: 9-18

Scherhorn G (1995) Der Zusatznutzen – Sinnbild des Mehrkonsums. In: Steffen D (Hrsg) Welche Dinge braucht der Mensch? Anabas-Verlag, Gießen

Schmid U (1989) Umweltschutz – Eine strategische Herausforderung für das Management. Lang, Frankfurt am Main

Schmidheiny S (1992) Kurswechsel. Artemis & Winkler, Frankfurt am Main

Schmidheiny S, Zorraquin F (mit dem World Business Council for Sustainable Development) (1996) Finanzierung des Kurswechsels: Die Finanzmärkte als Schrittmacher der Ökoeffizienz. Vahlen, München

Schmidt-Bleek F (1998) Das MIPS-Konzept. Vahlen, München

Schneidewind U (1998) Die Unternehmung als strukturpolitischer Akteur. Metropolis, Marburg

Schrader U (1998) Empirische Einsichten in die Konsumentenakzeptanz öko-effizienter Dienstleistungen. Schriftenreihe des muk (Lehrstuhl Markt und Konsum) Nr. 42, Universität Hannover

Schreiner M (1988) Umweltmanagement in 22 Lektionen. Gabler, Wiesbaden

Schubert R (Hrsg) (1991) Lehrbuch der Ökologie. Gustav Fischer, Jena

Siebert H (1998) Economics of the Environment: Theory and Policy. Springer, Berlin

Schulze G (1996a/92) Die Erlebnisgesellschaft: Kultursoziologie der Gegenwart. Campus, Frankfurt am Main

Schulze G (1996b) Erlebnisse vom laufenden Band. Absatzwirtschaft 6/96: 38-41

Senge PM, Kleiner A, Roberts C, Ross R, Smith B (1996) Das Fieldbook zur Fünften Disziplin. Klett-Cotta, Stuttgart

Sepp H (1996) Strategische Frühaufklärung. Gabler, Wiesbaden

SETAC (Society of Environmental Toxicology and Chemistry) (1993) (Ed) Guidelines for Life-Cycle Assessment: A Code of Practice. SETAC, Brüssel

Sharpe W (1964) Capital Asset Prices. Journal of Finance 19: 425-442

Simon H (1996) Die heimlichen Gewinner: Die Erfolgsstrategien unbekannter Weltmarktführer (Hidden Champions). Campus, Frankfurt am Main

Sonntag R (1998) ...sei kein Frosch.... Future, das Hoechst Magazin, 2/98: 32-36

Speckbacher G (1997) Shareholder Value und Stakeholder Ansatz. Die Betriebswirtschaft 57/5: 630-639

Spiller A (1996) Ökologieorientierte Produktpolitik: Forschung, Medienberichte und Marktsignale. Metropolis, Marburg

Staehle WH (1991) Management: Eine verhaltenswissenschaftliche Perspektive. Vahlen, München

Stahel WR (1997) Umweltverträgliche Produktkonzepte. Umweltwirtschaftsforum 12/97: 4-10

Stahlmann V, Clausen J (1999) Öko-Effizienz und Öko-Effektivität. Ökologisches Wirtschaften 3/99: 20-21

Steger U (1988) Umweltmanagement. Gabler, Wiesbaden

Stephan G, Ahlheim M (1996) Ökonomische Ökologie. Springer, Berlin

Ströbele W (1991) Externe Effekte als Begründung von Umweltökonomik und -politik. In: Beckenbach F (Hrsg) Die ökologische Herausforderung für die ökonomische Theorie. Metropol, Marburg,S 111-119

Tabakoff N (1995) Top Accountant Fights World of Standards. Australian Financial Review 3/95: 30

The Economist (1997) Valuing Companies: A Star to Sail By? The Economist, August: 57-59

Tischler K (1994) Umweltökonomie. Oldenbourg, München

Tisdell C (1994) Environmental Economics. Policies for Environmental Management and Sustainable Development. Elgar, Brookfield

Tollison R (1982) Rent Seeking. Kyklos 35/4: 575-602

Tullock G, Tollison R, Rowley C (Eds) (1988) The Political Economy of Rent-Seeking. Harvard University Press, Boston

Turner RK (1995) Sustainability: Principles and Practice. In: Turner RK (Ed) Sustainable Environmental Economics and Management: Principles and Pracitice. Wiley & Sons, Chichester, S 3-36

Ulrich P (1977) Die Grossunternehmung als quasi-öffentliche Institution. Poeschel, Stuttgart

Ulrich P, Fluri E (1992) Management. Haupt, Bern

Umweltbundesamt (1998) EG-Umweltaudit, Sachstand und Perspektive. UBA, Berlin

Vaughan S (1994) Greening Financial Markets. UNEP, Geneva

Vettori U (1996) Haftung für Ökoschäden im Recht der USA. Lang, Bern

Volkart R (1995) Shareholder Value Management: Kritische Überlegungen zur wertorientierten Führung. Der Schweizer Treuhänder 12: 1064-1067

Vornholz G (1997) Zum Spannungsverhältnis von Ökonomie und Sustainable Development. In: Feser HD (Hrsg) Neuere Entwicklungen in der Umweltökonomie und -politik. Transfer-Verlag, Regensburg,S 39-56

Wahl P (1997) Mythos und Realität internationaler Zivilgesellschaft: Zu den Perspektiven globaler Vernetzung von Nicht-Regierungs-Organisationen. In: Altvater E, Brunnengräber A, Haake M, Walk H (Hrsg) Vernetzt und verstrickt: Nicht-Regierungs-Organisationen als gesellschaftliche Produktivkraft. Westfälisches Dampfboot, Münster, S 286-307

Watzlawick P, Beavin JH, Jackson DD (1990) Menschliche Kommunikation: Formen, Störungen, Paradoxien. Haupt, Bern

Weber M (1972) Wirtschaft und Gesellschaft. Mohr, Tübingen

Weimann J (1991) Umweltökonomik: Eine theorieorientiete Einführung. Springer, Berlin

Weizsäcker EU v, Jessinghaus J, Mauch S, Iten R (1992) Ökologische Steuerreform. Rüegger, Zürich

Weizsäcker EU v, Lovins AB, Lovins H (1995) Faktor vier: Doppelter Wohlstand - halber Naturverbrauch. Der neue Bericht an den Club of Rome. Droemer Knaur, München

White P, Rebmet B, de Haes HU, Heijungs R (1995) LCA back on track. LCA News 5/3: 2-4

Wicke L (1989) Umweltökonomie. Vahlen, München

Wicke L (1993) Umweltökonomie: Eine praxisorientierte Einführung. Vahlen, München

Wicke L (1994) Umweltschutz - Moralisch-ethische und ökonomische Notwendigkeit. In: Klaus J (Hrsg) Neuorientierungen in der Umweltökonomie: Beiträge wirtschafts- und sozialwissenschaftlicher Disziplinen. Verlag Röll, Dettelbach,S 69-128

Wiedemann PM (1994) Mediation bei umweltrelevanten Vorhaben: Entwicklungen, Aufgaben und Handlungsfelder. In: Claus F, Wiedemann PM (Hrsg) Umweltkonflikte: Vermittlungsverfahren zu ihrer Lösung. Blottner, Taunusstein, S 177-195

Wildemann H (1997) Koordination von Unternehmensnetzwerken. Zeitschrift für Betriebswirtschaft 67/4: 417-440

World Business Council for Sustainable Development (1997) Environmental Performance and Shareholder Value. WBCSD, Geneva

World Commission on Environment and Development (1987) Our Common Future. Oxford University Press, Oxford

Wruk HP, Ellringmann H (Hrsg) (1998) Praxishandbuch Umweltschutz-Management. Verlag Deutscher Wirtschaftsdienst, Köln

Zanger C, Drengner J, Gaus H (1999) Konsumentenakzeptanz von Nutzungsdauerverlängerung und -intensivierung. Umweltwirtschaftsforum 3/99: 92-96

Zimmermann H (1994) Prinzipien der Umweltpolitik in ökonomischer Sicht: Stellenwert, wechselseitiges Verhältnis und gegenwärtige Interpretation. In: Zimmermann H, Hansjürgens B (Hrsg) Prinzipien der Umweltpolitik in ökonomischer Sicht. Economica Verlag, Bonn,S 1-30

Zittel T (1996) Marktwirtschaftliche Instrumente der Umweltpolitik: Zur Auswahl politischer Lösungsstrategien in der Bundesrepublik. Leske + Budrich, Opladen

Sachverzeichnis